启蒙数学文化译丛　丛书主编　汪　宇

Mathematics

Queen and Servant of Science

E. T. Bell

数　学

科学的女王和仆人

〔美〕E.T. 贝尔　著　李永学　译

华东师范大学出版社

图书在版编目（CIP）数据

数学：科学的女王和仆人 /（美）E.T. 贝尔著；李永学
译 . —上海：华东师范大学出版社，2019
ISBN 978-7-5675-8830-1

Ⅰ . ① 数… Ⅱ . ① E… ② 李… Ⅲ . ① 数学—普及
读物 Ⅳ . ① O1-49

中国版本图书馆 CIP 数据核字（2019）第 026662 号

启蒙数学文化译丛系启蒙编译所旗下品牌
本书版权、文本、宣传等事宜，请联系：qmbys@qq.com

数学：科学的女王和仆人

作　　者　（美）E. T. 贝尔
译　　者　李永学
策划编辑　王　焰
组稿编辑　龚海燕
项目编辑　王国红
特约审读　周　俊

出版发行　华东师范大学出版社
社　　址　上海市中山北路3663号　邮编 200062
网　　址　www.ecnupress.com.cn
电　　话　021-60821666　行政传真　021-62572105
客服电话　021-62865537　门市（邮购）电话　021-62869887
地　　址　上海市中山北路3663号华东师范大学校内先锋路口
网　　店　http://hdsdcbs.tmall.com

印　刷　者　山东鸿君杰文化发展有限公司
开　　本　890×1240　32开
印　　张　15.5
字　　数　358千字
版　　次　2020年1月第一版
印　　次　2020年1月第一次
书　　号　ISBN 978-7-5675-8830-1
定　　价　94.00元

出 版 人　王焰

（如发现本版图书有印订质量问题，请寄回本社客服中心调换或电话021-62865537联系）

致 读 者

想要直接阅读正文的读者可以略去这份前言,直达第一章。但我觉得,有些人或许想知道,这本书中可能会有哪些内容,又不会有哪些内容。

这本书彻底重写了两本数学通俗读物,而且对原有内容进行了大量增补。两本书之一是1931年的《科学的女王》,它本是为"百年进展系列丛书"写的,而这一丛书又是1933年在芝加哥举办的百年进步展的一部分。另一本则是第一本书的续集,1937年出版的《科学的女仆》。有人希望我分别改写这两部书,我则对这两本书进行了大幅度的改写,而且将两本书并为一本。

书中内容纯数学和应用数学大约各占一半。这两者是密不可分的。

书中各章不需要连续阅读,而且,除非你对某章的内容有兴趣,你也不需要从头到尾读完。你不妨取你之所需,而无须阅读其他部分。如果有些内容第一眼看上去似乎过分艰难或者不吸引人(这是有可能的),你可以跳过这部分;然后,如果你对它仍有兴趣,可以回头再读。正如数学家J.勒朗·达朗贝尔(1717—1783)所建议的那样,你可以"继续下去,信心终将来临"。

如果你想要追踪某个贯穿多个章节的主题，那么请注意，方括号中的小数为你提供了可供参考的章节和部分。这一标记为你提供了参照条目，避免了不恰当的或令人困惑的详细索引。例如，[3.4]指的是第三章第四节。这一方法主要是由数学家与逻辑学家 G. 皮亚诺（1858—1932）在 19 世纪 90 年代发明的，如今在学术写作中得到广泛应用。

vi　　一件令人高兴的事情是，原先那两本书有一大批非数学家读者，如律师、医生、工程师、商人、作家等。所能记得的初等数学让他们对于此后的发展有足够的好奇心，并有兴趣在不对数学的庞大实体进行精细解剖的情况下探索其精神实质。一件更为可喜的事情是，除了在学校中必须学习的数学以外，大批年轻学生（无论男女）愿意一睹数学的更多风采。如果现在这本书能有类似的吸引力，我将深切感谢我的读者。

我将要叙述的内容，是对从漫长岁月积累下来的庞大素材中撷取的题材的说明。我相信，它至少会告诉大家，数学是一门生机勃勃的学科，它不但还在继续发展，而且，它对于理解一些科学和技术是不可或缺的。我同样相信，它对于科学哲学中的某些更为深刻的部分也能起到提示作用。

我从科学中选取的例证主要来自于物理学与天文学，但并非全然如此，其原因无他，只是因为这样便不会让我的描述离题过远。除了职业数学家之外，很少有人能够理解数学思维方式的深邃与广阔。在这样一个概述的严格框架内，我只能简要勾勒出几个例子，看看那些大师级人物是如何把数学的预见性洞察力导向科学的。H. R. 赫兹（1857—1894）在 1888 年第一次用实验证明了无线电波的存在,正如他曾经评论过的那样:"看起来,我们所使用的数学工具比我们更为聪明,它们能够在不受我们的意愿支配的情况下,独立完成自己的进化。"

　　空间的限制妨碍了大量数学预测取得令人震惊的胜利,这就造成了这样的现象,即对于人们已经接受而且显然会长期有效的贡献,尽管有些数学思想已经做出了足够详细的解释,但它们还是无法成为人类可靠知识的一部分。我在[20.1—20.4]中描述了数学内部的持续冲突,对于数学来说,这种冲突所带来的威胁都还一直存在。

　　本书所能提供的服务十分有限,请不要对此抱有过高的期望。 vii
我无意以我的简略描述取代任何主题的纯数学或应用数学教科书或者科学论文。我的目标要低得多。我相信,正如 R. 笛卡尔(1596—1650)在他二十三岁那年做了一个梦之后所做的那样,一些喜爱数学的学生可能会问自己:"我该走哪条人生道路?"在此之后,笛卡尔奋勇向前,发明了解析几何,这是整个人类历史上最伟大的数学成就之一。我同样相信,那些从本书的阐述中得到所求的业余数学爱好者,将从中感觉到足够的现代数学精神,从而愿意继续深造,学到比我在书中描述的更多的东西。

　　我偶尔会引用读者或许从中学一年级便熟悉了的一些经典结果,那是因为我有着守旧的一面,它让我相信,过去的伟大数学家们并没有全部走入坟墓。最新的科学或者数学新奇发明可能会在一年或者更短的时间内失去其迷人之处与新鲜感。因为,就像任何一位女士会告诉你的那样,今天还是新款的软帽,明天就会,或者可能会过时。因此我还将继续相信,在我有生之年,哪怕设计最为精密的计算机器,也不大可能取代像毕达哥拉斯、阿基米德、牛顿、莱布尼茨、高斯、罗巴切夫斯基、伽罗瓦、黎曼、麦克斯韦和爱因斯坦这一类人物的头脑。

目录后面有一份书中出现的数学家的名单,其中包括他们的名字首字母、生卒年和他们第一次出现在本书的章节。这有助于读者在继续阅读本书的同时注意到时间的进程。一旦某人已经出现过,除有特殊原因之外,他的姓名在书中再次出现时不再加入名字首字母和生卒年。有几位人士的生卒年不明。在编制这份名单时,我对我在书中引用的人名(204 个)数目有些不安。所有这些名字都是我从记忆中随意撷取的。如果有些热爱数学的读者没有在书中找到自己的偶像,我愿意提醒他们,我在本书中对于许多事例的选用几乎没有遵循什么规律,而且,要公平地对待数学的所有创造者,我应该放进差不多 8000 个名字。更何况,单单提及某人的名字并不能说明他有何种事迹,无论从质量或数量上说,这都不是一个指标。就从数量上来说,我可以举出几个例子。凯莱[1.1]的全部著作之多,足以填满大约 7500 张四开版的纸张;西尔维斯特[1.1]的全部著作大约 2800 张;阿贝尔[1.3]的著作是 950 张;柯西[5.3]的著作超过 11000 张。欧拉[1.3]的全部著作还在收集之中,但其总量肯定会超过这些人的数量。据估计,其全部著作大约需要 100 部四开本书,每部大约 500 页。还有几位此处未曾提及的数学家的贡献也同样令人瞩目。但我并不是要撰写一部数学史,因此我甚至无意提及所有主要数学家的名字,而正是由于这些数学家的贡献,数学才从它远自苏美尔、巴比伦、埃及和古希腊时代的起源，一直发展到今天这个程度。然而，我所提及的这些数学家和科学家中的一些，例如詹姆斯·克拉克·麦克斯韦（1831—1879），论及他们对于文明进程的影响，即使有些政治家或者军事家可以望其项背，其数目肯定也极为稀少。如果进行一次随机的抽样调查，有多少人会知道克拉克·麦克斯韦何许人也，或者他的工作的直接影响曾使大英帝国没有在二战早期便一败涂地呢？这一点，我留待各位读者在阅读本书时寻找答案。

　　在进入正文之前，我特向总部设在巴尔的摩的威廉姆斯与维尔金斯公司致谢，该公司出版了作为本书基础的那两本书，他们十分慷慨地允许我随意使用原书的内容。

E. T. 贝尔

目　　录

人 名 表

阿贝尔, N. H. (1802—1829)/[1. 3]

亚当斯, J. C. (1819—1892)/[13. 4]

伊索(公元前 6 世纪)/[8. 9]

艾里, G. B. (1801—1892)/[13. 4]

亚历山大大帝(公元前 356—前
323)/[11. 1]

亚历山大, J. W. (1888—[1971])/
[8. 7]

安提丰(公元前 5 世纪)/[14. 4]

阿波罗尼奥斯(公元前 260? —前
200?)/[13. 2]

阿基米德(公元前 287—前 212)/
[1. 2]

阿斯奎斯, H. H. (1852—1928)/
[13. 4]

巴贝奇, C. (1792—1871)/[11. 8]

巴切特, C. G. 德·梅齐里亚克(1581—
1638)/[11. 4]

巴赫曼, P. (1837—1920)/[11. 3]

巴拿赫, S. (1892—1945)/[8. 9]

巴拉瓦利, H. (当代[1898—1973])/
[10. 1]

巴罗, I. (1630—1677)/[19. 2]

贝克莱, G. (1685—1753)/[20. 1]

伯克霍夫, G. (1911—[1996])/[5. 5]

伯克霍夫, G. D. (1884—1944)/[6. 1]

玻尔, N. (1885—[1962])/[10. 3]

布尔, G. (1815—1864)/[5. 1]

布拉赫, T. (1546—1601)/[13. 2]

布劳威尔, L. E. J. (1881—[1966])/
[1. 3]

布里松(公元前 5 世纪)/[14. 4]

布拉里 - 福蒂, C. (1861—1931)/
[19. 4]

巴特勒, S. (1835—1902)/[1. 1]

康托尔, G. (1845—1918)/[11. 6]

高斯,C. F. (1777—1855)/[1.1]

格尔丰德,A. (当代[1906—1968])/
[11.6]

根岑,G. (当代[1909—1945])/
[20.3]

乔治三世,英国国王(1738—1820)/
[13.4]

吉布斯,J. W. (1839—1903)/[18.3]

哥德尔,K. (1906—[1978])/[20.3]

哥德巴赫,C. (1690—1764)/[11.1]

戈特沙尔克,E. (当代)/[11.4]

格拉斯曼,H. G. (1809—1877)/[8.3]

格里高利,D. F. (1813—1844)/[2.2]

格罗斯曼,M. (1878—1936)/[10.3]

阿达马,J. (1865—[1963])/[11.3]

哈雷,E. (1656—1742)/[13.3]

哈密顿,W. R. (1805—1865)/[2.2]

哈代,G. H. (1877—1947)/[8.9]

黑格尔,G. W. F. (1770—1831)/
[14.1]

海森堡,W. (1901—[1976])/[1.1]

赫拉克利特(公元前6世纪)/[14.4]

埃尔米特,C. (1822—1901)/[1.3]

赫歇尔,W. (1738—1822)/[13.4]

赫兹,H. (1857—1894)/[12.1]

希尔伯特,D. (1862—1943)/[2.2]

喜帕恰斯(公元前2世纪)/[13.4]

赫尔德,O. (1859—1937)/[9.8]

雨果,V. (1802—1885)/[6.3]

亨廷顿,E. V. (1874—[1952])/[3.1]

赫胥黎,T. H. (1825—1895)/[12.1]

因凯里,K. (当代[1908—1997])/
[11.5]

雅可比,C. G. J. (1804—1851)/[1.1]

詹姆斯,W. (1842—1910)/[10.3]

琼斯,J. H. (1877—1946)/[2.2]

若尔当,C. (1838—1922)/[4.3]

康德,I. (1724—1804)/[1.4]

卡普费雷尔,H. (1888—[1984])/
[11.4]

卡斯纳,E. (1878—[1955])/[8.8]

济慈,J. (1795—1821)/[13.4]

开尔文勋爵(W. 汤姆逊)(1824—
1907)/[7.1]

开普勒,J. (1571—1630)/[13.2]

基尔霍夫,G. R. (1824—1887)/[8.7]

柯克曼,T. P. (1806—1895)/[8.7]

克莱因,F. (1849—1929)/[2.1]

克罗内克,L. (1823—1891)/[1.3]

库默尔,E. E. (1810—1893)/[5.8]

屈尔沙克,J. (1864—1933)/[8.9]

库斯明,R. (当代[1891—1949])[11.6]

拉法耶特,M. 德(1757—1834)/[17.4]

拉格朗日,J. L.(1736—1813)/[1.1]

兰道,E.(1877—1938)/[11.3]

拉普拉斯,P. S.(1749—1827)/[6.3]

拉瓦锡,A. L.(1743—1794)/[6.5]

勒贝格,H.(1875—1941)/[16.8]

莱默,D. H.(1905—[1991])/[11.2]

莱默,D. N.(1867—1938)/[11.2]

莱默,E.(1906—[2007])/[11.4]

莱布尼茨,G. W.(1646—1716)/[1.3]

勒韦耶,U. J. J.(1811—1877)/[10.3]

列维-奇维塔,T.(1873—1941)/
[10.3]

李,M. S.(1842—1899)/[5.8]

林德曼,C. L. F.(1852—1939)/
[11.4]

刘维尔,J.(1809—1882)/[1.1]

李特尔伍德,J. E.(1885—[1977])/
[11.3]

罗巴切夫斯基,N. I.(1792—1856)/
[3.3]

卢卡斯,E.(1842—1891)/[11.2]

武卡谢维奇,J.（当代[1878—
1956])/[5.2]

马赫,E.(1838—1916)/[7.6]

马可尼,G.(1874—1937)/[17.4]

马克思,K.(1818—1883)/[14.1]

莫佩尔蒂,P. L. M. 德(1698—1759)/
[16.2]

麦克斯韦,J. 克拉克（即"麦克斯
韦")(1831—1879)/[12.1]

梅内克缪斯（公元前 375? —前
325?)/[13.1]

门捷列夫,D. I.(1834—1907)/[12.1]

门格尔,K.(1902—[1985])/[6.1]

梅森,M.(1588—1648)/[11.2]

迈克耳孙,A. A.(1852—1931)/[17.4]

弥尔顿,J.(1608—1674)/[13.2]

莫比乌斯,A. F.(1790—1868)/[7.5]

摩尔,E. H.(1862—1932)/[12.1]

莫雷,E. W.(19 世纪下半叶[1838—
1923])/[17.4]

墨菲,R.(19 世纪上半叶[1806—
1843])/[16.8]

诺依曼,J. 冯(1903—[1957])/[16.8]

纽曼,J. R.（当代[1907—1966])/
[19.2]

牛顿,I.(1643—1727)/[1.2]

尼文,I. M.(1915—[1999])/[11.7]

奥卡姆的威廉（约 1285—1349）/
[12.3]

奥尔,O.(1899—[1968])/[5.5]

帕斯卡,B.(1623—1662)/[1.3]

皮科克,G.(1791—1858)/[2.2]

皮尔斯,B.(1809—1880)/[2.1]

皮尔斯,C. S.(1839—1914)/[5.2]

潘兴,J. J.(1860—1948)/[17.4]

皮莱,S. S.（当代［1901—1950］)/
　[11.7]

柏拉图（公元前 427—前 347）/
　[13.1]

普朗克,M.(1858—1947)/[19.3]

普吕克,J.(1801—1868)/[8.3]

庞加莱,H.(1854—1912)/[8.5]

波斯特,E. L.(1897—[1954])/[5.2]

普桑,C. 德拉 V.(1866—[1962])/
　[11.3]

托勒密（公元 2 世纪)/[13.2]

毕达哥拉斯（公元前 580—前 500）/
　[1.2]

瑞利勋爵(1842—1919)/[17.1]

赖欣巴哈,H.(1891—[1953])/[5.2]

里奇,M. M. G.(1835—1925)/[10.3]

黎曼,G. F. B.(1826—1866)/[1.1]

罗伯逊,H. P.（1903—［1961］)/
　[10.3]

罗瑟,J. B.(1907—[1989])/[11.4]

罗素,B.（A. W.）(1872—[1970])/
　[2.1]

桑福德,V.（当代［1891—1971］)/
　[11.4]

叔本华,A.(1788—1860)/[12.2]

塞尔伯格,A.（当代［1917—2007］)/
　[11.3]

斯利克特,C. S.(1864—1944)/[19.3]

史密斯,D. E.(1860—1944)/[14.4]

史密斯,H. J. S.(1826—1883)/[11.4]

斯图姆,J. C. F.(1803—1855)/[1.1]

西罗,L.(1832—1918)/[9.1]

西尔维斯特,J. J.（1814—1897）/
　[1.1]

塔斯基,A.（当代［1902—1983］)/
　[5.2]

泰勒斯（公元前 6 世纪)/[2.2]

尤勒,H. S.(1872—[1956])/[11.2]

范迪弗,H. S.（1882—［1973］)/
　[11.4]

维布伦,O.(1880—1960)/[6.1]

魏尔兰,P.(1844—1896)/[12.2]

维诺格拉多夫,I. M.（当代［1891—
　1983])/[11.3]

沃尔泰拉,V.(1860—1940)/[16.8]

华林,E.(1734—1798)/[11.1]

韦弗,W.(1894—[1978])/[11.8]

魏尔斯特拉斯，K.（1815—1897）/
　［4.3］

威尔斯，H.G.（1866—1946）/［7.1］

外尔，H.（1885—［1955］）/［3.1］

怀特海，A.N.（1861—1947）/［5.2］

惠特克，E.T.（1873—［1956］）/［12.3］

韦伊费列治，A.（当代［1884—
　1954］）/［11.4］

威尔逊，J.（1741—1793）/［11.3］

华兹华斯，W.（1770—1850）/［13.4］

杨，J.W.（1879—1932）/［6.1］

策梅洛，E.（1871—［1953］）/［11.3］

齐普夫，G.K.（当代［1902—1950］）/
　［16.3］

策尔纳，J.K.F.（1834—1882）/［7.6］

第一章 观 点

1.1 数学的对象

> 数学是科学的女王,数论是数学的女王。虽然她时常屈尊纡贵,为天文学和其他自然科学服务,但在任何情况下,最尊贵的位置都是属于她的。

数学、天文学和物理学大师 C. F. 高斯(1777—1855)如是说。无论是就对历史的回顾还是对未来的预测而言,高斯的这一宣言都绝不夸张。在 19 世纪与 20 世纪,重大的科学理论之所以能够形成,完全是由于数学家们早在几年前、几十年前甚至几百年前就已经创造了这些理论借以获得意义的那些想法。虽然这些想法诞生之时,还没有人预见到它们在科学上的任何潜在应用。

如果没有 G. F. B. 黎曼(1826—1866)于 1854 年发明的几何,或者没有数学家 A. 凯莱(1821—1895)与 J. J. 西尔维斯特(1814—1897)和他们的许多追随者发展的不变性理论,A. 爱因斯坦(1879—[1955])不可能在 1916 年成功地阐述他的广义相对论和引力理论。没有 J. C. F. 斯图姆(1803—1855)和 J. 刘维尔

(1809—1882)在 19 世纪 30 年代首创的一整套边值问题（恕我使用这样一个现在还不必加以解释的专业术语）的数学理论，就不可能出现自 1925 年起发展起来的、具有深远影响的原子波动力学。

如果没有凯莱 1858 年发明，并由一小批数学家从那时起一直精心研究的矩阵数学为其必要条件，以 W. 海森堡（1901—[1976]）和 P. A. M. 狄拉克（1902—[1984]）1925 年的工作为开端的现代物理学的革命永远也不可能露出曙光。

处处渗透于现代物理学的不变性概念久经自然风雨的洗刷却风姿未改，它起源于 J. L. 拉格朗日（1736—1813）于 18 世纪所做的纯数论工作。

这些只不过是许多类似例子中的几个而已。在数十件起源于纯数学，并对后世的科学具有丰富应用价值的工作中，人们不会想到它们中有任何一件能够超出纯数学的范畴。与他们的前辈一样，当今富于创新精神的数学家所受到的启示仍旧来自数学艺术本身，而不是任何在科学或技术上具有直接应用价值的前景；指引着他们的，只不过是对于对称、简洁和普遍性的感觉，以及对于事物是否适宜的难以捉摸的感知。

但是，为艺术而艺术的说法并不能说明一切。一个久为人知的例子是 J. B. J. 傅里叶（1758—1830）在 1822 年首先开创的热传导的经典工作，这一工作是庞大而又不断扩展的傅里叶分析理论的先导。这项工作可以算是最纯粹的纯数学，一直有数十位对应用数学基本上不感兴趣的数学家主要在这一领域精心耕耘。今天，在应用数学范畴内的傅里叶分析的广度远远超过了傅里叶曾经的想象。例如,对于那些以波动运动为其中事件的模式基础的物理学来说,傅里叶分析都是不可或缺的。

纯数学与应用数学的关系如同"左手与右手",各不相同却又紧密相关:有关数学的这一方面还有其他大量事例。纯数学为应用数学服务,而应用数学给予的回报是可让一代代纯数学家绞尽脑汁的大量新问题。当为艺术而艺术的行为以解决科学和技术难题的方式还债时,债务人和债权人的位置就可能发生逆转。

一个现代的例子发生在 1938 年之后。第二次世界大战对于艰深的数学问题有着实用方面的需要,这让数学家挖空心思地提供急需解决的问题的答案。1938 年已有的数学并不总能为随后 7 年出现的难题提供解答。在紧急状况下,对于极端困难的关键问题的精确解答超出了人力之所能及,人们必须发明足够精确的近似方法来取得具有实用价值的答案。这些方法转而以新的难题的方式作用于纯数学,这些难题因军事方面的必要性而浮出水面之前从来没有让数学家发生兴趣,因为它们没有表现出吸引数学家注意力的对称性和其他数学之美。对于有些问题的数字计算远远超出了人类的能力,因此人们必须发明并生产新型的计算机器来进行这些运算。在数学的某些领域,战争期间不足 10 年的发现超过了和平时期 50 年的发现。我相信,任何清楚非线性微分方程和非线性力学的成就的数学家都会同意这种说法。第二次世界大战后人们未能尽享和平的安宁,转而陷入了冷战的泥潭。在此期间,一些这样的超人机器零星现世,它们在偶尔腾出的几个小时内对纯数学中最纯粹的一些问题发起了攻势,其中包括数论方面的问题。它们在仅以分钟计或以小时计的时间内完成的工作,是凡人在远超正常寿命的时间内无法完成的。

　　这条从应用通往非直接应用的道路，与拿破仑战争期间和战争结束不久后的相似进程恰成对应。究竟是战争，还是经济上的需要对数学的发展有着更大的影响？讨论这个问题应该会很有意思，但这并非我们这里要做的事情。我的个人意见是，战争的影响至少是经济的影响的二倍。就在我撰写本书时，军方对许多纯数学的研究都多有资助。

　　另一个历史上的相似之点颇具讽刺意味。19世纪，人的"心灵"以机械的方式被消解为粗笨的蒸汽机和当时流行的能量对应物。今天，历史上的那种狂暴的谬论震撼回归，在更为广阔的程度上，以人们可以理解的方式宣告，人类的神经系统，包括"思维大脑"，只不过是对电子超级器具的模拟，而不是反过来——这些超级器具并不模仿人类的神经系统。器具领先了大脑，至少在柏拉图理念论的范畴内情况如此。

　　与人类单纯的神经系统那迟缓的计算能力相比，这些机器的计算如此神速，一些更有远见的预言家几乎要奋不顾身地投入到对远景的展望之中。例如，1949年春，整个美国的数值分析专家汇聚一堂，进行了一场关于"思维机器"及其造福与为祸可能性的认真讨论。一位专家预言，思维机器会像细菌一样自行繁殖，并将人类挤出这个星球。另一位专家对此深表赞同，但是用常识缓和了这一灾难预言，从而为高贵的人类保留了一丝尊严或者自负：想要复制哪怕是一位非常普通的数学教授的"思维"，所需要的电子器具也会覆盖整个北美大陆。而说到科学的女王，她自然有能力设计那些有可能颠覆她的王位的机器，但对她为此必须进行的努力进行复制,其电子器具将让整个星际空间变成电子管等零件的固体海洋,这一空间超出了一台 200 英寸的天文望远镜所能瞭望的区域,这一球形区域的直径或许可达 10 亿光年。与会者认真倾听并充满敬意地接受了所有这类发言,这一点充分说明,我们距离 19 世纪 90 年代的悲观主义思潮不远。当时 S. 巴特勒(1835—1902)在他辛辣的讽刺作品《机器围绕中的达尔文》中表现的图像是:人类正在进化成为一个寄生虫物种,他们围绕着日益庞大、日益复杂的机器匍匐爬行,为它们提供服务。在命定的新时代中,思维机器将承担这一爬行的角色。

今后这些机器将具有清醒的发言权。但我们或许可以有把握地做出如下预测:除非发生第三次世界大战,女王和她的机器都永远被淘汰,数学家可能仍会耕耘他们的花园,进行数学研究,同时心头带有合理的期望,即只要人类这一物种避免了自杀,他们的辛苦劳作就不会完全被毫无想象力的机器装置取代。

然而,科学的女王并不需要以不公正的道歉为自己的出场鸣锣开道。在 C. G. J. 雅可比(1804—1851)反驳傅里叶的话中,他淋漓尽致地表达了许多人笃信的数学的真正目的。为了正确地评价他的话语,我必须提醒大家,雅可比为应用数学特别是力学做出了有意识的贡献,这些贡献可与傅里叶在他的热传导理论中对纯数学做出的无意识贡献相提并论。傅里叶责备雅可比"将纯数学(特别是数论)视为儿戏"。雅可比则回答道,一个像傅里叶这种层次的科学家应该知道,数学的真正目的是人类思维的更高荣耀。

尽管雅可比的反驳不难理解,而且是对女王的一个庄严介绍,

但我们将在本书的结尾处看到，数学所体现出的"人类心灵"具有
与生俱来的局限性，对此雅可比那一代人毫不知情，这可以说是他
们的幸运。女王最显而易见的美德之一，是她本人揭示了自己的
弱点和局限性。她并不是凌驾于一个毫无生气的温顺奴隶种族之
上的绝对君主。她发布的旨意并不需要普天之下的每一位臣民都
永远遵从。她也是有血有肉的人类，而且是那些心甘情愿奉她为
主的臣民的公仆。

1.2 黄金时代

数学在19世纪早期进入了黄金时代。数学史上这一最为多
产的时期1830年即已真正展开，而其终点尚未进入我们的眼帘，
尽管中间充斥着战争与可能爆发战争的传言。过去没有哪个时期
在其数学的深度与广度上能够接近这一时期。历史上只有两个时
期能够与之相比，其一是阿基米德（公元前287—前212）的时期，
另一个是 I. 牛顿（1643—1727）的时期。我们之所以把这两个时期
与19世纪和20世纪相提并论，也仅仅是考虑到其开创性工作中
的困难而给出的溢美之词。无论就数量还是质量来说，19世纪数
学得自其前辈的遗产都极为丰富，以至于一位数学先知在1830年
发出了"数学科学的黄金时代无疑已是明日黄花"的哀叹。然而，
当人们挥手告别19世纪时，这一至少历经20个世纪沉积而来的
辉煌遗产增加了许多倍。

作为一个令人吃惊的历史巧合，这一哀叹发出整整百年之后，
人们发现了一个决定性禁令，这个禁令限制了一切数学和演绎推
理的可以想象却无法达到的目标。这个发表于1931年的重大结

果让逻辑学家惊慌失措,其程度不亚于一些泉下有知的 1830 年的数学家,甚至超过了这些数学家在 1930 年的传人。有些在 1930 年看上去似乎显而易见的东西现在只不过被归为虚谬。我们将在第二十章重提这个问题。

自 19 世纪头十年以来,数学知识增长迅速,很少有人会声称自己对现代数学四大主要分支的两个或更多,比一个业余爱好者了解得更多。单数论这个领域,可能就不是任意两个人所能精通的,而几何、代数和分析(尤其是分析)的内容比数论还要丰富。如果数学物理被数学吞并,成为它的一个领地,那么,至少二十个极具天赋的人穷毕生精力,才能精通现代数学领域。

尽管如此,有一件事或许能给那些数学学习止于中学最后一年或者大学第一年的人一些安慰。这些人并不比绝大多数浏览当前数学期刊或参加科学会议的数学家差很多。事实上,在这样一次科学会议上简单介绍的 50 篇数学论文中,有 6 篇以上的论文被同一个数学家真正理解的情况,都是十分罕见的。至于另外 44 篇论文,里面的大部分内容涉及的数学语言,是那种只能弄懂与自己专业最接近的 6 篇文章的数学家所不能理解的。

这一状况是由许多原因造成的,这似乎是数学进步不可避免的结果。我只需要叙述其中的一个原因。正是数学本身永不减退的活力,使它与科学有一种永恒的、令人不安的区别。

在理论物理研究中,人们很少需要详细掌握一份发表时限超过三十年的成果,甚至不需要记得这样一份成果曾经存在于世间。但对于数学研究来说,如果某人不知道公元前 500 年毕达哥拉斯

（公元前 569—前 500）在科罗敦就直角三角形斜边平方说过的话，或者忘记了上周某人在中国证明的有关不等式的什么东西，那他的职业生涯有可能就到头了。从古代巴比伦人起直至现代的中国人和日本人，数学已有的一整套庞大的体系在今日的辉煌与过去毫无二致。

立足于我们今天的优势回望过去，我们只能惊叹于那些在蛮野荒地之间披荆斩棘，开辟出第一批羊肠小道的先驱们的勇气与不屈不挠的精神。今天，条条大道已经跨越了贫瘠的沙漠，阳关大道四通八达，线条笔直如拉紧的钢索；在昔日瘴气滋生、数十人凄惨毙命的沼泽地上，拔地而起的是兴旺发达的城市；而曾经让先人徒呼无奈、反复探索的铁山小径，如今已经成为从遥远城市可轻易抵达的四小时轻松漫游之路。如今，比我们脚踏的高峰更为巍峨的峻岭也不再不可企及。尽管征途艰险，但已经征服了处处险地的我们，极目远眺，却也能窥见理想黄金国的缕缕金辉，而对于这一辉煌的国度，即使那些最为勇敢的先驱，也从未在梦中有过一丝遐想啊。

如果我们赞叹那些先驱的耐心与勇气，也必定会为他们在野地与丛山中沿曲折小路艰难行进时的那种固执与无知而惊讶。明明向西方跨出一步，就可以轻松愉快地直取宝藏，却偏要挥军东进，困死于沙漠之中。何等的执着，方令他们出此下策？这是我们今天提出的问题。如果数学的进步有连续性，百年之后，人们会就我们的行为发出同样的疑问。我们知道山外有山，山之外可能是更加广阔的天地，如此等等。只要人类的探险精神尚存，他们就会听到未知事物的低声呼唤。依照我们今天的发展速度，对于一百年后的探索者来说,我们现在脚下的制高点无异于无边旷野上略见起伏的小丘。人类几经艰险才征服的这些山峰如今可轻易攀登,在我们踏上其中的一两座看看我们能做什么之前,还是稍待片刻,仔细看看周围的形势吧。

1.3　阿贝尔的建议

为了对情况有一番了解,不妨让我们大致考虑一下,一所不错的美国中学为学生提供的全部数学课中都有些什么。几何教的实际上就是差不多有 2200 年历史的欧几里得几何学。它对真实物理世界的几何形貌的归纳可以令人满意地达到一级近似的程度。这对一些工程师来说已经够用了,但达不到现代物理的基本要求,而从事研究工作的数学家对它的兴趣早就已经消失殆尽。我们对于宇宙的视界早已超越了欧几里得几何的范畴。

代数的情况相对好一些。一个成绩优良的学生能够掌握带有正整数指数的二项式定理,该定理是帕斯卡(1623—1662)在 1653 年发现的。这位学生的代数也就止步于此。而代数中真正有意思的内容发端于 19 世纪与 20 世纪,是在帕斯卡死后 150 年后才开始发展的。

至于数论,高斯口中的数学女王,毕业于这所好学校的学生一点也没有学到。除了那些极端幸运者之外,学生们连数论这个词也不会听到。而欧几里得(公元前 365—前 275)至少知道数论最为优美和影响深远的真理中的一个。其实,任何上过一年中学的人都可以理解这个领域中许多令人吃惊的结论。

欧几里得有关素数的陈述与证明是对我们最后一项评论的经

典说明。我将在此把它作为一个例子加以介绍，因为它说明，人们在基础层次上就可轻而易举地理解数学。如果一个大于 1 的整数 p 只能被 1 及其自身整除，我们就把这个整数 p 称为素数。例如，以下的数就是素数：$2,3,5,7,11,13,17,19,\cdots,101,\cdots,257,\cdots,65$ 537，$\cdots$，以及截至 1950 年人们所知的最大素数

170 141 183 460 469 231 731 687 303 715 884 105 727。

尽管我们无法找出所有素数，但它们总共有多少呢？欧几里得的定理说，素数是没有尽头的：任意给定一个素数，在它后面总有比它更大的素数。为证明这一点，欧几里得说，如果只存在有限个素数，则其中必有一个最大者，不妨以 P 记之。为简单起见，我将假定这一证明依赖于两项定理：1)任何整数至少有一个素因数；2)任何整数的整数因数的数目都是有限的。第一个定理欧几里得做出了证明。至于第二个定理，欧几里得并没有明确地陈述，但他所证明了的定理暗示了它的存在。设想把所有的素数（假定其数目是有限的）相乘，然后对乘积加 1，其结果为

$$2\times3\times5\times7\times11\times\cdots\times P+1。$$

将这一数字分别除以每一个素数 $2,3,5,\cdots,P$，每次计算所得的余数都是 1。因此，上面的数字无法被任何素数整除。所以，这个数字或者本身是一个素数，或者它可以被一个大于 P 的素数整除。无论最后的结论是哪一个，都与 P 是最大的素数矛盾。由此可证，"素数的数目是无限的"。注意，这一证明并没有告诉我们，如何找到给定素数（如我们上面最后给出的那个素数）后面的**下一个**素数。欧几里得的定理并没有给出这样的方法。

欧几里得的定理是数学中称为存在性定理的一个例子。这类

定理受到一个数学哲学家学派的怀疑,尤其当伴随定理的证明预先假定了一种无限的未加完全描述的选择行为时更是如此。L. 克罗内克(1823—1891)曾在 19 世纪 70 年代说,这样的证明毫无意义,但没有什么人认真听取他的意见。直到 L. E. J. 布劳威尔(1881—[1966])在 1907—1912 年揭示了不加批判地对无穷集运用经典(亚里士多德的)逻辑所产生的问题的根源,这一情况才有所改变。这一问题的根源是:这一逻辑并不是针对无穷集设计的。但我们现在不必为此感到担心。欧几里得的证明即使对于那些怀疑其逻辑合理性的人也是具有说服力的。存在性定理的反对者要求人们**给他们看**,一个比已得到证明的任意已知素数更大的素数——"给我们看一个比给定素数更大的素数,这样我们就满意了"。这种要求只不过是一个古老的要求的数学变种,读者或许会认识到,《新约》第一个提出了这个要求。因此,一个号称现代数学哲学的东西或许已经有了 2000 年的寿命。就像贫苦人永远存在一样,我们周围永远都不乏怀疑论者的身影。

中学优等生也没有学到有关解析几何和微积分的任何知识。然而,假定第三次世界大战有一天注定要爆发,或许在这之前,一直被认为是人类为科学思想而设计的最锐利武器的微积分将会成为常规中学课程的一部分。自 1900 年或者更早以来,微积分就一直作为德国中学的科学课程的一部分被讲授。

如果没有有效地掌握由牛顿和 G. W. 莱布尼茨(1646—1716)在 17 世纪创建的微积分的实用知识,人们连读懂物理类科学及其应用的严肃著作都不可能,更不用说进一步发展这些工作了。某些生物学和心理学分支的情况与此类似,但程度上远不及物理类科学。在经济学和社会学的某些方面也同样如此。任何正常的16 岁孩子，只要他花上用于磕磕绊绊地通读凯撒的《高卢战记》第一卷的时间的一半，就可以掌握微积分。而且对于许多现代思想家来说，作为思想启蒙的带路人，牛顿和莱布尼茨要比尤里乌斯·凯撒和他缺乏想象力的助手提图斯·拉比努斯更有启发性。

大学生在第二学年结束时的情况要比中学生向前迈进了许多。假如他们不只是通过文学来追求文化，他们可能会辅修一些科学经典课程。他们会像 18 世纪的人一样了解微积分，而且会掌握得更好。先驱未加证明就放过的许多东西不会被今天的大学教科书所容忍。19 世纪的数学家极其重要的工作，影响了那些在大学学习微积分的人的思想，至少对于那些在一所不错的大学学习，指导教师不那么乏味、缺乏活力的学生来说如此。

一个学习了四年标准大学数学课程的普通毕业生为什么会完全抓不住现代数学的精神呢？在结束以上不那么令人兴奋的讨论之前，我们来看一看造成这种状况的另一个原因。我们可以通过有史以来最伟大的数学天才之一，N. H. 阿贝尔（1802—1829）的一项评论清楚地看到这一点。在他不到 27 年的可悲人生中，阿贝尔的成就完全无愧于 19 世纪的数学家带头人之一 C. 埃尔米特（1822—1901）所给予他的最高评价："阿贝尔为数学家们留下了足够让他们忙碌 500 年的东西。"有人问阿贝尔，在六七年的工作生涯中，他是怎样做出了所有这些贡献的，他的回答是："研究大师之作，而非其门徒之作。"

想要领会数学的活的灵魂而不是其干枯的骨架，就必须直接钻研大师的著作。教科书和科学论文是躲不掉的恶魔。要在合理的时间内消化的大部分内容,妨碍了人们通过其作品与大师们进行亲密接触。然而,在接受正常教育的过程中至少阅读 10 到 20 页大师的著作并非无法做到的事情。标准教科书上的简洁文字可能历经数个世纪的精心研磨方才最后成形,而与此相比,大师们对一个重大问题的首次生涩尝试更有启发性。

　　让初学者尝试掌握前沿成果很少有成功的例子。这些成果出现在数学期刊上,到二战前,全世界有大约 500 种这种期刊。它们中有些是月刊,有些是季刊,其中大约 200 种期刊中几乎全都是当前的数学研究成果。大部分论文以英文、意大利文、法文或德文书写,尤以最后两种为多。想要获得钻研现代数学的资格,就必须掌握以上四种语言的阅读能力。然而也有许多文章是用作者的母语写的,涉及从日语、俄语、波兰语到捷克语、罗马尼亚语等各种语言。

　　第二次世界大战爆发后,许多数学期刊暂停出版,还有一些永久停刊了。从 1948 年开始,数学论文的发表量开始回升,所用语言包括德文和意大利文,但这些语言在战争期间和战后不再受人青睐。许多国家质疑如下的沙文主义训诫:"要恨人如恨己。"①上述现象让这些国家的数学家、科学家和其他人感到满意。战争改变了许多事情,其中一件就是,人们不再认为管理科学的政治家能够胜任引导科学为公众利益服务这一任务。傻瓜会被傻瓜统治,而且无疑会永远如此,但并非所有科学家和数学家都还是傻瓜。

---

　　① 这是对《圣经》中的"要爱人如爱己"一句的反用,参见《新约·马可福音》12:31。——译者注

尽管科学的女王曾为她极不忠诚的臣民服务，但她还保持着自己的独立性。

要想领会现代数学的灵魂，通过阅读任何当前或最近发表的研究似乎并不可行，更为可行的方法，或许是专心学习一些早期的经典著作。例如，L. 欧拉（1707—1783）的许多流畅的论文处理了一些相当基本的原理，它们像侦探小说一样容易阅读。稍微更进一步，还可以选择拉格朗日的学术论文，它们可以作为一般学院分析力学教程的笨拙教科书的杰出伴文。在更为近代的作品中，凯莱写于1858年的论文是矩阵理论的开端（我们将在后面一章讨论这个理论），初学者可以比较容易地接受。在阅读拉格朗日的著作时，现代学生或许偶尔会因文中不使用当前的偏导数符号而感到困惑。

在这方面，有一段20世纪30年代的有趣历史。美国的某所一流大学有一位雄心勃勃的校长，他非常彻底地领会了阿贝尔"钻研大师之作，而非其门徒之作"这一箴言的精髓，于是在一年级推行了这一方法。为帮助自己施行这一值得尝试的措施，校长大人找来一位教授科学的专家（不是研究科学的专家）。他们两人制定了一份一年级学生应该在课余时间阅读的数学经典著作的书目，其中包括牛顿发表于1687年的《自然哲学的数学原理》和爱因斯坦发表于1916年的《广义相对论与引力理论》。后者是一篇相当短小的作品，但据说世界上只有12个人能够读懂这篇著名论文。校长对这一尝试充满了热情，那些一年级大学生则不然。

1.4 现代数学的灵魂

无论是我们在上文对于那些在今天的自由教育下足可放弃的数学古董的评论,还是有关阿贝尔给未来数学家提的极为有用的建议的评论,都无意消弭人们的斗志。与此相反,我们承认,对于那些并非以数学家为职业的人来说,探索现代数学的细节纯属浪费时间。因此我们同意,我们应该有更加广阔的眼界,而不只是满足于某位专家。事实上,数学黄金时代的一个杰出成就,就是对于更崇高的观点的发现与探索,古代和现代的许多数学领域由此都可以被视为一个整体,而不是由孤立的个别问题组成的华丽的大杂烩。当然,细节仍然是重要的,但只有专家才能欣赏。

今天的我们,虽说并没有艰难探索更为广阔的观点的经历,但却能立足于集广阔观点之大成的顶峰,从此看去,那些观点无比清楚明白。为什么这些光辉的顶峰没有更早一些被人们发现? 如果回顾数学发展的历程,人们几乎肯定会试图修正 I. 康德(1724—1804)的如下狂想:

> 吾以敬畏之心,苦思冥想者凡二事而已,
>
> 一为灿烂之星空,一为人类之道德律令。

他们会去掉"道德律令",代之以"愚不可及"。唯一能够阻止我们的,是我们确切地知晓,我们会像前辈一样对凝视着自己的事物视而不见。

对此的一个很好的说明是现代抽象代数,它在 20 世纪 20 年

代突然变得清晰可见。我们将在后文描述这一事件。

　　如果可以用一个短语来描述自 19 世纪中叶以来的数学精神，或许最为妥帖的是：**越来越大的普遍性，越来越尖锐的自我批评**。在 19 世纪的进程中，对于特定的或者孤立的问题的兴趣逐渐减弱，数学家变成了庞大的综合知识体系的建造者，在这些知识体系中，单个定理完全从属于更宏大的理论结构。人们使用日益强大的武器对过去那些困难问题的整体发起进攻，而不是单打独斗地一次对付一个难题。这也是数学的黄金时代的特征。这是今天的数学和最伟大的数学家在 17 世纪的前三分之一的历史中所实践的数学之间的首要差别。一股从 18 世纪开始缓慢出现（尤其是随着拉格朗日的分析力学的出现而出现）的巨大力量，在整个 19 世纪不断加速增长，这一过程一直延续到 20 世纪。这整个时期几乎不停地闪耀着光辉，它所带来的最令人惊异的创造性是人类世界前所未见的。

　　这一情景的另一面是日益增加的严格性。所谓的显而易见的事实不断受到全方位的审查，人们时常发现它并非显而易见，而是错误的。"显而易见"这个词成了数学最危险的字眼。除了不小心笔误（或口误），我会避免在不加引号的情况下使用这个词。

第二章　数学的真理

2.1　对数学的描述

　　无论 18 世纪最初 10 年早期的数学是什么样子，它都绝不会是今天的一些字典中所构造出来的那种单薄的虚影。与一部标准字典抗争无疑需要勇气甚至是鲁莽，但数学家们在这一特定方面从来就不缺乏勇气，他们可以直面铅印的字迹，无论这些字迹何等厚重、醒目并拥有权威方面的支持。有些人漠视传统，甚至自己设计了简洁且有丰富内涵的定义，用以改进字典上给出的解释。

　　令人遗憾的是，这些定义中，没有哪两个是完全一致的。每个定义都有所侧重，反映了作者的偏见，它们加到一起或许就形成了一幅不带有明显不当之处的印象派图画。要用简洁的语言重现这些妨碍数学的尝试，差不多相当于编纂一部数学辞典，而这一辞典早在完成之前便又远远地落后于最新的发展了。举几个例子应该就足以说明问题。

　　B.（A. W.）罗素（1872—[1970]）在 1901 年给出的警句时常被人引用，这是第一次对作为一个需要被认真对待的整体的数学所进行的描述："我们或许可以把数学定义为这样一个学科，关于这一学科我们永远不知道自己在谈论什么，也不知道所谈论的是否为真。"

这一定义有四大优点。首先，它颠覆了常识的自负。自负正是常识存在之基，它将受到非常识的冲击。数学给人类提供的一项主要服务，就是把"常识"放在它应有的位置上，即在最高的搁板架上，身边放着的是贴着"被抛弃的胡言乱语"标签的罐子。

第二，罗素的描述强调了数学的完全抽象的特性。

第三，它用几个词提出了数学自大约 1890 年以来的一个主要计划，即将所有数学和更为成熟的科学简化为公设的形式（这一点将在后面加以解释），从而让数学家、哲学家、科学家和拥有朴素常识的人能够准确地看到，在他们每个人的想象中，他**正在**谈论什么。

最后，罗素对数学的描述，是对仍然受字典编纂者尊重的衰朽传统一次响亮的离别致敬。上述传统把数学描绘为有关数字、数量和测量的科学。这些东西是数学能应用其上的物质的重要部分。但对于数学来说，它们只不过相当于艺术家杰作上的颜料油彩。它们与数学之间的关系就相当于油彩和背景的褐色与伟大艺术品之间的关系。

从极为重要的意义上说，在数学中我们并不知道自己在谈论什么（我们后面会给出这方面的例子），这是正确的。但这个说法还有另一个方面，这让数学与某些哲学家和纯理论科学家口中所说的难以捉摸的推理有所不同。无论我们在提到某一数学论点时正在说的是什么，我们必须严守论题，避免提出新的假定或者略微改变我们一开始讨论的事物的含义。保证在对一个复杂、精细的数学论点进行讨论时没有偏离主题，或者确信最初提出的假定确实包括了所有我们认为我们正在讨论的东西，这是整件事情的关键。数学家们曾一再被迫拆除自己构建的精细的数学建筑，其原因就是：像任何容易犯错误的人一样，他们忽略了基础上的微不足道的缺陷。

在结束对罗素的定义的讨论之前，让我们再把另外两个定义和它放到一起比较。B. 皮尔斯(1809—1880)的定义是："数学是取得必然结论的科学。"罗素重申了这个观点："纯数学完全由这类断言组成，即如果这样一个命题**对任何东西**都成立，则如此这般的另一个命题也成立。至关重要的是，不要去讨论第一个命题是否真的成立，也不要管使此命题成立的那些事物究竟是什么。"或者以另一种方式陈述："纯数学是所有形如'p 蕴涵 q'的命题的类，其中 p 与 q 都是命题……"

这种过分抽象的数学观点进化得比较缓慢，其成熟形式是 20 世纪数学行为的特征性产物。并不是所有数学家都赞同这类定义。许多人更喜欢比较具体的说法。没有几个数学家会接受如下教义：操控基本公设以产生康德所说的分析判断的技巧，对于创造或理解数学是充分的。数学不单单需要完美的逻辑。即便一位逻辑大师掌握了大量逻辑技巧，也不足以成为一个说得过去的数学家，这就同一位诗体学者一样：尽管他精通韵律，却未必会是一位值得尊敬的诗人。

19 世纪最后 25 年的德国数学带头人 F. 克莱因(1849—1925)

给出了一个定义，它或许在很大程度上强化了这些看法。他的定
20　义是："一般地说，数学基本上是关于自明的事物的科学。"我把这
个定义放在最后叙述，因为这种说法虽然很真实，却很容易被人
误解。

首先，在现代批评运动的影响下，大部分数学家学会了对"自
明的事物"采取极端怀疑的态度。其次，任何数学家都有可能被误
导，认为这一定义含有"复杂的缜密推理链或者并不困难，或者从
一开始就能避免"的意思。在五六位朝气蓬勃的先驱打断了某个
困难问题的脊梁骨之后，通常就会有人走上前去，在近处瞄准击
发，一举击毙这头牲畜。如果数学真的是关于自明的事物的科学，
数学家就是一批不寻常的傻瓜，他们在证明这一事实的过程中浪
费了数以吨计的优质纸张。数学抽象又艰难，任何说它简单的断
言只在极为专业的意义上有效，即在现代公设法的意义上，这种方
法实际上是由欧几里得开拓的。作为数学的开端的假定是简单
的，此外的一切都不简单。

以上引用的几个定义数学的尝试，都对数学的整体图像画下
了具有启发性的一笔。这些定义以及其他上百个未被我引用的定
义，说明了以单一颜色画出绚丽日出的尝试是一件多么令人沮丧
的事情。试图把现代数学的自由灵魂压缩到字典里一英寸的空间
中，就像试图把一朵不断扩大的雷雨云压缩进一品脱①的瓶子中
一样，是徒劳无功的。

---

① 品脱为英美使用的容量单位；以液量为例，1 英制品脱约为 568 毫升，1 美制品
脱约为 473 毫升。——译者注

2.2　公设法

在 20 世纪的最初几十年以前，人们普遍认为，数学中存在着一种奇特的真理，这种真理不为其他人类知识所享有。例如，E. 埃弗雷特(1794—1865)以如下文字表达了人们关于数学真理普遍接受的观念："我们在纯数学中冥思苦想着绝对真理。这些真理在晨星聚集歌唱之前就存在于神灵之中，而当它们的辉煌的受体最后在天空中陨落的时候，它们还将继续在那里存在。"值得记住的是，埃弗雷特在葛底斯堡发表这次长达数小时的演讲的那天，即 1863 年 11 月 19 日，林肯发表的演讲①只用了区区几分钟。

在许多后来人的作品中，人们不难找到能与上述夸张说法相比的新提法，这些人也跟埃弗雷特一样不是职业数学家。然而我必须强调的是，现在，只有一个极其愚蠢或者自负的数学家，才会坚持对自己的职业或者他所创造的"真理"做出如此夸张的评价。我将就同种事物再举一个现代的例子，然后再讨论其他更有益处的事物。天文学家和物理学家 J. H. 琼斯(1877—1946)曾在 1930 年宣称："宇宙的伟大建筑师现在开始以一个纯数学家的面貌出现。"如果他的或者埃弗雷特的这种崇高赞美有什么意义的话，纯数学家可能确实会感到骄傲。但科学的女王对于恭维话并没有多大兴趣。

以所有这些飘荡在"数学真理"圣坛前的毫无意义的华丽辞藻为背景，让我们看一下 19 世纪最后一位数学巨匠经过深思熟虑

---

① 指美国南北战争期间林肯总统在宾夕法尼亚州西南部城市葛底斯堡发表的著名演说。——译者注

后给出的结论吧。D. 希尔伯特（1862—1943）认为，数学不是别的，它只不过是根据某些简单规则在纸上用毫无意义的符号进行的一场游戏。我将在本书最后一章中说到这一定义。它让数学从宇宙建筑师的崇高地位滑落下来，但这是生长了多少个世纪后结出的干瘪花朵。照此来说，数学的**意义**与这场游戏毫无关系，当纯数学家试图赋予这些符号以意义时，他们也就脱离了他们的正常领域。我们不赞同这种对于数学真理的强烈贬低，但还是让我们看看为什么会发生这种情况吧。

故事开始于 1830 年 G. 皮科克（1791—1858）其人和他对于初等代数的研究。皮科克似乎是最早认识到代数公式是纯粹形式存在（即其中除了公式得以形成的规则之外不存在任何其他事物）的人物。数学游戏中的规则可以是我们愿意定义的任何事物，只要这些被定义的规则不至于导致诸如"A 等于 B，且 A 不等于 B"之类的直接矛盾即可。皮科克、D. F. 格里高利（1813—1844）、W. R. 哈密顿（1805—1865）、A. 德·摩根（1806—1871）等人组成了英国代数学派，他们剥离了初等代数沿袭而来的模糊之处，把它具体化为通过一套公设而形成的严格形式。因为这些公设很有启发性，我将在下一章叙述其现代版本。在此之前，让我们看看什么是公设。

所谓公设不过是一些陈述，我们接受这些陈述而不要求对它们进行证明。公设的一个著名例子是欧几里得的平行公设，它的一种形式是这样的：

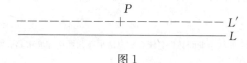

图 1

"已知平面内有一点 P 和一条不过 P 点的直线 L，**可以假定**，在该平面内，过 P 点可以且只可以画出一条直线 L'，无论 L 与 L' 延长至多长，这两条直线都不会相交。"欧几里得时代之后的许多几何学家费尽心机，试图**证明**这样一条直线 L' 的**存在**，且这样的直线**仅有一条**。他们没有成功，原因很简单，因为无矛盾的几何不需要这一假定也可以构筑成功，从这个意上说，**该公设是无法证明的。** 我将在第三章、第八章和第十章中再次讨论这一问题。顺便提一下，任何现代数学家都会向欧几里得的天才洞察力致敬，因为他认识到，这种有关平行线的复杂叙述确实是一条公设。就欧几里得而言，这一公设与另一条简单公设"如果两个数值都与第三数值相等，则这两个数值相等"处于同一层次。

欧几里得的公设说明了公设的两个一般要点。一条公设并不需要是"自明"的，我们也不需要提出"这是真的吗？"这样的疑问。**公设是给定的：是不需要争论而被接受的**。这就是我们对于公设本身所能说的一切。在较老的几何教科书中，人们有时把公设叫作公理，这就平白增加了这样的意思——"公理是一项自明的真理"，这一点肯定让不少高智商的年轻人困惑。

现代数学是按照规则玩游戏的活动。其他人或许会质询数学命题的"真理性"，前提是他们认为他们明白这些命题的含义。

游戏的规则极为简单。这些公设是一次性设置好了的。其中包括对"元素"或称"棋子"的一切被允许的动作的叙述。

这就如同国际象棋的情况。象棋中的"元素"是 32 个棋子。象棋的公设是关于下棋者可以如何移动棋子以及在某些其他事件发生时会出现什么情况的陈述。例如，象可以沿对角线走动；如果一个棋子移动到了一个已经被占用的方块上，方块上原有的棋子就被吃掉了；如此等等。只有非常原始的哲学家会想到这样的问题：特定的某局象棋游戏是否是"真实"的？一个合理的问题将会是："这盘棋是按照规则下的吗？"

24 　　在数学游戏允许的动作中有准许我们参与游戏这一条。这是一条直截了当的公设，即通常的逻辑定律可以运用于我们的其他公设。因为这一总体假定具有最重要的地位，我将用简单的例子说明其意义。在欧几里得《几何原本》第一卷命题 6 中，他试图证明，在图 2 所示三角形中，**如果**角 ABC 等于角 ACB，**则** AB 边等于 AC 边。他的证明是间接法（即**归谬法**）在历史上的首次记载。欧几里得暂时假定他想要证明为**谬误**的东西是真实的，即假定 AB 与 AC 不等。这很容易得出角 ABC 和角 ACB

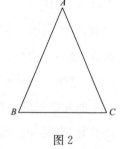

图 2

不等的结论。但它们是**已知**相等的。面对这样一种矛盾现象，欧几里得从普通逻辑出发，认定他的临时假定，即 AB **不等于** AC，必定是错误的。因此 AB 与 AC 必定相等，因为这是避免矛盾的唯一方法。

　　当这种方法充分发展起来之后，它所借助的是亚里士多德逻辑的两大首要原理：矛盾律和排中律。矛盾律声称，不存在非 A 的 A；排中律声称，任何事物，或者是 A，或者是非 A。1907—1912 年之前，几乎在所有理智的推理中，人们都普遍接受这两大原理，但像人们观察到的那样，这两项原理都是**公设**。我们将在本书最后一章中看到，自 1912 年以来，数学家就开始质疑排中律作为普

遍有效的推理的一部分的地位。然而,自 1912 年以来,实际上在
一切数学中,所有数学体系的公设中都已经包括了普通经典逻辑
的整个运作体系。除非另有说明,这一假定在对所有课题的讨论
中默认成立。

在陈述了一套特定公设,例如初等代数的公设或者初等几何
的公设之后,我们下一步可以做些什么呢? 从 19 世纪 90 年代开
始,以及 20 世纪的很长一段时间内,人们围绕公设系统发展了一
种优美的艺术,叫作"为事物本身而研究事物"。对一组给定事物
所提出的一个问题是:这一组事物是最经济的吗? 或者说,如果从
这一组事物中删去一个,它们是否还有同样的功效? 如果是这样
的话,被删减的那个事物一定遵从余下事物的逻辑规则。在经过
短期实践之后,即使非专业人士也能够组建这种可取的相互**独立**
的公设组合。这至少跟填纵横字谜和玩单人跳棋同样是令人感兴
趣的追求,而且也完全跟人们愿意提到的任何其他事物一样有用
处。我将在下一章中就初等代数中的公设说明这一点。

要求我们的公设组合保持独立并非出于必须,而是出于美学
上的追求。在艺术中,如果期望的对象混迹于不相干的杂物中,人
们通常不把这种作品归入最高档的艺术行列。许多本来可以让人
耳目一新、留下深刻印象的大教堂,就因为装饰过多的滴水兽而身
价大跌。

那么,公设是完全任意规定的吗? 并非如此,它们还必须满足
一个严格的条件。很有前途的假定以及建立于其上的整座大厦可
以因为不满足这一条件而被摧毁,这种事情发生了不止一次。这
一条件就是:**公设永远不可以导致不一致**。做不到这一点,公设便

毫无价值。如果通过严格地应用逻辑定律而得到的一套公设导致诸如"A 是 B，且 A 不是 B"这类矛盾，则要么修改这套公设以避免这一矛盾或其他可能的矛盾，要么抛弃它。我们会做错事情，我们必须重新开始。在这个时候，一个切中要害的问题就是："我们如何知道，一套特定的公设，例如初等代数的公设，永远不会导致矛盾呢？"

对这个问题的回答一次性地解决了有关纯数学结论的"绝对真理"性的苍白神话。**除了在相对不那么重要的情况下，我们不知道有哪一套特定的公设是自洽的，而且永远不会导致矛盾。**这话听上去似乎过于强硬，但如果读者继续阅读以下各章，特别是最后一章，那么他自己就会有能力对此做出判断。

我们现在对于有关数学真理是"在晨星聚集歌唱之前就存在于神灵之中的绝对真理"说得已经足够多了，对于作为宇宙的伟大建筑师的纯数学家也说得足够多了。过去曾有一些纯数学家，他们构建了一些公设系统，却被后来者——戳穿，暴露了其中带有的不一致性；因此，如果上述这位伟大建筑师的所作所为并不比这些纯数学家更强，那么可想而知，他所构筑的宇宙的状况事实上也堪忧。人们对于科学家、哲学家和神学家创造的宇宙的公设系统说得越少越好。

如果有人要问，这些公设首先是从什么地方来的呢？要回答这个问题就更加困难了。或许这个问题属于那种数学家称为"不适定"的问题范畴。虽说这个问题听上去没有什么不妥，但单凭这一点并不能保证它不会像"时间是从什么时候开始的？"这个问题那样毫无意义。顺便说一句，我们应该注意到，时间从什么时候开始这个问题对一些天文物理学家来说似乎很有意义,这批人正在试图改进爱因斯坦的广义相对论。

然而,一直有人试图以很有意义的方式陈述这一问题,并从历史的角度加以解答。所有这样的尝试都借助于某种假想历史学,人们无法用客观的方法确认或证伪这种历史学。某些人类学家乐于去尝试,试图从现代原始人的行为中找到抽象思维的可能开端。当投入"过去时光的幽暗深渊里"之后,他们为公元前 6 世纪的欧几里得几何的来源找到了一种似乎相当可信的解释。在一个远比原始人更为发达的文明阶段,视觉经验让泰勒斯和毕达哥拉斯认为,那些在经验上为"真"的关于直线构形的断言必然为"真",这些断言某种程度上比单纯的经验主义和粗浅的感官经验更深刻。这是数学的假定起源,实际上也是所有严格的演绎推理的假定起源。

遵循希腊的传统,泰勒斯及后来的毕达哥拉斯寻找平面几何的公设法中"真实"的更深刻的意义,并找到了它。从仔细叙述的,或许从视觉观察抽象而来的,但在未经辩证和进一步逻辑分析的情况下便直接**接受为真**的**假定**出发,第一批几何学家继续用普通逻辑这一推理方法(似乎是任何有理性的头脑先天必然具有的),**推导**了由他们的假定所能得到的一切逻辑推论。那些最早的数学家把他们的感官材料抽象形成了感官经验领域之外的概念。

因此,对一个由数学哲学家和不可得的过去的重构者组成的学派来说,通过由这种假定的过去推断现在,以最精炼的抽象形式出现的 20 世纪的精细数学,走了同样一条从感官"经验"到超越五官认识的道路。任何阅读过有关公设技巧的现代著作的人都会对这些"经验"理论持怀疑态度，除非所谓"经验"将某些数学家的一些奇想也包括在内，而这些数学家沉溺于玩弄空虚的公设的颓废原罪之中。我们将在［3.3］中再次讨论这一问题。

最后，20世纪的一个数学哲学家学派抛弃了"真实"，转而崇尚"一致"。但证明一组特定公设不会产生矛盾的问题依然摆在那里。于是此事便到此为止。

第三章　突破界限

3.1　普通代数

我在前一章向读者承诺,我将采用现代观点陈述普通代数。我请读者非常仔细地阅读已知的简单公设,因为我们很快就可以由此看到普遍化过程的至少一个方面,这种普遍化从大约 1900 年起就一直是数学中许多部分的突出特征。

E. V. 亨廷顿(1874—[1952])有一篇论述用独立公设为一个领域下定义的文章(《美国数学学会会刊》,第 4 卷,第 31—37 页,1903 年),随后我将给出这篇文章第一部分中的释义。整篇文章对于任何能够读懂简单公式的人来说都不难理解。

这里的重要想法是我们称为**类**的东西。在数学的某些领域,"集合"这个词是大于"类"的存在。我们不在这里定义类,但我们现在假定已知一个不妨叫作 C 的类,和一个不妨叫作 i 的个体。我们可以通过直觉认识到 i 是否属于 C。如果 i 是 C 的一个成员,我们就说 **i 在 C 中**。例如,如果 C 是马的一个类,而 i 是特定的一头牛,我们可以指着 i 说 **i 不在 C 中**。这非常简单,唯一的困难是,我们需要认识到,真实的情况并不像看上去那么简单。事实上,数学基础的困难之一，就是给"类"或者"集合"一个无异议的定义。但就我们当前讨论的层次来说，这一点用不着我们担心。

现在我们继续讨论普通代数。在下文中，我们可以仅仅把 a, b, c 这些字母看作一些没有意义的**记号**。这些记号也可以用汉字或 $\S$，＊，† 或其他任何记号代替。我们可以任意给记号 $\oplus$ 和 $\odot$ 命名，例如 tzwgb 和 bgwzt。但为了听起来悦耳，我们不妨把它们叫作"加"和"乘"。

我们现在**有了一个类的概念，以及两种组合的规则或者说两种运算规则，**这些运算可以作用于类中任何**一对**事物。这两种运算以 $\oplus$ 和 $\odot$ 记之。我们假设或假定，只要当 a 与 b 在这个类中的时候，以 $\oplus$ 对 a 和 b 这一对事物进行运算（记为 $a\oplus b$）的结果是一个唯一的事物，它也在这个类中。这一假设用"**这个类对于 $\oplus$ 是封闭的**"来表达。我们同样**假设**，这个类对于运算 $\odot$ 也是封闭的。

简单说一下如何阅读公式。例如有 a 和 b 在给定的类中。根据上述假设，$a\odot b$ 也在这个类中，因此它可以与任何在该类中的 c 组合，再次在这个类中形成一个唯一的事物。我们如何用文字来表达最后这一点呢？如果要得到 $a\oplus b$ 和 c 相加的结果，我们应该把它记为 $(a\oplus b)\oplus c$；如果要得到 c 与 $a\oplus b$ 相加的结果，我们应该把它记为 $c\oplus(a\oplus b)$。走到这一步，性急的**人肯定**会跳到一个尚未证明为合理的结论上去：

$$(a\oplus b)\oplus c=c\oplus(a\oplus b),$$

这里的＝就是通常使用的等号。

有关相等，我们所要进行的唯一假定是，如果 a，b 在这个类中,下述情况只有一个为真:或者 a 等于 $b(a=b)$,或者 a 不等于 $b(a\neq b)$。

如果 a 在这个类中,则必有 $a=a$。这就是说,某事物"等于"它自身。

如果 a,b,c 都在这个类中,且如果 $a=b,b=c$,则有 $a=c$。这就是欧几里得的老朋友,即与第三事物相等的两个事物彼此相等。

如果 a,b 都在这个类中,且 $a=b$,则 $b=a$。

现在我们可以立即叙述适用于普通代数的假设了。这一组特定的假设共有七个,我们给它们编号,以便以后引用。

假设(1.1) 如果 a,b 在这个类中,则 $a\oplus b=b\oplus a$。

假设(1.2) 如果 a,b,c 在这个类中,则

$$(a\oplus b)\oplus c=a\oplus(b\oplus c)。$$

假设(1.3) 如果 a,b 在这个类中,则类中必有一个事物 x,使 $a\oplus x=b$ 成立。

这些只不过是对于我们熟悉的代数加法性质的准确与抽象的陈述。减法是由(1.3)给出的。注意,我们在 $\oplus$ 下有关封闭的覆盖性假设允许我们合理地讨论(1.1)中有关 $a\oplus b$ 和 $b\oplus a$ 的问题,其他假设的情况与此类似。以下三条假设准确定义了普通乘法。其中假设(2.3)定义了代数除法。

假设(2.1) 如果 a,b 在这个类中,则 $a\odot b=b\odot a$。

假设(2.2) 如果 a,b,c 在这个类中,则

$$(a\odot b)\odot c=a\odot(b\odot c)。$$

假设(2.3) 如果 a,b 在这个类中,且 $a\oplus a$ 不等于 a,$b\oplus b$ 不

等于 b，则此类中必有一个事物 y，使 $a\odot y=b$。

第 7 条也是最后一条假设把 $\oplus$ 与 $\odot$ 联系了起来。

假设 7　如果 a,b,c 在这个类中，则
$$a\odot(b\oplus c)=(a\odot b)\oplus(a\odot c)。$$

注意：(1.1) 和 (2.1)，以及 (1.2) 和 (2.2) 之间的差别仅仅在于符号 $\oplus$ 和 $\odot$。

如果我们现在分别用普通的 $+$ 和 $\times$ 代替 $\oplus$ 和 $\odot$，并且说假设中的类包括所有的数字，包括正数和负数、整数和分数，即普通算术所处理的那些数字，我们就可以看到，我们的假设仅仅陈述了所有七年级孩子都清楚的事实。**当然**，根据假设 (1.1) 和 (2.1)，我们**必定**在计算 $6+8$ 的时候得到与 $8+6$ 同样的结果，**当然**，8×6 的结果也和 6×8 的结果完全一样。

有关这些假设并不存在什么"当然"。可以证明这些假设吗？ 是的，某种程度上可以证明，只要我们**同意在某处停止，不再就已经有所断言的事情要求进一步的证明**。这一点需要详细的阐述。

正如我们刚刚所做的那样，我们在普通代数中指着普通算术中所有的数字说，**存在着**一个类，即这些数字，还**存在着**两种运算，即普通加法和普通乘法，这些满足我们的全部七个假设。

通过检查新奇的假设 (2.3) 的各个部分，我们可以看到，它们禁止初学者有时会犯的错误：试图用零作除数。

接下去，如果我们同意普通算术是一个自洽的体系，则我们将为七个假设给出一个一致的解释。否则，我们就赋予算术自洽的资格，这样我们就将指出一个满足我们的假定的自洽的体系。

但普通算术呢？为什么不看看**它**代表的是什么呢？我们是否**知道**,算术的规则**永远也不会**导致矛盾？我们不知道。这一直截了当的否认将在本书最后一章得到加强。自从希尔伯特在1898年第一次提出这个问题,许多数学家便为此忙碌不休。或许最令人吃惊的回答是,符号逻辑是数字的基础。但符号逻辑的基础又是什么呢？为什么到此就停滞不前了呢？或许正是出于同一个原因,印度的神话学者在他们不再向前发展的最后时刻让一头乌龟站在大象的背上(或许与此相反,是大象站在乌龟背上?),以此作为宇宙的最后支撑者。最后结论是无法达到的。

另外一种回答是由克罗内克做出的。按照品味归类,克罗内克应该算是一位算术学家,他希望将一切数学置于正整数1,2,3,4,…的基础上。他的信条可以用一条警句概括:"上帝创造了整数,其他的工作都是人类做的。"他在一次餐后演说中说出这一番话,当时他或许不应该对此太过坚持。今天,有些人会说,创造整数的并非上帝,而是人类。

在抄录上面的七条假设的论文中,有人**证明**了这一组假设是**独立的**:其中任何一条都无法通过另外六条推演出来。

人们把由这七条假设定义的体系称为一个**域**。因此,域的一个例子就是学校里讲授的普通代数。同一个体系,即同一个域,也可以由其他不同的假设组合定义。定义普通代数的假设组合并非唯一的,而是存在着多个,它们中的每一个都有着同样的**抽象内容**。这就好像是不同国家的人在用各自的语言描述同样的场景。无论用何种语言描述,这一场景都不会改变。

在所有定义一个域的等价的可能假设组合中,哪一个是最好的呢？这一问题与数学无关，因为它引入了品味、目的或价值的因素，这些因素都没有被赋予任何数学意义。出于一些目的，人们可能更喜欢一套带有条目较多的假设的组合。在这样一组假设中，大部分(如果不是全部)假设都是简单的主谓陈述。出于另外一些目的，在一组假设中，各条假设并非全部互相独立，会更便于操作，如此等等。

在结束有关这些假设的讨论之前，我再次提醒大家，这组假设包含着普通代数的**全部**游戏规则。我们只能遵照这些规则行动。

首先，我们可以制定我们喜欢的任何数学规则，但要以它们的一致性为前提。一旦规则建立，我们在参与游戏时就要有足够的运动员风度，遵守这些规则。如果在事先给定的规则下这一游戏太难玩或者太无趣，我们可以创造新规则并遵照它们继续玩下去。有关这一合法执照的运用是19世纪和20世纪最有趣的一些数学的源泉。它也诱使一些较为懒惰的数学家出手，在方便的地方增加一两条假设而使条件略微软化，从而把他们面临的艰难问题简化成较容易的问题。

我选择代数而不是几何来说明公设系统，是因为代数的情况比几何的要简单些。人们也多次为几何进行了同样的工作，其中最为简明的公设系统之一是希尔伯特在1899—1930年建立的。

对于前述有关遵照公设玩游戏的问题，我们或许可以加上 H. 外尔(1885—[1955])1940年所做的评论："我很愿意指出，自从公理法不再是数学家钟情的主题以来，其影响已经从数学之树的根基扩大到了它全部的分支。"

3.2 改变规则

为了回想一些重要的术语,让我们把由假设(1.1)确定的游戏规则命名为运算$\oplus$的**交换**性质。因为假设(2.1)对于$\odot$所确定的性质和(1.1)对$\oplus$确定的性质相同,我们把(2.1)命名为$\odot$的交换性质。类似地,(1.2)和(2.2)分别确定的是$\oplus$和$\odot$的**结合**性质,而假设7是**分配**性质。这些都是学校里的代数课本中常见的名字。

我们现在可以去掉$\oplus$和$\odot$上的圆圈了,因为它们已经圆满完成了它们的使命,即强调我们所讨论的是一切满足七条假设的事物,而任何不满足这七条假设的事物都不在讨论范围内。由此我将用$a+b$代替$a\oplus b$,用$a\cdot b$代替$a\odot b$,完全与代数课本上的形式接轨。

现在让我们去掉一个假设,就选加法的结合性质(1.2)好了。然后,任何时候出现$a+(b+c)$,我们都**不能**用$(a+b)+c$取代它,因为没有一条假设允许我们这样做。我们必须把$a+(b+c)$和$(a+b)+c$当成两件不同的行李来处理,而不能像以前那样,把它们视为同一个事物。这样一来,新的代数就比原有的代数要复杂得多。这种新代数有任何不如原来的代数"真实"的地方吗?完全不是这样。**只要**我们能够给出一个含有$a,b,c,\cdots$的类和两个运算(即新的"加"和"乘"),它们的行为遵照我们现在确定的**六条假设**,而且我们认为它们是一致的,那么,新的代数就和原来的一样真实。我们不再浪费时间去看能否指出一个例子,就让我们比较一下现在由**六条假设**定义的系统与原来由**七条假设**(新的六条假设是从这七条中**去掉一条假设**而来的)定义的系统之间的差别吧。

只要稍微考虑一下就可以知道，新的系统比原来的**更普遍**，也就是**限制更少**。这一点很明显，因为与原来的系统相比，新系统需要满足的条件**更少**，因此自由度更大。无论我们就新系统发表何种见解，这些见解在原有系统中都行得通。但反过来说则不成立，因为**有些**事情，即所有那些以假设(1.2)为必要条件的事情，现在对于新系统就都行**不通**了。

这说明了普遍化一个数学体系的一种方法，即我们可以**弱化公设**。

下一个问题的提出并非来自无聊的好奇心。通过弱化普通代数这个领域的公设，我们可以创造出多少**一致**的系统？我相信这一问题的答案还没有发表(不是我的工作)，但看上去最多不超过1152个。无论如何，在研究公设的过程中，数学家们无意中已经构筑了远远超过200个这样的系统。因此我们可以说，除了在学校里学到的"普通代数"以外，可以有200多个，有可能多达1151种其他的"代数"，每一种都比普通代数**更普遍**。22世纪的学童或许必须学习其中的一些，但他肯定不会被人填鸭式地灌输1152种以上，因为这一数字是这方面的可能性的最大值。

除了数学家以外，任何想知道要这么多代数有什么用处的人都是可以原谅的。中学代数不够我们在实际生活中使用吗？一个合理的答案似乎是，对于日常生活来说，中学代数或者太多或者太少。只有几百分之一的人用过他们学过的普通代数。但对于我们这个科技时代的很多人来说，他们**必须**在自己的工作中使用数学，掌握比普通代数多得多的代数是很有帮助的，而且经常是必需的。在现阶段,下面的两个例子肯定足以为这种说法提供支持。

力学和物理学是日后想以应用科学谋生的那些人在大学头两年的必修课。打开任何一本与这些课程有关的力学或者物理学手册,注意公式中那些通常以黑体罗马字形式出现的字母。这些字母代表的是"矢量"①。矢量是既有长度又有方向的直线线段的数学名字。在物理学意义上,矢量 a 代表以某一规定强度作用于某一规定方向的力。当然还有其他的解释。现在让我们继续努力,弄清几个矢量/向量公式的意义。我们很快就要见识到的惊人事实就是,$a \times b$ 并不总等于 $b \times a$。

向量**加法**遵循我们的假设(1.1)和(1.2)。假设(2.2)还可以使用,假设 7 也是满足的,都带有完全合理的物理意义。但假设(2.1),即乘法的**交换性质**则被抛弃了,因为这一性质**对于向量不成立**。经过适当扩展,所有这些构成了标准的**向量分析**,没有这一学科,今天没有谁能够指望掌握力学和电磁学。

我们藏品中更为奇异的样品也有它们的用途。W. K. 克利福德(1845—1879)在 1872 年发明的有点像向量代数的东西就是其中一例。事实证明,它对于研究原子的复杂力学大有裨益。数学家们也对其他的奇异样品有着同样的兴趣。即使是我们通过删减假设(1.2)而得到的怪胎也自有其迷人之处。

稍后将给出一个来自几何而不是代数的普遍化例子。现在还是让我们回头看一看。我们已经说过的一切都如同有趣的游戏一

① 数学中一般称"向量"。——译者注

样简单,实际上甚至比象棋要简单得多。其简单并非一夜之间就臻于成熟了的。这一成果的完善几乎花费了数学家一个世纪的时间。

哈密顿是黄金时代的全才,也是那个时代最富有创造精神的数学家之一。他绞尽脑汁 15 年,力图为几何、光学、力学和物理学的其他部分创造一种恰如其分的代数。阻挠了他长达 15 年的障碍,是乘法的交换性质。最后有一天,他外出散步的时候,头脑中灵光一闪,终于解决了这一问题:**抛弃交换性质,a 乘以 b 并非每时每地总等于 b 乘以 a**。对于今天的大一新生来说,抛弃交换性质连思索 15 秒钟都用不着。

3.3 公设的来源

既然现在我们手头有了一个现成的公设系统,我们不妨问一下它是从哪里来的。对于某些数学家来说,这个问题是毫无意义的。其他数学家接受某些哲学家的陈述,即数学公设系统来自经验[2.2]。这种答案或许能够令人满意,前提是我们知道"经验"的含义。但如果说每一套数学公设都是经验的结晶,这就是在把"经验"的意义拉伸到断裂的临界点,由此给出的答案不见得比模棱两可的遁词强多少。如果数学确实像希尔伯特所说的那样,**X** 是用无意义的符号在纸上玩耍的无意义的游戏,我们可以说起的数学经验就只剩下在纸上的鬼画桃符了。

我们大可不必试图以模棱两可的语言(任何一个合格的数学家都能在两秒内编织出这类东西)来回答一个可能毫无意义的问题,而是去看看最著名的公设系统之一是怎样产生的。任何人只要愿意,都可以把已经陈述为域的公设归因于经验。但 N. I. 罗巴切夫斯基(1792—1856)几何中的公设系统更应该归因于没有任何通常意义的经验的存在。

在 1826 年以前的千百年间,数学家们试图从欧几里得几何的其他公设中推导出他的平行公设[2.2]。他们成功地证明,**如果这一公设可以这样推导出来**,则大量等价的几何定理中的每一个都必定是真实的。反过来说,**如果其中的一个定理是除了**平行公设之外的所有欧几里得公设的推论,那就可以证明,通过平面上的一点 P,在由 P 和不经过 P 的一条直线 L 确定的平面上,**只能画一**条直线 L',使 L 与 L' 无论怎样延长都不会相交。

这些与平行公设等价的关键定理中的一个,就是下面这个"显而易见的"不起眼的小东西:如图 3 所示,在已知直线段 AB 两端,向 AB 同向作等长垂直线段 AC 与 BD,连接 CD,**求证**图中所示的两个相等的角 ACD 和 BDC(证明它们相等很容易)中的**每一个都是直角**。

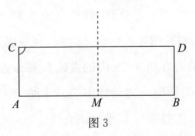

图 3

在 AB 的中点 M 上作 AB 的垂线,沿该垂线对折长方形 AB-DC,然后可凭常识立刻"看出"上面的两个角是直角。常识认为它所看到的事情,令人吃惊地说明了数学不是一门自明的学科这一事实。

由于在使用欧几里得几何但**不使用**欧几里得平行公设的情况

下，无法**证明**角 *ACD* 和角 *BDC* 都是直角，罗巴切夫斯基由此产生了一个划时代的绝妙想法，它等价于提出一个**假设**：上述两个角中的每一个都**小于**直角。他小心翼翼地发展这一假说的后续推论。这导致他发现了一门简单的几何学，**这一几何学和欧几里得几何同样具有一致性**，也同样足以应付日常生活的需要，他从中发现了如下人们从未梦想到的有关"平行"的情况。

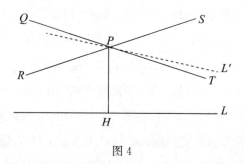

图 4

　　P 是不在直线 *L* 上的任意一点，*PH* 垂直于 *L*，*QT* 和 *RS* 是通过 *P* 点画出的两条特定直线，这两条直线相交形成的角 *TPS* 大于零，即 *RS* 与 *QT* 相互不重合。现在，在罗巴切夫斯基的几何中，**任何穿过 P 点**并在角 *TPS* 内的**直线 L′ 都永远不会与 L 相交**，无论这两条直线向任何一边延伸多少。于是，在罗巴切夫斯基的几何中，过一点有无数条与 *L* 平行的直线。

　　在欧几里得几何中，*RS* 和 *QT* 重合，而且只存在一条平行线。罗巴切夫斯基把 *PR* 和 *PT* 这两条永远不会与 *L* 相交的直线叫作他的**平行线**，因为它们都具有欧几里得关于平行线的一切性质，例如传递性：如果 *A* 与 *B* 平行，且 *B* 与 *C* 平行，则 *A* 与 *C* 平行。

　　哪一种几何是"真实"的呢？这一问题提得不合适。这两种几何都是自洽的，而且每一种都足以应付日常生活的需要。

在原图中，两个相等的角 ACD 和角 BDC[①] 中的每一个都具有三种可能：**或者小于，或者等于，或者大于直角**。但为什么人们仅仅停留在头两种上面，从而分别创造了罗巴切夫斯基几何和欧几里得几何呢？没有任何强制手段能让我们不再继续下去。我们同样可以合理地假设**其中**的每一个角都**大于**直角。其结果便是第三种几何的出现，它同样是自洽的，也能应付日常生活的需要。在由黎曼创立的这最后一种几何中**不存在**平行线，而且直线是封闭的，其长度是有限的。

为什么选择欧几里得几何而不选择另外两种几何呢？有些人会说，因为欧几里得几何有 2200 年的学校教学历史作为后盾，因此在三种几何中，学习它是最简单的。

如果街坊邻居的常识和经验都认为，我们熟悉的欧几里得几何是唯一具有实用重要性的几何，我们只需要考虑航海就可以认识到这种想法是错误的。在我们以后考虑数学为物理类科学提供的一些服务时，下面的内容将具有首要的重要意义。走水路从旧金山前往横滨的最短线路是哪一条？很显然，取直线，横跨太平洋。但这里的"直"指的是什么？这不是在平面上的一条线，因为连接两点间的直线将切入地球。这条路径是大圆上的一条弧，我们可以从地球仪上清楚地看出这一点。就这样，我们开拓了一门有关球面上的最短距离，或者说球面上最直接的距离的几何，用专

41

[①] 原文作 EDC，E 应为 B 之误，兹改正。——译者注

业术语来说就是**测地线**的几何。这些测地线是大圆上的弧，而大圆则是通过球体中心的平面切割球表面形成的（圆）曲线。① 这些测地线在球面上扮演着直线在平面上的角色。如果我们把球面想象为逐渐膨胀至无穷大的曲面，则其曲率将随着膨胀而持续减小，这个曲面上任何有限区域与平面之间的差别将变得越来越难以发现。而测地线，即大圆上的弧，也就越来越接近直线。

　　把这一点应用于任意表面上。连结表面上两点 P, Q 的测地线可以用如下方法，以我们在此需要的足够的精确度加以形象化的描述：一条线的两端分别缠绕在两根大头针上，后者插入表面上 P, Q 两点，然后把线尽量拉紧。如果这两根大头针间的**距离足够近**，近到可以把表面上的小圆头考虑在内，则这条拉紧的线就会完全紧贴在表面上，就好像它在一个平面上或一个球面上的任何地方一样。然后，很显然，根据定义，这条线将对应着表面测地线上的某一条弧。许多学校里的几何学把平面上的"直线"描述为"两点间的最短距离"，我们上面说的则是对这一描述的合理延伸。但球面上的测地线与平面上的测地线之间或许存在着一个显著的差别。

　　在平面上拉紧的绳子会给出一个**唯一**的距离，即连结 P, Q 两点之间的最短距离，而且从 **P 到 Q 的距离**与从 **Q 到 P 的距离**是一样的。而在球面上，"距离"的定义是测地线弧的长度，且仅当 P, Q 两点是球面直径的两端时，从 P 到 Q 的距离才会等于从 Q 到 P

---

　　① 在用科学方法制造的人造纤维摧毁了日本的丝绸业之前，大圆航海是一项极具实际意义的问题：丝绸必须在尽可能短的时间内紧急运往纽约。任何过去在加拿大的太平洋铁路上看见过一列与旅客列车擦肩而过的丝绸列车的人，都会看到测地线的作用。

的距离。我们需要永远记住,**"距离"的测量是沿着一条测地线进行的**,这样我们就能在看着一个地球仪的时候想到,除非 P,Q 两点是两个相对的极点,否则 P,Q 之间的距离总有一个最长,而另一个最短。

在球面距离的几何学中不存在"平行线",因为任何两条测地线都相交于两点。将这一点与欧几里得的公理比较:没有两条"直"线能够包含一个空间。欧几里得把"直线"定义为均匀地放置在其两端之间的线。他的几何对于一个平的地球来说是足够的,即对于"局部的"事物,也就是说对于我们周围的事物,欧几里得几何是足够的。"但在较大的区域内",即使仅仅是从旧金山飞往纽约,这种几何就不够用了。不管怎么说,地球确实完全不是平的,人们已经通过航拍照出了它的曲率。这应该能够说服那些身处芝加哥或其他地方的怀疑论者。

这些东西中有一些可能与常识不符。如果确实如此,我在此重复爱因斯坦的话:"常识不过是你十八岁以前落入你头脑中并存储在那里的偏见而已。"

现阶段对于我们重要的事情,是罗巴切夫斯基改变了欧几里得的游戏规则并发明了一套同样好的规则。这是向前迈出的极大的一步。它告诉数学家,他们或许也可以尝试**不接受"显而易见"的道理**这种技巧,不理会或者对抗那些在数学的任何领域"都时时处处被所有人"接受的东西,看看他们的大胆行为会带来些什么。

单单在几何学中,在罗巴切夫斯基第一次出示了他的方法之后诞生的成果就足够令人瞩目的了。大量几何纷纷面世,世人对它们进行了集中研究。人们开始只是为了这些几何本身而创造它们的。但不止一次，这些被人创造出来的几何在科学方面展现了无法估量的价值，而欧几里得的经典几何在这些方面却无能为力。我将在后文中再次提到这一问题。

然而，在结束这方面的讨论之前，让我们关注一下几何通过普遍化摆脱束缚它的传统桎梏的另一种方法。对于希腊人来说，立体空间具有**三个**维度，即长、宽、高。当人们开始用解析方法或者代数方法而非像 1637 年以前用综合方法研究几何之后，三维的限制不再是必需的了。但只是在 19 世纪 40 年代之后，人们才在这个方向上得到了完全的自由。首先，在 18 世纪的分析力学中，用立体空间加上时间总共**四维**的几何进行推理变得十分有用。从四维到 n 维（n 可以是**任何有限正整数**）的这一步是由凯莱在 1843 年迈出的。而从 n 维向**不可数无穷**维的这一大步是希尔伯特在 1906 年迈出的。我将在以后的一些章节中更为详细地讨论这个问题。一个不可数无穷大的数目与所有的正整数 $1, 2, 3, \cdots$ 一样多。从可数无穷维几何向**不可数无穷**（其数目等同于一条直线上的所有点）维几何是最后一步，大约在 1920 年迈出。

44　　　如果常识反对四维几何，现代物理学不会对这种常识抱有多少同情。相对论就是建立在某种特定的四维几何之上的，而**无穷**维几何现在普遍应用于原子力学。第十章将对所有这些进行总结并做更为详细的讨论。

建立代数、几何和其他学科的数学理论的公设法是 19 世纪末 20 世纪初的数学新增的主要内容之一，它一直是有用而又清晰的数学方法。

第四章 "一样，但又不一样"

4.1 普通代数的实现

任何长着一双对音乐敏感的耳朵的人都不会把吉格舞曲误认为华尔兹舞曲。只要几个小节或几个乐句，这两种舞曲中的任意一个就会暴露它们的本性。也没有哪位音乐家会弄错两种不同的华尔兹舞曲。尽管它们属于同一类作品，但单是旋律本身就足以让人立即区分出它们。

在数学中，类似的结构也经常是可以识别的。对于几种理论中的每一种来说，其内部都有着纯粹形式的内在和谐，而这种形式对所有理论都是一样的。但两种具有相同抽象形式的理论却可以有十分不同的外表和应用，就像两种不同的华尔兹舞曲有着不同的声响和情感吸引力。我这样说只不过是一种大致的描述，请不要在这种类比上走得太远。

作为一个多少有些粗糙的例子，让我们首先看一下上一章给出的一个域的假设。我们将会看到，普遍代数至少可以通过三种方法中的任何一种"实现"。第一种，**类**中包含的是所有**有理数**；第二种，类中包含的是所有**实数**；第三种，类中包含的是所有**复数**。

这三种域的**结构**是相同的，即假设(1.1)(1.2)(1.3)(2.1)(2.3)和7。比如，按照我们的类比来说，每一种都是华尔兹，但三种方法中的曲调都不同。如果我们一次性地、**抽象地**制定出假设的推论，而不要求事先给定某种曲调来减轻我们的劳动负担，那么我们将作出三首完整的华尔兹舞曲，但每一首舞曲都没有特定的华尔兹旋律与之相配。与舞曲的旋律对应的，是对给定的抽象类中的事物的阐释，和对给定的抽象运算的阐释。抽象类中的事物是根据抽象运算，按照假定组合形成的。

我们使用**抽象**来强调，**除了在假设中清楚地说明了的东西，以及通过普通逻辑从这些假设中推导出来的东西以外，我们无法就我们考虑的系统说出任何东西**(在现在的例子中，我们考虑的这个系统是一个域)。例如，当我们说，在给定类中包含的事物是实数的时候，我们说出了某种无法从假设中推导出来的东西，因为在假设中的东西仅仅是符号而已。通过对这些符号做出这样的明确限制，我们得到的不再是一个**抽象**的或者**普遍**的域，而是一个**特定**的域。这个特定的域中的公式将是抽象的域中的公式的**特例**。

4.2 有理数、实数、可数数、不可数数、离散性、连续性、复数、分析和函数

以上标题是这本书中最长最详细的，它提请读者注意几个基本概念，今后我们将不得不经常提到它们。

我必须首先说一下有理数、实数和复数指的是什么。这些数渗透了数学的很大一部分。我们在此假定，我们知道什么是零、正整数和负整数 $0, 1, 2, \cdots, -1, -2, \cdots$。这是现代批判数学中的一

个重大假定(见十九章和二十章)。

如果 a, b 是整数,其中 b 不为零,a 与 b 之间的**比率**为 $\frac{a}{b}$,即 a 除以 b 的结果。**有理数**的定义就是两个整数的比率。所有整数的类是所有有理数的类的一个子类。就像我们能够看到的那样,这个子类可以通过限制除数 b 为 1 取得。

有理数中不包括无理数。如果某个数字不是任何两个整数的比率,这样的数字被称为**无理数**。例如,2 的平方根 $\sqrt{2}$ 就是一个无理数,因为我们可以很容易地通过先假定它是一个有理数,然后得出矛盾这一方法来证明(具体的证明见[19.4])。顺便说一下,这个事实让毕达哥拉斯感到非常沮丧,因为他把自己的宇宙观建立在所有数字都是有理数这一假说之上,结果他诱惑这一事实的发现者投水自尽,以此来压制这一能够摧毁他的理论的尴尬事实。反正故事是这么说的。也有报告称,$\sqrt{2}$ 不是有理数这一事实在希腊的数学黄金时代几乎人尽皆知,以至于柏拉图断言,任何不知道 $\sqrt{2}$ 是无理数(他用的是适合几何的其他词)的人其实不是人而是牲畜。

所有的无理数和所有的有理数一举占据了**实数**这一普通类。为给这些数一个直观的图像,我们可以在一条无限延伸的直线上随意选取一点 O,并以任选的一个长度(不妨用 1 英寸),作为我们大家同意的计数单位。从 O 点向右量出 $1, 2, 3, \cdots$ 英寸,再从 O 点向左量出 $1, 2, 3, \cdots$ 英寸。把向右的数命名为**正数**,向左的数命名为**负数**。这些被标记的点(包括 O 点的 0),代表的就是整数。沿着这条直线分布着对应于有理数的点,其中的几个标注在图 5 所示的直线上。$\sqrt{2}$在直线上的什么地方？它位于 O 点右方，**在两个有理数 $\frac{140}{100}$ 和 $\frac{142}{100}$ 之间的某处**。

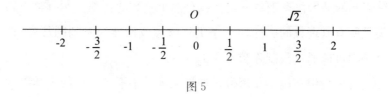

图 5

48

我们暂时满足于"某处"这一模糊表达，同时注意到，**直线上的每一点都对应于一个且只对应于一个实数，这一实数可以是有理数，也可以是无理数**。直线上处处分布着实数，因为我们总可以在任意两个实数之间发现另一个。如果你一时找不到更好的方法，可平分连结两点间线段来做到这一点。所有实数的类是这样一个类，其中每一个成员都与直线上的点一一对应。对于实数系的直观认识是通过刚刚描述的概念的形象化获得的，它对于理解数学分析在科学和技术中的大量应用具有十分重大的意义。所有实数的类被称为一个（数的）**连续统**，即"大连续"。这是西尔维斯特在他的某次滔滔不绝的讲话中，赋予实数系的崇高地位。

有理数和实数这两种无穷类为我们引入了两种不同的无穷。所有有理数的无穷是可以计数的，或者说是可以按照 $1,2,3,\cdots$ 这一自然数的顺序数的，因此这种无穷被称为**可数的**[3.3]。所有实数的无穷中包含所有有理数的无穷，这种无穷是无法用 $1,2,3,\cdots$ 计数的，因此被称为**不可数的**[3.3]。

要证明这些断言，特别是后一个，需要某种首创性。我在此只指出第一个断言是怎样证明的。想象一下所有正有理数(令 $1=\frac{1}{1},2=\frac{2}{1},3=\frac{3}{1},\cdots$)$1,\frac{1}{2},2,\frac{1}{3},3,\frac{1}{4},\frac{2}{3},\frac{3}{2},4,\frac{1}{5},\cdots$,我们这样确定它们的顺序:对于每个分数来说,分子与分母之和较小者居前。对于以上有理数,我们所说的和分别是:

$$2,3,3,4,4,5,5,5,5,6,\cdots$$

$$(1,2,3,4,5,6,7,8,9,10,\cdots)$$

括号中的数字 $1,2,3,\cdots$ 对应于序列中数字的序号。于是第 7 个数字就是 $\frac{2}{3}$,第 10 个数字是 $\frac{1}{5}$。注意,只有分数的最简形式才在序列中出现。例如,$\frac{4}{6}$ 就没有出现,因为它没有被化成最简形式 $\frac{2}{3}$。很清楚的是,每一个有理数只会在这个序列中出现一次,而且只有唯一的一个序号 1,或 2,或 3,$\cdots$。因此有理数是可数的。初等算术中有一个有趣的练习,是在不写出实际序列的条件下找出任意给定的正有理数例如 $\frac{80}{231}$ 的序号,或者在同样的条件下,说出某个给定序号例如 1000 对应哪一个数字。

我们可以在这里描述两个更专业的术语。我们称一个可以用 $1,2,3,\cdots$ 计数的事物,即可数事物的类或者集合为**离散**的。例如,世界上所有海滩上的沙子的集合就是离散的。一个数字的连续统,例如对应于一条直线线段上所有点的数的集合则不是一个离散集。一个可在某个非离散集的全部数字中取值的变量数值称为连续的。尽管我意识到这一点需要详加解释,但我相信,它的核心意义将会随着我们的叙述而呈现。我们以后[6.2]还会说到变量,在以后的章节中会有大量例子展现它在科学应用中究竟是什么。尽管如此，有些事情还是必须留给语言和感觉来解释，即使是在对数学进行严格说明的时候也不例外。我所进行的概略介绍当然算不上严格的说明。

数学分析可以简称为**分析**，其研究对象是**连续**变化的"数量"或数字。例如，如果 x 表示一个如上描述的实数，且如果 x 可以在一个**连续统**中取值，则有关 x 的一个数学表达式就是分析研究的一个合适对象。因此，当 x 在 0 到 1 之间的连续统内的所有数字中取值（0 不可以作除数）时，$x, \frac{1}{x}, x^2, \cdots$，就是分析的研究对象。

提前说一下，人们称如上所述的表达式为**变量 x 的函数**。粗略地说，我们称表达式 $f(x)$ [$f(x)$ 是任何有关 x 的公式] 是 x 的一个函数，前提是当指定了 x 的值时我们可以计算出 $f(x)$ 的值。类似地，我们可以得到变量 $x, y, \cdots$ 的函数 $f(x, y, \cdots)$ 的意义。

复数组成了更为庞大的集合。我在描述它们的时候会有意识地避免中学课本中的完美表达方式，而是采用较早的高斯的说法。对于本书的目的来说，这种方法有两个优点。它避免了有关"虚数"意义的合理但琐碎的讨论。如果我们坚持认为只有正整数才是真正的数字的话，"虚"数并不比负数更为虚妄。这种方法也让我们容易看到数学家们在 19 世纪 40 年代是怎样开始**普遍化**复数并发明了许多**超复数**系统的[5.8]。

按照高斯的方法，我们令 a, b 代表任何实数，而且构筑一个有序偶 (a, b)。我们称这个实数有序偶为**复数**，前提是它满足某些假设。有关这些假设，我将只举出三个例子加以说明。

我们把已知复数对(a,b)与(c,d)的和$(a,b)\oplus(c,d)$定义为复数$(a+c,b+d)$,把已知复数对(a,b)与(c,d)的**乘法**结果$(a,b)\odot(c,d)$定义为$(ac-bd,ad+bc)$,并把$(a,b)=(c,d)$即相等定义为当且仅当$a=c,b=d$时才成立。上述$a+c,ac$等具有实数在算术中的通常意义。

有了**加法**、**乘法**和**相等**这些定义,证实所有复数(a,b),(c,d),…的类满足域的所有假定的工作就只不过是简单的练习了。

我顺便在图 6 中给出(a,b)的通常的几何意义。过点O画一条直线垂直于我们用以代表实数的直线。在这两条直线决定的平面上任取一点P,并从P点向下作垂线PN与实数线相交于N点。如果ON的长度为实数a,当把NP放置于实轴上时其长度为b,我们

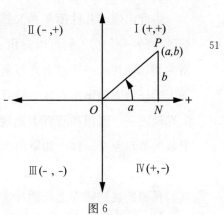

图 6

便把P点标记为复数(a,b)。如果P点位于第Ⅰ或第Ⅳ象限,a是正数;如果P点位于第Ⅱ和第Ⅲ象限,a是负数;如果P位于第Ⅰ或第Ⅱ象限,b是正数;如果P位于第Ⅲ或第Ⅳ象限,则b是负数。由图可见,a与b的符号从第Ⅰ象限开始按逆时针方向转动时依$(+,+),(-,+),(-,-),(+,-)$变动。我们没有提及"虚"数$\sqrt{-1}$。任何想要寻找它的人可以在纵轴上看到它的样子。注意,通过给出OP的长度和角NOP的大小(可由箭头指示)也可以唯

一确定(a,b)。现在的 OP 是一个向量，其**大小**是 OP 的长度，其**方向**为 NOP。这或许告诉了我们，为什么复数在研究交流电时有很大的用处，因为在这一研究中，向量涉及的方方面面可以通过图示代表。

52　　我将在[5.3]中给出复数的另外一种表示方法及其代数。尽管这种方法始于 1847 年，但与上述两种经典表示方法相比，它更能体现 20 世纪抽象代数的灵魂。人们在很长的时间内忽略了这一点。

由此出现了几件简单而又重要的事物。首先，在刻画所有复数的类的平面上，人们可以只用一条直线反映所有实数的无比丰富的类。而在这一平面上充斥着无穷数量的直线，人们可以在平面上的任何方向画出直线。我在此处提前叙述 19 世纪后期的重大发现之一。常识和所有表面现象都是靠不住的，实数的数目和复数的数目完全一样。如果用几何方法陈述，就是：在平面的**任何**一条直线上，都有与整个平面上一样多的点。如果我们还嫌这与我们预想的最初错误之间的冲突不够激烈，我们还可以考虑下面的情况。在整个平面上只有跟一条直线上的任何线段一样多的点，条件仅仅是，那确实是一条线段，且其长度不为零——例如 1 英寸的 10^{27} 分之一那么长的线段。另外还有比这更让人吃惊的类似结论：这一线段上包含的点与整个**可数**无穷维空间内包含的点一样多。

如果读者跳回去看几句话，会读到这样的字句："19 世纪后期的重大发现之一"。这可不仅仅是修辞辞令。这是历史陈述，读者应该认真看待这一说法。无论明说或者暗示，我都没有表达如下意思:一项重大发现一定会是在某一给定方向上的最后一项发现。我的意思是,这一发现和带来这一发现的事件导致了数学的一个转折点。但我们现在还不知道,在转折点上的标志牌上写的是"继续前进"还是"掉头回行"。我将在第十九章和第二十章再次讨论这一问题。

4.3 路途的终点

除了像中国套盒那样为我们呈现出一个接一个互相嵌套的盒子以外,有理数、实数和复数还能让我们看到些什么? 每一个学生都认为,前两个类,即有理数类和实数类,满足普通代数的全部要求是天经地义的,而那些比他们层次稍高的学生则认为复数的情况也同样如此。现在我们就有了域的三个不同的例子,也就是三个带有不同旋律的华尔兹舞曲。这三段舞曲中的域具有同样的**结构**,即它们是**抽象**等同的。但人们对于每个**特定**的域却有着不同的解读。

在开始下一段叙述之前,我先回答一个由有理数、实数和复数自然而然地引起的问题:为什么不进一步推广,例如用三个实数组 (a,b,c) 根据某些适当的规则加以耦合呢?

对于这个问题的答案又是一个重要的里程碑。K. 魏尔斯特拉斯(1815—1897)在大约 1860 年证明,**在这一特定方向上不可能进一步普遍化**。后来希尔伯特也给出了一个更为简单的证明。我们抵达了一条道路的终点。准确地理解魏尔斯特拉斯究竟证明了些什么有一定的重要意义,因此我在下面对其做一个更完整的陈述:**人们不可能通过保留某个域的全部假设来构筑一个事物的类,**

使之可以满足所有的假设，而且它既不是所有复数的类，也不是后者的一个子类。

在这里我又一次试图准确地按照历史进行陈述。这曾经是黄金时代的一个里程碑。但奔流的数学之河如此宽阔、湍急、幽深，它令这一里程碑处于危险之中。并不是魏尔斯特拉斯和希尔伯特认为他们证明了的事实被数学之河的大浪席卷而去，而是这两位所采用的推理方法在 20 世纪 30 年代受到了严重质疑。对于这一影响到我们从亚里士多德[2.2]那里继承来的逻辑推理模式的情况，我不发表任何赞同或反对的意见，而只是简单地做一陈述，并继续我们的故事。

54 如果复数是这一特定道路的终点，那么我们又应该如何继续前行呢？回过头去，再开辟一条新路！人们开辟了数以百计的新路，通过这些道路，19 与 20 世纪的数学家们取得了更高层次的观点。一条宽阔的高速公路通向不受束缚的**线性结合代数**的领域。在这一领域中，假设中保留的是乘法的结合性质而不是交换性质。

罗巴切夫斯基、哈密顿和其他人开创了否定"显而易见的事物"的先河，其他追随者慢慢养成了这种否定的习惯。于是，先驱们可能会很容易地通过反对或否认某个领域中的一个或多个假定（我们现在有时候正是这样做的），从而抵达超越其他人的制高点。但在炸碎了险阻并减缓了坡度之后，便出现了一条为有经验的人准备的道路，这些人可以相当轻松地走完这条路。事实上，一座今天我们可以相对容易地到访的 19 世纪的险峰，当年被发现的途径却远非轻而易举。这一云遮雾罩的高峰有 20 多次几乎已经对老练的探索者露出了真容，但这些探索者只看到了高峰之下较为低矮的山坡，而未一窥其顶峰。这种情况持续了差不多一个世纪，直到一个年仅 18 岁的男孩抬头远眺，才看到了它一览群峰的制高点。不到三年之后，这名男孩便死于一场决斗。站在 E. 伽罗瓦（1811—1832）发现的绝顶之上，以 C. 若尔当（1838—1922）和克罗内克为首的一大批数学工作者放眼代数方程式和代数数[11.5]的广大领域，在先行者眼中看到的混乱无序中领会了秩序、简洁和优美。在克莱因的带领下，另一大批数学工作者则攀登得更高，看到克莱因时代的几何整合成了光与暗组成的单一的协调模式。

我将在第八章中指出这些制高点。

第五章　抽象的艺术

5.1　兴趣的改变

在上一章中，我们看到了包含有理数域和实数域的复数域。前面两个都被称为复数域的"子域"。当我们探讨"环"和"群"时，我们将看到包含在特定的环和群中的"子环"和"子群"。这类现象从 20 世纪头 10 年起，直至 20 世纪 40 年代，引发了对于一个特定的代数"种类"的研究，即对诸如域、环、群与其"子种类"诸如子域、子环、子群的关系的研究。

举例来说，到现在为止，我们对于域的兴趣还在于整个种类的元素 $a, b, c, \cdots$ 中，而没有把相关的子种类作为新的种类的元素，从而考虑它们之间的关系。近世代数的一个十分宽广的分支考虑的就是各子种类之间的关系。从 20 世纪 30 年代起，这一分支因人们对其本身的兴趣而开始得到广泛的发展，其后不久便跨越了代数的范围，进入了数学的其他分支。这种现象早在伽罗瓦 1831 年的工作中即有模糊的体现，而在 1847—1854 年 G. 布尔（1815—1864）开始的逻辑代数中几乎已经清晰可见了。这些事物和 19 世纪数学中出现的其他事物，包括射影几何，最后发展成为一种"结构"或"格"理论。

为看清这种情况是如何发生的，我们必须详细分析最后在结构代数中得到抽象的几种概念的特定例子和特定情况。这些例子与许多其他的例子告诉我们，在代数的几个分支内存在着一种共同现象，即有某几个抽象组合的极为简单的基础定律，它们在这些分支中都是相同的。抽象的艺术是发现并孤立这些定律。这些定律一经发现，人们便以符号方式对其加以表达，以多种方式加以特殊化或解读，以至于让这些定律从中抽象出的那些代数的分支中的每一个都发生了变化，至少其中的主要概念得到了重新界定。类似的情况也发生在数学中除代数以外的其他分支内。可以说明这一状况的例子不胜枚举，我们必须加以选择。我将选择那些看上去可能让人们产生长期兴趣的事例。

因为我在不经意间略微提到了数理逻辑或符号逻辑，而且这种逻辑过去是，现在依然是理解结构代数理论最明显的线索之一，因此我将首先描述这种逻辑。在某些方面它有些像普通代数，但在另一些方面它与普通代数之间的差别大得惊人。

5.2 非普通代数

哲学家、数学家、外交官莱布尼茨在 16 岁时写下并于 1666 年发表的一篇论文被他称为"学童散文"，其中构想了一种叫作"普遍文字"或"某种普遍数学"的东西，用来指导非常不可靠的人类理性。在数学上，纯文字的争辩通常要比那些使用常用的符号方法进行的争辩更难懂。莱布尼茨希望把所有的推理谬误还原为计算中的微小失误。尽管他在走向符号推理的道路上取得了一些进展，并有了几个比他走得更远的门徒，但这方面的重大进展到 1854 年才真正出现，这年布尔发表了《思维规律的研究》。这本书同样没有在 19 世纪忙碌而又多产的数学家中引起多大的反响。然而，把某些类别的数学和逻辑推理简约为符号方式的工作一直都在持续加速。到 1910 年，A. N. 怀特海（1861—1947）和罗素的《数学原理》第一部出版，这时的符号逻辑及其在数学基础上的应用已经成为技术数学本身的一门完善学科了。莱布尼茨把**所有**推理还原为某种机械数学的计划已经被取代。新计划的野心要小得多，但依旧是一项相当困难的工作，其目的是在最简单的传统数学例如普通算术中去掉隐藏得比较深的错误。

在这里，让我指出下面一点就足够了，即人们为什么有可能至少把逻辑推理的基本知识简化为代数的一个种，使之具有与某个域中的定律（特别是与加法、乘法的结合律和交换律[3.2]）相同的形式定律。初等逻辑代数有许多套公设和几乎同样多的概念系统。我们下面选择的是亨廷顿的第一套公设系统（《美国数学学会会刊》，第 5 卷，第 292—293 页，1904 年）。（请勿将此处使用的 ∧、∨ 与其他人的文章中的同样符号混淆，这些文章包括[在许多文章中仅举一例]A. 塔斯基可读性很强的《逻辑简介》第二版，那里的 ∧ 和 ∨ 是我们这里的 ⊙ 和 ⊕。）我们在这里从历史的结尾而不是开端开始，因此将考虑以下从（1.1）到（6）的 10 个公设，它们由 19 世纪的开创性工作进化而来。

我们要说的基础概念包括一个**类或集合** K 以及 ⊙ 和 ⊕ **两项结合规则**。存在于 K 中的事物是 K 的**元素**。

（1.1）只要 a 与 b 在类中，则 $a \oplus b$ 也在类中。

（1.2）只要 a 与 b 在类中，则 $a \odot b$ 也在类中。

假设下面出现的等号"＝"具有以下性质：如果 a, b 在 K 中，则必有 $a = b$（即"a 等于 b"）或 $a \neq b$（即"a 不等于 b"）其中之一成立；$a = a$；如果 $a = b$，则 $b = a$；如果 a, b, c 都在 K 中，且如果 $a = b$，$b = c$，则 $a = c$。如果 $a, b, c, \cdots$ 是类 K 的子类，则 $a = b$ 的定义是"每个存在于 a 中的事物也存在于 b 中，且每个存在于 b 中的事物也存在于 a 中"，或"a 包含 b"且"b 包含 a"。 58

（2.1）存在着一个元素 $\wedge$，对于每一个元素 a，都有 $a \oplus \wedge = a$ 成立。

（2.2）存在着一个元素 $\vee$，对于每一个元素 a，都有 $a \odot \vee = a$ 成立。

（3.1）只要 $a, b, a \oplus b$ 和 $b \oplus a$ 在类中，即有 $a \oplus b = b \oplus a$。

（3.2）只要 $a, b, a \odot b$ 和 $b \odot a$ 在类中，即有 $a \odot b = b \odot a$。

（4.1）只要 $a, b, c, a \oplus b, a \oplus c, b \odot c, a \oplus (b \odot c)$ 和 $(a \oplus b) \odot (a \oplus c)$ 在类中，则有 $a \oplus (b \odot c) = (a \oplus b) \odot (a \oplus c)$。

（4.2）只要 $a, b, c, a \odot b, a \odot c, b \odot c, a \odot (b \oplus c)$ 和 $(a \odot b) \oplus (a \odot c)$ 在类中，则有 $a \odot (b \oplus c) = (a \odot b) \oplus (a \odot c)$。

（5）如果（2.1）和（2.2）中的元素 $\wedge$ 与 $\vee$ 存在且唯一，则对于每个元素 a 必有一个元素 $\bar{a}$ 存在，使 $a \oplus \bar{a} = \vee$，$a \odot \bar{a} = \wedge$。

（6）类中至少存在着两个元素 x 和 y，使 $x \neq y$ 成立（即 x 不"等于"y）。

由此出发，只要有耐心再加上一点点独创性，人们可以从中推导出他们希望得到的任何数量的定理。我们在下面举出比较简单又较为重要的一些逻辑解释：

(7.1)在(2.1)中，有唯一一个 $\wedge$ 使 $a \oplus \wedge = a$ 成立。

(7.2)在(2.2)中，有唯一一个 $\vee$ 使 $a \odot \vee = a$ 成立。

(8.1)$a \oplus a = a$。

(8.2)$a \odot a = a$。

(9.1)$a \oplus \vee = \vee$。

59

(9.2)$a \odot \wedge = \wedge$。

(10.1)$a \oplus (a \odot b) = a$。

(10.2)$a \odot (a \oplus b) = a$。

(11)我们称(5)中的元素 $\bar{a}$ 为 a 的补，

$$a \oplus \bar{a} = \vee, a \odot \bar{a} = \wedge。$$

由此可以很容易地推得，a 的补 $\bar{a}$ 的补 $(\bar{\bar{a}})$ 是 a。因此补的**周期为2**，与减法相同。

(12.1)$a \oplus b = \overline{\bar{a} \odot \bar{b}}$。

(12.2)$a \odot b = \overline{\bar{a} \oplus \bar{b}}$。

(13.1)$(a \oplus b) \oplus c = a \oplus (b \oplus c)$。

(13.2)$(a \odot b) \odot c = a \odot (b \odot c)$。

这些公设和定理与有些关于域的公设和定理之间的相似性是很明显的，如(3.1)，(3.2)，(4.2)，(13.1)，(13.2)。有些陈述对中的对称对偶性，在相关情况下的 $\vee$ 和 $\wedge$ 相互对调，也是很明显的。(12.1)和(12.2)这对陈述给出了 $\oplus$ 与 $\odot$ 之间普遍存在的**对偶原理**。在(3.1)和(3.2)中假设 $\oplus$ 与 $\odot$ 的交换律成立。(4.2)假定了一种分配律，而另一种在这一代数中有些奇特的分配律是在域中进行的，这种分配律由(4.1)假设。而当 $\vee$ 和 $\wedge$ 可以解读为 1 和 0 时,(2.1)和(2.2)可以作为域上的假定。在这里,**结合律**(13.1)**和**(13.2)**不是公设而是定理**。在这个代数和域之间令人吃惊的差异主要来自定理(8.1)和(8.2)。在出于方便而用＋代替⊕,用 ab 代替 $a \odot b$ 以后,我们可以看到,上面两个定理就变成:对于类中的每一个元素 a 来说,$a+a=a$ 和 $aa=a$ 成立,或者说 $2a=a$ 和 $a^2=a$ 成立。所以,在这个只有 0 与 1 **两个元素的布尔代数**中,二项式定理中的系数与指数只能使用数字 0 与 1,而 $0a = \wedge = 0, a^0 = \vee = 1$。定理(10.1)现在可以写成:

$$a(a+b)=a,$$

即 $a+ab=a$,我们称之为**吸收律**。至于其原因,当我们陈述有关这种代数的一项历史解释和一项当今的解释时就清楚了。

我们刚刚看到,在这一代数中的任一元素 x 是幂等的,即有 $x^2=x$。这是带有作为**布尔代数**的单位元(将在下一部分中定义)的交换环的特征。

在简化了的概念中,我们同样很容易证明

$$a\bar{a}=0, a+\bar{a}=1。$$

我特意指出这些,是因为它们的语言逻辑等价物早在 1847 年就对布尔暗示了布尔代数。第一条很明显就是亚里士多德逻辑的排中律,而第二条是他的经典逻辑中的矛盾律。

这一非普通代数可以用来做什么呢? 在**不涉及这些公设的历史起源**的情况下,该代数建立于其上的 10 条公设的一致性也相当容易证明。让我们暂时乐观一下(或者悲观一下?),假定人类这一种族在今后 500 年内不会灭绝,而且由于某种疏忽,这些公设的一份抄件在最近的一次大规模疯狂中保存了下来。如果我们可以依据历史推知未来，人们将在符号逻辑再次进化（如果这种事情真的会发生的话）之前很早就重新发明出算术和代数。感到困惑的代数学家会拿这 10 个公设怎么办呢？不妨让我们做一个很有帮助的猜测：其中较为清醒的人会认为，这些公设是头脑混乱的人写下的，或者是代数老师生病没来上课的时候，某位后进学生跑出去听到的橄榄球队教练的只言片语。而享有熟知历史旧事优势的我们自然要知道得更清楚一些。

61　　　很容易就可以证明，这种代数是有意义的，只要类 K 的元素 $a,b,\cdots$ 本身就是类、$\wedge$ 是空类（不含有任何元素的类）、$\vee$ 是所有 K 的子集合或子类（包括 $\wedge$ 和 K 本身）的类，以及 $a\oplus b$ 是所有在 a 或 b 内或在 a 与 b 两者之内的事物的类，而且 $a\odot b$ 是同在 a 与 b 两者之内的事物的类，$\bar{a}$ 是所有不在 a 之内的事物的类，一切就都可以接受了。经过这样的解释，例如（8.1）—（9.2）等公设就都是不言而喻的了。

　　第二个解释是从第一个解释中推导而来的，它涉及的是**命题**。在这里，只要把命题理解为一种陈述，这种陈述可以确切而肯定地用"真"（T）或"假"（F）来描述即可。我们当然不必去考虑，如果形而上学中的"真"和"假"有意义的话，它们在"真实世界"中到底指的是什么。在数学中，"真"是某种具有一致性的事物，换言之，是某种不存在矛盾的事物。

　　我不打算在此根据第一种解释来推导第二种解释，而是从头开始新的证明。我们将弃 $a,b,c,\cdots$ 不用，而使用命题 $p,q,r,\cdots$，并规划一种对于命题的逻辑或算法的基本概念的选择，这些命题可以用许多当前对于"非""且""或""如果……则"中的一个来描述；最后一个"如果……则"带有"蕴涵"的意思。可以把整个体系抽象地视为某种纯形式。然而，如果我们的头脑中存在着以**有限数目**的命题进行的解释，其定义看上去就不那么武断。有了这样的解释，其中的定理也会比不存在这样的解释显得不那么枯燥无味。例如，在这一解释中，"p 且 q"点明了 p,q 的联合；"非 p"是对 p 的否定。如果 p 为真，则"非 p"为假；如果 p 为假，则"非 p"为真。或许陈述定义最简单、最清楚的方式是采用"真值表"或"T、F 值表"，其中 T 代表"真"，F 代表"假"。T、F 值表这一工具是 C. S. 皮尔斯(1839—1914)发明的，但一直被人忽略或忘记，直到 20 世纪 20 年代被人重新发明之后才有了用武之地。使用这种工具的一个优点是，它直接提出了一种普遍化：命题的"真值"并不局限于 T 与 F 两种。这一点我们将在看过了二值系统之后加以描述。

所谓 p, q, …是变量或者说命题变量，在诸如"如果有 p，则有 p 或 q"一类陈述中，附加陈述"对于所有 p 和 q"这样的"全称量词"才能得到理解。这一点对马上就要给出的真值表尤其有效。

为印刷方便起见，我们把"非 p"写作 p'，并由下表给出其定义。

p	p'
T	F
F	T

解释一下，这份表格陈述的是：如果 p 为真，则"非 p"为假；如果 p

为假，则"非 p"为真。

　　"p 且 q"的符号化定义是 $p \cap q$，"p 或 q"的符号化定义是 $p \cup q$，"p 蕴涵 q"的符号化定义是 $p \Rightarrow q$，"p 等价于 q"的符号化定义是 $p \Leftrightarrow q$，这些都可从下表中读出。

p	q	$p \cap q$	$p \cup q$	$p \Rightarrow q$	$p \Leftrightarrow q$
T	T	T	T	T	T
F	T	F	T	T	F
T	F	F	T	F	F
F	F	F	F	T	T

　　在解释时唯一看上去与传统常识有区别的是 $p \Rightarrow q$，可以读作"如果 p，则 q"。在解释中对于 $p \Rightarrow q$ 一列的说法是，如果 p 为假或 q 为真，则 p 蕴涵 q。顺便提一句：一个假命题蕴涵任何命题。例如，"月球是绿色奶酪组成的"蕴涵"二的二倍为四"。但"二的二倍为四"不蕴涵"月球是绿色奶酪组成的"。有些经典逻辑学家从形而上学出发反对这一蕴涵定义，其实他们无视了这一事实：与定义争论是徒劳无益的。蕴涵就是按照上述方式准确、正式地定义的，因为人们发现，这一定义在数理逻辑的实际工作中很方便。它与传统并无矛盾，而是与其互补。$p \Leftrightarrow q$ 的定义告诉我们，它和 p **蕴涵 q 且 q 蕴涵 p** 是一样的。如果这还不够一目了然的话，我们继续使用上一张表中的定义向下推进，并在所有类似的情况下照此办理。

p	q	$p \Rightarrow q$	$q \Rightarrow p$	$(p \Rightarrow q) \cap (q \Rightarrow p)$
T	T	T	T	T
F	T	T	F	F
T	F	F	T	F
F	F	T	T	T

最上一行为 p,q 的一列穷举了对于 p 与 q 这两个命题的所有 T,F 值。如果命题不是 2 个而是 3 个,即 p,q,r,则该表将有 $8(=2^3)$ 行,4 个命题则有 $16(=2^4)$ 行,以此类推。任何以 $p',p\cup q,p\cap q$ 等组成并按照上述方式定义的复合命题都可像上述例子那样**通过纯粹的机械运算来确定**。一个对于命题 $p,q,r,\cdots$ 的所有可能 T,F 选择总取 T 值的命题叫作**重言式**,并将其称为该体系的**定律**。而对命题的所有可能选择总取 F 值的命题叫作**矛盾式**。重言式要比矛盾式更有价值。

纯形式代数或计算机器可被描述为或设计为一种机械,它能够像制造香肠一样地无限制造重言式。人们一直以来也都是这样做的。接收 T,F **二值逻辑的机器**,就具有开路和闭路,而不是其他方式。矛盾律和排中律让我们确信,必有一个或者打开或者关闭但永远不会同时打开和关闭的双向开关存在。这些经典逻辑的定律是这些叫作"数字式计算机"的现代计算机器的大脑,我们将在[11.8]中讨论"数字"("digital")这一概念。反过来说,人们从 1937 年起就在复杂的电路设计中应用逻辑代数了。

从这种状态的机械结构出发,人们提出了向 n 向开关或 n 向电子管或 n 值"真值系统"的普遍化。当 $n=3$ 时,"真值"可以记为 T("真")、F("假")和 D("疑")。人们用各种不同的问题来定义这一体系中的"蕴涵""且""或""非"及其他,并已证明,这些定义中的一个在科学中很有价值。1927 年,量子力学中的海森堡不确定性原理(见[18.4])便提出了一种三值逻辑。H. 赖欣巴哈(1891—[1953])于 1944 年发展了这一原理。尽管还没有新的物理学是通过这样的方式产生的,但可以看出,向某些方向搜寻与实验事实一致的理论的努力，将只是虚耗精力而已。据说，三值逻辑是由中世纪的逻辑学家和神学家构想的，但在现代，它却是 A. 塔斯基（当代[1902—1983]）、J. 武卡谢维奇（当代[1878—1956]）和 E. L. 波斯特（当代 1897—[1954]）于 1920—1921 年首次提出来的。此后不久，四值、五值……逻辑或多或少地通过对 $n=2$ 情况下的真值表的直接代数普遍化出现，并由此继续发展，不可避免地出现了向 n 值为可数或不可数无穷的普遍化[4.2]。在 $n=2$ 的情况下出现的一个显著的代数特点被带到了任何 n 值（n 为整数）体系中，即所有诸如"非""且""或"等基本概念，可以通过对于某个单一操作的迭代进行而产生。整个 n 值逻辑下的命题算法可以通过这一操作产生。

看看当(1.1)—(13.2)中的某些公设与定理中的命题 p,q，$r,\cdots$ 被用于解释类 $a,b,c,\cdots$ 时产生的对等物是很有趣的一件事。$=$ 被 $\Leftrightarrow$ 代替，$\oplus$ 被 $\cup$ 代替，$\odot$ 被 $\cap$ 代替，$\wedge$、$\vee$、$\bar{a}$ 的对等物可以留给读者发挥想象力。对于(3.1)和(3.2)来说，其对等物是重言式 $p\cup q\Leftrightarrow q\cup p, p\cap q\Leftrightarrow q\cap p$。(8.1)和(8.2)的对等物是 $p\cup p\Leftrightarrow p, p\cap p\Leftrightarrow p$。在后者中，第一个陈述的是"如有 p 或 p，则有 p；**而且，如有 p，则有 p 且 p**"。这一点可以由真值表法加以证实。一个更为生动些的例子是(10.2)：

$$p\cup(p\cap q)\Leftrightarrow p$$

p	q	$p\cap q$	$p\cup(p\cap q)$	$p\cup(p\cap q)\Leftrightarrow p$
T	T	T	T	T
F	T	F	F	T
T	F	F	T	T
F	F	F	F	T

因此这一命题是一个重言式。要看出这并不完全是无足轻重的,读者可以把它改写成日常语言,并用文字加以证明。与此类似,我们的最后一个例子涉及三个命题 p,q,r:

$$[p \cap q \Rightarrow r] \Rightarrow [p \Rightarrow (q' \cup r)]。$$

为使下表得以顺利印刷而不至于中断,我们称这一复合命题为 A。

p	q	r	$p \cap q$	$p \cap q \Rightarrow r$	$q' \cup r$	$p \Rightarrow (q' \cup r)$	A
T	T	T	T	T	T	T	T
T	T	F	T	F	F	F	T
T	F	T	F	T	T	T	T
T	F	F	F	T	T	T	T
F	T	T	F	T	T	T	T
F	T	F	F	T	F	T	T
F	F	T	F	T	T	T	T
F	F	F	F	T	T	T	T

在某种意义上,不需要详细考虑 p'(非 p),$p \cap q$(p 且 q)等中的每一个是 p 和 q 的函数这一事实。这就提出了命题函数的一种算法,其中变量为命题 $p,q,\cdots$,函数是命题。如果每当 p 是一个命题时 $f(p)$ 即是一个命题,我们就称 $f(p)$ 为**命题函数**,例如,$f(p)=p'$。类似地,对于 $f(p,q,\cdots)$ 来说,其中的 $p,q,\cdots$ 是命题,例如,$f(p,q)=p \cup q$。在这种算法中有两个概念是基本的,它们是"对于一切"和"存在着"。因此,如果对于一切 p 与一切 q 来说,$f(p,q)$ 可以令 $f(p,q) \Leftrightarrow f(q,p)$,则我们称 $f(p,q)$ 是对称的,并写作

$$(p)(q)[f(p,q) \Leftrightarrow f(q,p)],$$

此处$(p)(q)$应读为"对于一切 p,对于一切 q"。我们称 (p),(q) 为**量词**。用符号 $\exists$ 表示经常出现的数学短语"存在着"。例如,如果 $f(x,y)$ 定义为 x 与 y 的函数,且

$$(x)[(\exists y)f(x,y)\bigcup(\exists y)f(y,x)\Leftrightarrow f(x,x)],$$

则可以看到,$f(x,y)$ 定义普遍的**自反关系** R,xRx。这种关系的一个例子是相等,在此 R 即等号$=$。

从现在开始,进一步的发展过于专业化,无法用简单的陈述加以说明。但归根结底,其目的和成果何在? 其目的是抓住并固定惯用的逻辑和数学推理中通用却难以捉摸的概念。其成果是对一切逻辑推理(其中包括数学)有一个更为清晰的理解,认识到事先给定的数学或逻辑环境中哪些可以或不可以证明。我们将在第二十章中注意到这一点。如果没有逻辑代数,人们或许无法发现那些由其指出的现代数学的杰出成就。

5.3 环

67

我们已经看到,普遍化某种数学体系的一种方法是通过放弃一个或更多的公设来弱化公设。如果原有的体系是一致的,则通过弱化公设得到的体系也会是一致的,而且它将是对于原有体系的一种普遍化。某种普遍化或许可以在一个人们熟悉的体系内长期蛰伏而没有引起多少注意,直到新出现的问题需要让这种普遍化得到集中研究。

从域的普遍化而来的环就是这种情况。"格"或"结构"的情况也是如此,这一概念将在后文中描述。带有一个单位元的(交换)环的一个简单例子可以从由数字$\cdots,-3,-2,-1,0,1,2,3,\cdots$

组成的无穷集合及其有关**加法**和**乘法**这**两个**"运算"的性质得来。这其中包括了减法,但没有包括除法。这个集合对于加法和乘法是封闭的,即只要 a 和 b 属于这个集合,则 $a+b$ 和 ab 便属于这个集合,且 $a+b=b+a,ab=ba$。同样,集合中存在着一个唯一的数字,即 0,对于集合中所有的 a 来说,$a+0=a$ 都成立;而且对于集合中的每一个 x 来说,集合中都存在着一个唯一的数字 $\bar{x}$ 或 $-x$(称为 x 的相反数),使 $x+\bar{x}=0$ 成立。对于乘法来说,集合中存在着一个唯一的数字 1,对于集合中所有的 a,都有 $1a=a$ 成立。在环的一般定义中,无论乘法的交换律 $ab=ba$ 还是"单位元"1(亦可称为"幺元")的存在都不作假定。其原因是,普遍的环在数学上有许多有趣之处,在科学上有许多重要的地方,例如遵守适当规则并以适当方式组成的矩阵[6.3]。正式的定义如下。

环是一个包含元素 $a,b,c,\cdots,z,\cdots$ 的集合 S,这些元素可以按照加法($+$)和乘法($\times$,$a\times b$ 写作 ab)这两种运算组合,给出 S 中唯一确定的元素,它们满足如下假设:

68

(1.1)对于所有 S 中的 a 与 b 来说,都有 $a+b=b+a$ 成立。

(1.2)在 S 中有一个唯一的 z,对于 S 中每一个 a 来说,$a+z=a$ 都成立。对于环来说,z 叫作环的"零"。在不会引起混淆的情况下,可以把它写作 0。

(1.3)对于 S 中的每一个 a 来说,S 中都存在着唯一的 $-a$,即 a 的"相反数",使 $a+(-a)=z$ 成立。这一条常简写作 $a-a=0$。

(1.4)对于 S 中任何 a,b,c 来说,都有 $a(b+c)=ab+ac$ 和 $(b+c)a=ba+ca$ 成立。

上面是乘法对于加法的分配律。这两条都存在于假设之中，但没有假定乘法的交换律。

如果除了(1.1)—(1.4)之外，我们另外假设，对于 S 中所有的 a 与 b 来说，$ab=ba$，则我们称这种环为**交换环**。如果在 S 中存在着一个元素 e，使对于所有 S 中的元素 a，都有 $ea=ae=a$ 成立，则我们称这种环为**带有单位元或幺元的环**。我们曾经给出过一个带有单位元的交换环的例子。另外一个例子我们在[6.3]中说到矩阵时会叙述，它来自一个在现代代数和科学中具有重要意义的不那么特殊的环。现在我们只要注意到一些不会出现在域中的环的特殊性即可。

如果 $ab=z$ [z 的定义如(1.2)所述]而 $b\neq z$，则称 a 是零的一个除数；如果 $a\neq z$，则称 a 是零的**真除数**。为看出这些定义并非是空洞无意义的，我们可以看一个例子，实际上它是历史上的首例。仔细研究这一例子后可以发现许多现代代数的想法，包括我第一次描述的一种普遍的**等价关系**。最基本的想法可以追溯到 1801 年，时年 24 岁的高斯发表杰作《数论研究》。

69　　人们把关于某一给定类 K 的元素 $a,b,c,\cdots,x,\cdots$ 的一种**二元关系**记为～。如果对于这一类中所有 a 与 b 来说，$a\sim b$（即"a 与 b 等价"）是可以断定为或"真"或"假"的，则这一关系成立。如果满足以下公设(R)(S)(T)，则把～这一二元关系称为**等价关系**。

(R)对于 K 中每一个 a，$a\sim a$ 都成立。（自反性）

(S)对于 K 中每一对 a,b，如果 $a\sim b$，则 $b\sim a$。（对称性）

(T)如果 $a\sim b$，且 $b\sim c$，则 $a\sim c$。（传递性）

等价关系中最简单的例子是相等，我们已经在[5.2]中见过了这方面的一个例子。一个等价关系（～）在类 K 中把 K 的所有元素区分为互不相容的类，我们称之为**等价类**，$C_a, C_b, \cdots, C_z, \cdots$。$K$ 中所有等价于 x 的元素（且仅有那些元素）组成 C_x。

一个不像相等那么陈旧的等价关系的例子是数字$\cdots, -3,$ $-2, -1, 0, 1, 2, 3, \cdots$的**同余**。这一例子引出了近世代数的一些理念，这些理念中的一些将出现在本书后文中。

两个数 a, b，如果它们的差可以被 m 整除，则称 a 与 b 对于数 m（固定的非零数，即模）同余，记作

$$a \equiv b \bmod m,$$

我们可以把上式读作"a 与 b 以 m 为模同余"。例如：$100 \equiv 0 \bmod 2$；$100 \equiv 1 \bmod 11$；$25 \equiv 8 \bmod 17$；$38 \equiv 26 \bmod 12$；$-100 \equiv 10 \equiv$ $-1 \bmod 11$；$-25 \equiv 9 \bmod 17$。容易证明，$\equiv$ 是（R）、（S）、（T）中～的一种情况，也就是说，同余是一种等价关系。更进一步说，对于模数 m 来说，刚好存在着 m 个等价类 $C_0, C_1, \cdots, C_{m-1}$。以 C_a 为例，C_a 中包含且仅包含那些与 a 以 m 为模同余的数。需要注意的是，C_a 中的 a 是非负数。同余在经加法、减法和乘法运算之后仍旧保存，这一定义的直接推论是：如果 $x \equiv a \bmod m$，且 $y \equiv b \bmod$ m，则 $x \pm y \equiv a \pm b \bmod m$，$xy \equiv ab \bmod m$。由此出发，我们可以按照刚刚定义的 m 等价类来定义一种加法 $C_a \oplus C_b$ 和一种乘法 $C_a \odot C_b$。$C_a \oplus C_b$ 是唯一的等价类 C_r，而 $C_a \odot C_b$ 是唯一的等价类 C_s，此处 $a+b \equiv r \bmod m$，$ab \equiv s \bmod m$，这里的 r 和 s 是不大于 m 的非负数。两个类相等的唯一条件，是这两个类中所有的数字都相同。

为在所有这些假设的骨架上加上一些内容而使其更有生气，

70

让我们看看 $m=5$ 和 $m=6$ 的情况。注意 5 是一个**素数**，6 是一个**合数**。对于 $m=5$，等价类是 C_0,C_1,C_2,C_3,C_4；$C_0 \oplus C_1 = C_1$，$C_2 \oplus C_4 = C_1$，$C_4 \oplus C_4 = C_3$，以此类推。加法表与乘法表分别是：

$\oplus$	C_0	C_1	C_2	C_3	C_4
C_0	C_0	C_1	C_2	C_3	C_4
C_1	C_1	C_2	C_3	C_4	C_0
C_2	C_2	C_3	C_4	C_0	C_1
C_3	C_3	C_4	C_0	C_1	C_2
C_4	C_4	C_0	C_1	C_2	C_3

$\odot$	C_0	C_1	C_2	C_3	C_4
C_0	C_0	C_0	C_0	C_0	C_0
C_1	C_0	C_1	C_2	C_3	C_4
C_2	C_0	C_2	C_4	C_1	C_3
C_3	C_0	C_3	C_1	C_4	C_2
C_4	C_0	C_4	C_3	C_2	C_1

从这些表或同余的概念出发，可以很容易地得出加法与乘法在这一例子中遵循交换律与结合律，以及乘法 $\odot$ 对于加法遵循分配律的结论。而且，C_0 是加法唯一的零元素，C_1 是乘法唯一的单位元。对于任何 C_a，都存在唯一一个 C_x，使 $C_a \oplus C_x = C_0$ 成立。根据乘法表，对于任何除了 C_0 以外的 C_a 来说，都存在唯一一个 C_y，使 $C_a \odot C_y = C_1$。所有这些证明，当 $m=5$ 时，等价类是一个关于 $\oplus$ 和 $\odot$ 的域。这个域是**有限域**的一个例子，其中只包含有限个元素。人们在 19 世纪与 20 世纪初完成了有限域的一般理论。

当 $m=6$ 时，对应的加法与乘法表如下：

$\oplus$	C_0	C_1	C_2	C_3	C_4	C_5
C_0	C_0	C_1	C_2	C_3	C_4	C_5
C_1	C_1	C_2	C_3	C_4	C_5	C_0
C_2	C_2	C_3	C_4	C_5	C_0	C_1
C_3	C_3	C_4	C_5	C_0	C_1	C_2
C_4	C_4	C_5	C_0	C_1	C_2	C_3
C_5	C_5	C_0	C_1	C_2	C_3	C_4

$\odot$	C_0	C_1	C_2	C_3	C_4	C_5
C_0	C_0	C_0	C_0	C_0	C_0	C_0
C_1	C_0	C_1	C_2	C_3	C_4	C_5
C_2	C_0	C_2	C_4	C_0	C_2	C_4
C_3	C_0	C_3	C_0	C_3	C_0	C_3
C_4	C_0	C_4	C_2	C_0	C_4	C_2
C_5	C_0	C_5	C_4	C_3	C_2	C_1

与上例一样，我们可以证实，这些当 $m=6$ 时的等价类是对于 $\oplus$ 与 $\odot$ 的交换环。对于 $\odot$ 来说，这个环带有单位元 C_1。根据乘法表可知，这个环不是一个域，C_2,C_3,C_4 没有逆。如果它们有逆，C_1 就会出现在表的对应行上。这个环中有零的真除数 C_2,C_3,C_4：

$$C_2 \odot C_3 = C_0, C_3 \odot C_4 = C_0。$$

这两个例子说明了一个一般定理。我们通常称模数 m 的等价类为关于模 m 的同余类。不费太多力气就可以证明，关于模 m 的同余类是一个关于 $\oplus$ 和 $\odot$ 的域，其唯一条件是 m 为素数。如果

m 是合数，这些类是一个带有零的除数的交换环。

我们称一个不带有零的除数的交换环为**整环**或**整域**。整环的一个简单例子是数字 $0,\pm1,\pm2,\pm3,\cdots$ 组成的集合。

同余类的一个有趣的例子，是复数代数映射到以实数域为系数的所有 x 的二项式的集合的剩余类 x^2+1 上时发生的情况。剩余的形式是 $a+bx$，其中 a 与 b 为实数。与 $a+bx$ 关于模 x^2+1 同余的所有二项式的集合以 $\{a+bx\}$ 表示。加法与乘法通过下式定义：

$$\{a+bx\}+\{c+dx\}=\{(a+b)+(c+d)x\};$$
$$\{a+bx\}\{c+dx\}=\{r+sx\}。$$

此处 $ac+(ad+bc)x+bdx^2\equiv r+sx \bmod (x^2+1)$，由此，因为 $x^2\equiv -1 \bmod (x^2+1)$，故有

$$r=ac-bd,s=ad+bc。$$

这个例子是由 A. L. 柯西(1789—1857)在 1847 年详加研究得出的，其目的是扫除他所反对的符号 $\sqrt{-1}$，因为这个符号"毫无意义"。柯西的反对直到他逝世 40 年后才找到了知音——克罗内克和其他代数学家扩展了他的意见，使之发展成为一个代数方程和代数数的理论。还没有任何一本基础教科书收入这一反对意见。

73 5.4 同态、同构、自同构

这三个概念经常出现在现代代数和数学的其他分支中。正如这些词的词源所指出的那样，"同态"是形式的类似，"同构"是形式的等同，而"自同构"是某种系统与它本身的同构。

令 V,V' 为两种代数簇，例如环。在每一个簇中，具有如在环

中的"加法"与"乘法"的正式性质的运算被赋予了的定义。不妨说,在 V 中的操作是 $\oplus$ 和 $\odot$,在 V' 中的是 $\oplus'$ 和 $\odot'$。其中的基本概念是,在 V 的元素和 V' 的元素之间的**对应中保留了和与乘积**。对应的惯用符号是$\to$,$a \to b$ 读作"a 对应于 b"。

如果在 V 中的元素 $a,b,c,\cdots$ 和 V' 中的元素 $a',b',c',\cdots$ 之间具有 $a \to a'$ 的对应,从而使 V 中的每一个元素 a 都与 V' 中的一个元素 a' 存在着**唯一**的对应关系。而且,在 V' 中的每一个元素 a' 都在 V 中有**至少一个**对应,且其对应关系使当 $a \to a'$ 与 $b \to b'$ 时

$$a \oplus b \to a' \oplus' b', a \odot b \to a' \odot' b'$$

成立,则簇 V 与 V' 被称为是关于两种运算——"加法"和"乘法"——的同态。这一对应将 V 映射到 V' 上,a' 是 V 中的 a 在 V' 中的**像**。一个简单的例子可以通过整数环 V 和以 m 为模的同余类 V' 给出。所有的数字都与映射到同一个同余类中的同一个数字同余,加法和乘法在映射中的定义与在同余类中做过的定义相同。

如果这一对应是一对一的(记作 $a \leftrightarrow a'$),即可同时使 $a \to a'$,$a' \to a$ 成立,从而使 V 中的每一个元素都映射到 V' 中的一个元素上,且 V' 中的每一个元素都映射到 V 中的一个元素上,这一同态称为同构。加法和乘法也和前面一样得以保留。

为对描述过的想法进行说明,我陈述以下定理,并把对它的简单证明留给读者的聪明才智来解决。如果 R 与 S' 是没有共同元素的两个环,且如果 S' 中含有一个与 R 同构的子环 R',则必存在一个与 S' 同构的环 S,其中包含作为子环的 R。

自同构是把簇 V 映射到自身的同构,也就是说,是在 V 的元素 $a,b,c,\cdots$ 之间的一对一对应,即如果 $a \leftrightarrow b$,且 $c \leftrightarrow d$,则 $a+c \leftrightarrow b+d$

与 $ab \leftrightarrow cd$ 成立。

我将在不透露过多细节的情况下,给出一个有关域的自同构例子。令 m 为一个带有不同素因子的整数,不妨令其为 105($=3 \times 5 \times 7$)。不难证明,形如 $a+b\sqrt{m}$ 的所有数字的集合(此处 a 与 b 为有理数)是一个域,其中排除 $a=0,b=0$ 在除法中出现的情况。在这一域中的恒等自同构是简单的

$$a+b\sqrt{m} \leftrightarrow a+b\sqrt{m}。$$

唯一的另一个自同构是

$$a+b\sqrt{m} \leftrightarrow a-b\sqrt{m}。$$

为确认这是一个关于加法的自同构,让我们注意:

$$(a+b\sqrt{m})+(c+d\sqrt{m})=(a+c)+(b+d)\sqrt{m},$$

$$(a-b\sqrt{m})+(c-d\sqrt{m})=(a+c)-(b+d)\sqrt{m};$$

而关于乘法则有

$$(a+b\sqrt{m})(c+d\sqrt{m})=ac+bdm+(ad+bc)\sqrt{m},$$

$$(a-b\sqrt{m})(c-d\sqrt{m})=ac+bdm-(ad+bc)\sqrt{m}。$$

75 以上各式表明,在自同构下,和或积的对应映射成为对应的和或积。

同构和自同构的类似定义对于只定义了一种运算的簇也成立,例如对群也成立(将见于后文[9.2])。一个群的自同构也是一个群,且是其本身。对于一个给定群,当两个自同构的乘积被定义为连续应用这两个自同构所得到的结果,且其结果也是一个自同构。对那些已经熟悉了群的读者来说,要证明以上两条只不过是一项容易的练习。在此顺便说到上面的内容的原因是,它是以

抽象方法重新阐述伽罗瓦 1831 年的代数方程理论[9.8]的基础。我将在描述了群以后再次讨论同构与自同构,并给出进一步的例子[9.2]。

5.5　格或结构

先前的例子是从数量庞大的实例中选取的,这些实例在某些细节上有共同的特点。至于选取的原因,部分在于其本身的意义,另一部分则是为引出现代抽象代数更为成功的统一概念之一铺平道路,这一统一概念就是格。

我注意到,抽象代数在 20 世纪 20 年代突然间变成了许多人感兴趣的一门学科。实际上,它的有些部分在 J. W. R. 戴德金(1831—1916)1900 年提出的"对偶群"中已经模糊成形了。所谓"对偶群"我们无须在此描述,这是一个对于某些普遍化究竟有何含义的说明。这些普遍化垫伏多年无人问津,直到出现了对它们的新需求,它才浮出了水面。20 世纪 30 年代和 40 年代,抽象代数可应用于先前已得到发展的复杂的曲线和曲面几何理论,但在此之前很久,代数几何对于一种严格的抽象代数的需求已经很迫切了。在 1854 年问世的布尔发明的代数的类中,这一抽象代数的活跃分支(特别是有关格或结构的理论)已经有所显现。经过布尔的后继人的修改与发展,它终于成长为今天人们以布尔代数命名的学科。布尔代数与最大公约数和最小公倍数在初等算术的性质之间存在着类比,这一类比早在 1912 年就受到了数理逻辑学家的关注。但人们并没有及时跟进这些类比,以及代数数[11.5]与这些类比相关但更有启发性的性质。只是到了 20 世纪 30 年代中期,

格理论才真正发动,其主要动力是 G. 伯克霍夫(1911—[1996])和
O. 奥尔(1899—[1968])的工作。这一理论揭示了很多理论中的
许多抽象等同的细节,虽然这些细节一眼看上去可能没有多少相
像之处。它也暗示了某些新结果,特别在人们称为"分解定理"的
研究上。但是,就像有限群的经典理论一样,它的首要重要性似乎
还是在形态学方面。

我将以两个例子开始,其中第一个来自逻辑代数,另一个来自
算术。

在本书前面[5.2]给出的逻辑代数的公设中,其基本概念是一
个类或者集合 K 和两种运算 $\oplus$ 和 $\odot$。整个代数的构成可以通过
(而且迄今一直用这种方法,见在[5.2]中亨廷顿的引文)K 和单一
的二元关系 $\subset$ 进行,后者可以读作"包含于"。如果我们把 K 的元
素 $A,B,C,\cdots$ 考虑为类,则 $A \subset B$ 的意思是,"类 A 包含于类 B"。
符号 $\supset$ 可以读作"包含",$A \supset B$ 的意思则是,"类 A 包含类 B",而
且 $A \subset B$ 和 $B \supset A$ 的意义是一样的。如在 $A=B$ 中,等于意为所
有在 A 中的事物全都在 B 中,同样,所有在 B 中的事物也全都在
A 中,或者同时有 $A \supset B$ 和 $B \supset A$。这些以 $\subset$ 而非以 $\oplus$ 和 $\odot$ 为基础
的对于逻辑代数的解释当然并不是必需的。但它们足以证明代数
并非空洞无物,同时展现了代数内部也有有趣的事情。是否确实
有逻辑学家或者数学家完全通过纯粹的抽象推理就取得了重要成
果,而在自己的头脑深处完全没有模型,这一点是很值得怀疑的。
此处的模型是类包含。

没有必要复述 $\subset$ 的整套公设,我们只要知道下面的部分就足
够了。

（1）对于所有在 K 之内的 A，$A \subset A$。

（2）如果 $A \subset B$ 与 $B \subset A$ 同时成立，则 $A = B$。

（3）如果 $A \subset B$ 且 $B \subset C$，则 $A \subset C$。

（4）$A \oplus B \supset A$，$A \oplus B \supset B$；如果 $C \supset A$，且 $C \supset B$，则 $C \supset A \oplus B$。同样，$A \oplus B = B \oplus A$。

以下是定理。它们让 $\subset$、$\supset$ 与 $\oplus$ 相联系。

$$如果 A \subset B，则 A \oplus B = B。$$

$$如果 A \supset B，则 A \oplus B = A。$$

$$如果 A = B，则 A \oplus A = A。$$

以下是把 $\subset$、$\supset$ 与 $\odot$ 相联系的定理。

$$如果 A \subset B，则 A \odot B = A。$$

$$如果 A \supset B，则 A \odot B = B。$$

$$如果 A = B，则 A \odot A = A。$$

随之而来的是 $A \odot B \subset A$，$A \odot B \subset B$；以及，如果 $C \subset A$ 及 $C \subset B$，则 $C \subset A \odot B$。同样有 $A \odot B = B \odot A$。

这些都是合乎情理的，而且是在当 $\odot$ 与 $\oplus$ 分别读作"交集"和"并集"时，在代数的类包含解释中直观明了的。我们在此把 A 与 B 的**交集**记作 $[A, B]$，它是同在 A 与 B 的元素（成员）组成的**最大**（最为包含的）类；A 与 B 的**并集**记作 (A, B)，是或在 A 中，或在 B 中，或同在两者之中的元素组成的**最小**（最不包含的）类。用另一种方式表达，**交集** $[A, B]$ **是 A 与 B 共同元素的唯一最大包含子类；并集** (A, B) **是同时包含 A 与 B 的唯一最小包含超类。**

现在要写出**真包含**，即 $A \supset B$、$A \neq B$（"A 不等同于 B"）和**非真包含**，即 $A \supset B$、$A = B$（"A 等同于 B"）之间的差别是很方便的。为

了标明包含可以是真的或者非真的,我们将此写作$\supseteq$,$A \supseteq B$。"等于"($=$)可以按照包含的方式加以定义:$A = B$ 的定义是 $A \supset B$,且 $B \supset A$。(注意,$=$ 在这里有两种含义。)

我们很快可以看出随着涉及$[A,B]$、(A,B)、$\supset$、$\supseteq$ 而来的事物的意义。让我们考虑一个元素为 $A,B,C,D,D_1,\cdots,M,M_1,\cdots$ 的集合或者类 S(并不必然是类),这个类中定义了$>$和$\leqslant$这两个二元关系,而且如下假定(1)与(2)对它有效。根据定义,$A \leqslant B$ 等同于$B \geqslant A$。

(1)如果 A、B、C 是 S 中任意三个元素,其中 $A \geqslant B$ 与 $B \geqslant C$ 成立,则 $A \geqslant C$。

(2)如果 A、B 是 S 中的任意元素,则在 S 中必有一个元素 D,可使 $D \leqslant A$,$D \leqslant B$,且如果 $D_1 \leqslant A$,$D_1 \leqslant B$,则 $D_1 \leqslant D$;S 中同样存在着一个元素 M,可使 $M \geqslant A$,$M \geqslant B$;如果也有 $M_1 \geqslant A$,$M_1 \geqslant B$,则$M_1 \geqslant M$。

要想看到(1)和(2)并不是无意义的,让我们考虑以下特殊情况:S 中的元素 A,B,$\cdots$ 跟以前一样是类,$<$ 是 $\subset$,$\leqslant$ 是 $\subseteq$,D 是 $[A,B]$,M 是 (A,B)。对于这个特殊情况来说,(1)和(2)是有意义的。如果现在如定义要求的那样,把$(A,(B,C))$读作 A 与 (B,C) 的并集(后者是 B 与 C 的并集),把$[A,[B,C]]$读作 A 与 $[B,C]$的交集(后者是 B 与 C 的交集),则易于证明下面的定理:

$[A,B]$和(A,B)是唯一定义的。

$[A,B] = [B,A]$,$(A,B) = (B,A)$。

$[A,A] = A$,$(A,A) = A$。

$[A,[B,C]] = [[A,B],C]$。

$(A,(B,C))=((A,B),C)$。

$(A,[A,B])=A,[A,(A,B)]=A$。

在其中我们认出了我们的老熟人,交换律与结合律。

对于类来说,下面的分配律总是有效的。

(3)$[A,(B,C)]=([A,B],[A,C])$。

对于有些格来说这一分配律不适用。

我们称(1)与(2)定义的系统为**格**。

我们从类包含、交类和并类出发解释了(1)和(2)及上述定理。可以通过正整数 1,2,3,… 的初等算术提供一个具有根本不同性质的解释。如果我们重温最大公约数和最小公倍数的定义,但不用学校教的算术的传统方式,而是采用逻辑等价的方式,这一解释就会变得非常清楚,因为后者可以把数字扩展到代数数[11.5]以及更为广阔的范围。这是一个仅仅通过语言进行的练习,用以确认这些经过修正的定义与初等算术中的定义等价。

如果正整数 D 可以整除正整数 A 与 B 而没有余数,我们即称 D 是 A 与 B 的**公约数**。如果 A 与 B 的每一个公约数都可以整除 D,我们称 D 是 A 与 B 的**最大公约数**。于是,如果 $A=12,B=18$,能够同时整除 12 与 18 的数字是 1,2,3,6,最大公约数就是 6,它是能够整除 12 和 18 的最大的数字,而且 1,2,3,6 中的每一个数字都可以整除 6。

如果 A 与 B 中的每一个都可以整除 M,则我们称 M 是 A 与 B 的**公倍数**。如果 A 与 B 的每一个公倍数都是 M 的倍数,则我们称 M 是 A 与 B 的**最小公倍数**。12 与 18 的最小公倍数是 36,即能被 12 与 18 整除的最小的数字,而能同时被 12 与 18 整除的每一个数字都是 36 的倍数。

对于(1)与(2)及其推论,依照可整除性等进行的算术解释是:$A,B,C,\cdots$ 是任何正整数的类;相等($=$)具有与在普通算术中等同的含义;$>$的意思是"整除"(没有余数,如 2 能整除 6,2 不能整除 5);$<$的意思是"可被整除",(A,B) 是 A 与 B 的最大公约数,$[A,B]$ 是 A 与 B 的最小公倍数。详细的证明没有什么难度。数字例子尽管证明不了什么,但至少能让我们说的这些东西看上去很可信。例如,如果 $A=12,B=16,[A,B]=48,(A,[A,B])=(12,48)=12=A$,符合预测;$(A,B)=4,[A,(A,B)]=[12,4]=12=A$,再次符合预测。

5.6 子环、理想

如我们在[4.2]中所见,一个域中可能会有一个或多个小一点的(包含性较窄的)域,我们称它们为**子域**。与此类似,一个环中也有**子环**。举一个关于子环的例子,所有有理数($\frac{a}{b}$,a 与 b 为整数,$b \neq 0$)的类显然就是一个关于普通分数的算术中的加法和乘法的环,这个环包括一个由所有整数 $0,\pm1,\pm2,\cdots$ 组成的子环,这是限制 b 的值使之为 1 而得来的。我们称一个环的特殊子种类为**理想**。人们已证明,这种结构对于环的普遍理论具有重大意义,对于环的结构或形态尤为如此。

理想在 19 世纪 70 年代通过代数数论跨入近世代数的大门(我们将在第十一章中描述代数数),但是在 20 世纪 20 年代与 30 年代,人们才认识到它们与代数和代数几何方面更深层的关联。

理想如同域、环和群一样不可替代。我们将在第九章中讨论群。对于理解下面将要讨论的事实来说，19 世纪与 20 世纪的前期工作都不是必需的。然而，在这里，在除了特殊说明的情况下，不用假定一个单位元的存在便足以定义一个交换环 R 的理想。R 的元素将用 $a,b,c,\cdots,a_1,b_1,c_1,\cdots,x,\cdots$ 等来表示，R 的"零"将用 0 来表示。

作为 R 的一个**理想**，$\mathscr{I}$ 是 R 的一组元素，它在 R 的加法和减法下是封闭的。对于在 R 中任意规定的一个元素来说，它在乘法下也是封闭的。作为符号来说，如果 a_1,b_1 在 $\mathscr{I}$ 中，则 a_1+b_1,a_1-b_1 也在 $\mathscr{I}$ 中；对于在 $\mathscr{I}$ 中的 c 和所有在 R 中的 x 来说，xc 也在 $\mathscr{I}$ 中。所有在 $\mathscr{I}$ 中的元素的集合是 R 的一个子环。

具有特别重要意义的是 R 的**主理想**。R 的主理想 (a_1) 是所有形如 xa_1+na_1 的元素的集合，此处 n 是一个整数。容易看出，(a_1) 的确是一个理想。如果 R 有一个单位元 e，na_1 就可以删掉了，这时 $na_1=nea_1$ 是 n 项 ea_1 之和，其中每一项都在 R 内。**零理想**是 (0)，单位理想 (e) 即 R 本身。对于 (a_1) 的通式是带有有限基 $a_1,\cdots,a_s$ 的理想 $(a_1,\cdots,a_s)$，包括所有和式：

$$x_1a_1+\cdots+x_sa_s+n_1a_1+\quad\cdots+n_sa_s,$$

此处 $x_1,\cdots,x_s$ 是 R 的任意元素，$n_1,\cdots,n_s$ 是整数。至于 (a_1)，如果 R 有一个单位元，则 $(a_1,\cdots,a_s)$ 是所有和式 $n_1a_1+\cdots+n_sa_s$ 的集合。

我不指望下面要说的内容是很明显的。事实上，这些内容让其构想者戴德金绞尽了脑汁。最后，他终于在 19 世纪 70 年代发现，它们是在整数 $1,2,3,\cdots$ 的算术中出现的乘法、可整除性、最大公约数、最小公约数这些概念的切实可行的推广。戴德金对于代数整数(将在第十一章中叙述)的环有兴趣,这些环具有交换性,而且带有单位元。我们下面要叙述的内容中并没有假定最后一点。我们将用大写的手写字母 $\mathscr{A},\mathscr{B},\mathscr{C},\cdots$ 来表示这些环的理想。

$\mathscr{A}$ 和 $\mathscr{B}$ 的乘积 $\mathscr{AB}$ 由所有乘积 ab 的和组成,此处 a 在 $\mathscr{A}$ 中,b 在 $\mathscr{B}$ 中。由理想的定义我们立刻可以发现,$\mathscr{AB}$ 是一个理想,且这一乘法遵循交换律与结合律。

82 为整数定义的同余概念未加改变地被正式借用到了关于理想模 $\mathscr{M}$ 的同余上。R 的元素 a,b 被定义为关于模 $\mathscr{M}$ 同余,前提是它们之间的差 $a-b$ 在 $\mathscr{M}$ 中,这可被写为

$$a \equiv b \bmod \mathscr{M}。$$

如果现在 $a,b,\mathscr{M}$ 表示整数,这将意味着 $a-b$ 可以被 $\mathscr{M}$ 整除。这个向环和理想的简单但远非明显的推广一度阻碍了戴德金的进展。顺便提一句,沿着一条指引着正确道路的线索走下去会很令人感兴趣。

让我们考虑 5 可以整除 20 这一事实。我们现在是在普通整数的环中进行操作。这一环内的主理想 (5) 是由 5 的所有整数倍数 $0,\pm10,\pm15,\pm20,\cdots$ 组成的;主理想 (20) 是由 20 的所有整数倍数 $0,\pm20,\pm40,\pm60,\cdots$ 组成的。(5) 和 (20) 中哪一个在"更为包含"的意义上"更大"? 显然,(5) 包含了 (20) 中的所有数字,而 (20) 中不包括 $\pm10,\pm30$ 和无穷多的其他数字,因为它们不是 20 的倍数。

用符号表示这一信息就是 (5)>(20),也就是说,主理想 (5) 包含主理想 (20)。但 5 能整除 20,因此这就暗示着,根据"主理想

(5)能够**整除**主理想(20)"这一定义,我们可以试着说,"(5)包含(20)",即(5)>(20)。这一点立即就推广到了交换环 R 上。

首先说一下 R 的主理想 (a) 和 (b)。我们把 R 的元素 $a \neq 0$ 定义为它能够整除 R 的元素 b,前提是在 R 内有一个元素 c,使 $b = ac$,并写作 $a|b$,即"a 整除 b"。证明以下内容只不过是简单的练习:如果 $a|b$,则 $(a)>(b)$,(a) 包含 (b)。反过来说,如果 $(a)>(b)$,则 $a|b$。对于 R 的任何理想 $\mathscr{A}, \mathscr{B}, \mathscr{A} \neq (0)$,"$\mathscr{A}$ 整除 $\mathscr{B}$"定义为 $\mathscr{A}>\mathscr{B}$。**更为包含的理想"整除"不那么包含的理想**。而同余 $\mathscr{A} \equiv (0) \bmod \mathscr{M}$,或者说 $\mathscr{M}>\mathscr{A}$,意味着,$\mathscr{A}$ 的所有元素都属于 $\mathscr{M}$。$\mathscr{A}$ 除以 $\mathscr{B}$ 所得的商 $\mathscr{A}:\mathscr{B}$ 是 R 中所有满足如下条件的元素 r 的集合,即对于 $\mathscr{B}$ 中的每一个元素 b,r 使 rb 成为 $\mathscr{A}$ 的一个元素。由此,如果 $\mathscr{A}:\mathscr{B}=\mathscr{C}$,则 $\mathscr{CB} \equiv (0) \bmod \mathscr{A}$,与整数的情况一致。

理想 $\mathscr{A}$ 与 $\mathscr{B}$ 的最大公约数 $(\mathscr{A}, \mathscr{B})$、最小公倍数 $[\mathscr{A}, \mathscr{B}]$ 的概念如下:$(\mathscr{A}, \mathscr{B})$ 是由所有和式 $a+b$ 组成的理想,此处 a 在 $\mathscr{A}$ 中,b 在 $\mathscr{B}$ 中;$[\mathscr{A}, \mathscr{B}]$ 是由所有 $\mathscr{A}$ 与 $\mathscr{B}$ 中共有的元素组成的理想,即 $\mathscr{A}$ 与 $\mathscr{B}$ 的交集。通过比较这些定义与前面在[5.5]中给出的有关整数的定义,并注意这里理想的定义和理想的同余的定义,我们可以看到,这些定义**在形式上**与有关整数的那些定义并无差别。以下这些定理与有关整数的定理的类比是容易的练习。

$$\mathscr{A}(\mathscr{B}, \mathscr{C}) = (\mathscr{A}\mathscr{B}, \mathscr{A}\mathscr{C}),$$

$$\mathscr{A}\mathscr{B} \equiv (0) \bmod [\mathscr{A}, \mathscr{B}]。$$

后一定理说的是,乘积 $\mathscr{A}\mathscr{B}$ 可被 $\mathscr{A}$ 与 $\mathscr{B}$ 的最小公倍数 $[\mathscr{A}, \mathscr{B}]$ 整除,或者说 $[\mathscr{A}, \mathscr{B}]>\mathscr{A}\mathscr{B}$。

83

$$(\mathscr{A}, \mathscr{B})[\mathscr{A}, \mathscr{B}] \equiv (0) \bmod \mathscr{AB}。$$

下一个定理和许多其他定理一样,把最大公约数、最小公倍数和上面给出的商的定义联系了起来。

$$\mathscr{A}:\mathscr{B} = \mathscr{A}:(\mathscr{A}, \mathscr{B}), \quad (\mathscr{A}:\mathscr{B}):\mathscr{C} = (\mathscr{A}:\mathscr{C}):\mathscr{B},$$

而且最后面的每一个都与下面的式子相等:

$$\mathscr{A}:\mathscr{BC}; \quad [\mathscr{A}, \mathscr{B}]:\mathscr{C} = [\mathscr{A}:\mathscr{C}, \mathscr{B}:\mathscr{C}]。$$

现在,进一步的发展逐步通过同余和整数的最大公约数和最小公倍数描绘了出来。当然它们之间有差别,因为符号的内涵是不一样的,但这两种发展的结构的主要特点是抽象等同的,尽管它们有各自不同的解读。同余类的定义如前。如果 $\mathscr{A}$ 是 R 的一个理想,则 R 的所有元素都在关于模 $\mathscr{A}$ 的**同余类**或**剩余类**中;R 的元素 r, s 属于同一个关于模 $\mathscr{A}$ 的类,前提是 $r \equiv s \bmod \mathscr{A}$。如果这些类以 $\bar{a}, \bar{b}, \bar{c}, \cdots$ 表示,则和 $\bar{a} \oplus \bar{b}$(或直接说 $\bar{a} + \bar{b}$)被定义为包含 $a + b$ 的类,其中 a 在 $\bar{a}$ 中,b 在 $\bar{b}$ 中;乘积 $\bar{a} \odot \bar{b}$(或直接说 $\bar{a}\bar{b}$)被定义为包含 ab 的类。这些同余类是一个关于刚刚定义的加法与乘法的环。我们称这个环为 R 关于 $\mathscr{A}$ 的商环,其符号为 $\mathscr{R}/\mathscr{A}$。这导致了**素理想** $\mathscr{P}$ 的定义:如果商环 $\mathscr{R}/\mathscr{P}$ 是整环,则称理想 $\mathscr{P}$ 为素理想。人们选择这样一个相当深奥的定义的原因是,这样定义的素理想具有算术中的素数的一些突出的抽象特性。

或许可以指出,理想可以形成一个格,实际上,这样的格一般是没有分配性质的。

5.7 子域、扩张

我将用一些篇幅来仅仅叙述几种概念中的两种,即**特征**和**扩**

张。事实证明，这两个概念在把域嵌入近世抽象代数的总体计划中是有用的。19 世纪 30 年代与 40 年代的英国代数学家学派进行了一些具有开创性的工作，但这些工作长期受冷落。我在上面说了"近世"这个词，这是因为抽象代数的一些部分与那些工作一样古老。

根据定义很清楚的是：一个域 F 的所有子域的交集是 F 的一个子域，不妨令其为 P，我们称它是 F 的**素域**；P 包含于 F 的所有其他子域。只有两种可能的素域。如果 e 是 F 关于乘法的单位元，则 e 在 P 中，由此 $e+e$ 或称 $2e$，$e+e+e$ 或称 $3e$ 等也都在 P 中。所有这些元素 $e,2e,3e,\cdots$ 或者是各不相同的，或者存在一个最小的正整数 p，可使 $pe=0$。在第一种情况下，P 一定会包含所有的商 re/se，此处 r 与 s 为整数；所有这些商的集合可以被映射到所有有理数 r/s 的集合上。我们说，在这种情况下，F 的**特征**是 0（零）。在另一种情况下其**特征**为 p，而且可以很容易地证明，p 必为素数。在之前描述的体系中，这两者可能性的例子都出现过，例如在整数的同余类中。

为防有些中学生凑巧读到了以上有关特征的内容，我陈述一个容易证明的带有特征 p 的交换域的二项式定理：

$$(a+b)^p=a^p+b^p,\ (a-b)^p=a^p-b^p。$$

任何必须指导初学者进入初等代数的神秘领域的教师都会承认，在 $p=2,p=3,p=4,p=5,\cdots$ 的情况下，这两个公式正是所谓严禁使用的"新手的愉快方法"。

为解释扩张，我们需要一个未定元的概念，这是高斯在 1801 年引入代数的。如下所述足以说明什么是一个不妨记为 x 的未定元。我们这里给出的术语有别于高斯所用的定义，但与他的定义等价。我们说，域 H 是 F 的一个扩张，前提是 F 是 H 的一个子域，且如果以下等式

$$ax^n+bx^{n-1}+\cdots+c=0$$

（其中 $a,b,c,\cdots$ 在 F 中）蕴涵 $a=0,b=0,\cdots,c=0$，则 x 是 F 上的一个未定元。例如，一个以 x 为未知数的方程式 $ax^n+bx^{n-1}+\cdots+c=0$（其中系数 $a,b,\cdots,c$ 是实数或复数，或者更普遍一些，都是一个域中的元素）不会在 x 取**任何**值时都得到满足，除非在最简单的情况下，即所有系数 $a,b,\cdots,c$ 都为零。但如果**仅当** $a=0,b=0,\cdots,c=0$ 的情况下 $ax^n+bx^{n-1}+\cdots+c=0$ 才能满足，则称 x 是一个未定元。由此，如果 x 是未定元，且

$$ax^2+bx+c=fx^2+gx+h,$$

86　由此

$$(a-f)x^2+(b-g)x+(c-h)=0,$$

则可推知，$a=f,b=g,c=h$；也就是说，这两个二项式方程中的对应系数都相等。这是我们熟悉的工具，"等化系数法"的一个版本。

如果 a 是 F 的一个元素，但不在素域 P 内，a 的所有带有 P 内系数的有理函数的集合是一个域，可以记为 $P(a)$；这样的一个域是通过 a 的**附加**得来的。从 $P(a)$ 继续发展，我们可以添加 F 中的一个不在 $P(a)$ 中的元素 b，从而得到域 $P(a,b)$。就这样继续操作，直到通过持续附加得到 F 本身。注意，我在此过程中删去了一些合乎情理的假设。

这样做只有两种可能的结果。只要描述一下**简单附加**情况下

的这两种可能性就够了。所谓简单附加就是一次附加**一个**不妨称其为 x 的元素所得到的结果。这个扩大了的域将包含 x, x^2, $x^3, \cdots$, 以及所有 x 的各次项的多项式, 诸如

$$a + bx + cx^2 + \cdots + kx^n,$$

其系数为 F 中的 $a, b, c, \cdots, k$。如果这样的多项式中没有两个是相等的, 则 x 是 F 上的一个未定元, 且一个多项式当且仅当其系数全部为零时等于零。所有这些多项式的集合是一个整环。以 F 中的数字为系数的 x 的所有有理函数(多项式及其商)的集合是一个域, 不妨称其为 $F(x)$。它是包含 F 和 x 的最小的域。我们可以说, 它是通过 x 的**超越附加**而从 F 那里得来的, 并称它为 F 的一个简单的**超越扩张**。这样命名的原因是, 一个像 π ($=3.14159\cdots$)这样的超越数是一个不满足任何带复数系数的代数方程的数(可参见[11.6])。在第二种可能性中, 至少有两个 x 的多项式是相等的, 因此存在一个等于零的**最低阶**(不妨称其为 n 阶)多项式 $f(x)$。通过使用这一多项式为模(它是不可简约的, 也就是说, 它不是低于 n 阶的多项式的乘积), 可以把所有多项式简约成阶数低于 n 阶的多项式。而且两个多项式相等的条件是: 当且仅当它们以 $f(x)$ 为模同余。不难证明, 所有以 $f(x)$ 为模的多项式余项的集合是一个域, 我们可以说, 这个域是通过**代数附加**从 F 那里得来的, 这个域是 F 的一个**简单代数扩张**。

代数扩张的重要性在于, 它们为用一种等价方法代替代数基本定理提供了一种方法, 这种方法更多地体现了分析的精神而不是代数的精神。根据代数基本定理, 任何一个带复数系数的多项式都在复数域中有一个根, 而且它过去几乎总是借助于复变函数

论得到证明。较早的证明，例如高斯的几种证明之一，总会在某处或者默默地假定或者明确假定多项式的连续性，而连续性对于代数来说是舶来品。这一定理的严格的代数形式陈述，如果 $f(x)$ 是域 F 内的一个非常数多项式，则必存在 F 的一个简单的代数扩张，使 $f(x)=0$ 在这一扩张中有一个根。而且，任何具有这一扩张性质的域都必有一个等价于这一扩张的子域。

为方便后文援引，我必须在此加入可分扩张与不可分扩张的差别。我们从 x 的二项式的环 $F(x)$ 开始，x 的所有系数都是交换域 F 内的元素。$F(x)$ 内的一个多项式是**不可约**的，前提是，它不是两个至少一阶的 x 的多项式的乘积，且在这两个多项式中的各项系数都是 F 中的元素。否则这一多项式就是**可约**的。令 $f(x)$ 为一个 x 至少为一阶的、各项系数在 F 内的不可约多项式，也就是说，$f(x)$ 是 $F(x)$ 内的一个不可约多项式。如果 $f(c)=0$，则 c 就是 $f(x)$ 的一个根。首先，如果 $f(x)$ 的两个或更多的根是相等的，我们说 $f(x)$ 有**重根**。我们这个不可约的 $f(x)$ 会有重根吗？如果 F 有特征 0，则 $f(x)$ 没有重根。

如果 F 有特征零，且如果 r 是 $f(x)$ 的一个根，而且它的所有根都是不同的（没有两个是相等的），则说 r 对于 F 是**可分**的；在相反的情况下，r 是**不可分**的，$f(x)$ 也是不可分的。最后，如果一个超域的所有元素对于 F 都是可分的，我们称这样的一个超域为**代数超域**，称任何其他代数超域为**不可分**的。我们可以说，对于特征 p 来说，当且仅当一个不可约的非常数多项式可以被写成一个 x^p 的多项式时，它才是不可分的。

5.8 斜域、线性代数

如果一个域[3.1]不满足交换律的条件,由此得到的体系或者说代数簇,就被称为**斜域**。让我们考虑斜域 E 中的元素,并以域 F 的元素 $f_1, f_2, \cdots$ 作为 E 中元素的系数。如果 E 中有 n 个元素 e_1, $e_2, \cdots, e_n$,而且若

$$f_1 e_1 + f_2 e_2 + \cdots + f_n e_n = 0$$

的结果只有当 $f_1 = 0, f_2 = 0, \cdots, f_n = 0$ 的情况下才能实现,那么 E 中的每一个元素都可以用

$$f_1 e_1 + f_2 e_2 + \cdots + f_n e_n$$

的形式表达,则我们称 E 为一个**带有限基** $e_1, e_2, \cdots, e_n$ 的可除代数。可除代数只是在这里顺带提一下,因为它们的理论似乎已经相当成熟了,而且为了更完整地描述它们的性质,我还必须介绍很多新定义。在这里,我们对代数的更普遍的类有更大的兴趣,因为它是格理论初级阶段的部分起因。

我们从一个有单位元的环 R 开始。如果 R 包含一个其元素在参与乘法时对于 R 中的每一个元素都遵守乘法交换律的域 F,且如果 R 有一个有限基 $e_1, e_2, \cdots, e_n$,则我们称 R 是一个在 F 上带有单位元的 n **阶有限线性结合代数**。这一个 R 的结构性质隐含在单位 $e_1, e_2, \cdots, e_n$ 的乘法表中。由于这些是一个基,则每一个乘积 $e_1 e_1, e_1 e_2, \cdots, e_1 e_n, e_2 e_2, e_2 e_3, \cdots$ 都有形如 $f_1 e_1 + \cdots + f_n e_n$ 的表达,此处 $f_1, \cdots, f_n$ 在 F 内,且其后跟随着一个简单的条件①,即这一表

———————

① 原文为"矛盾",可能系"条件"之误。——译者注

达是唯一的。加法以下式定义：

$$(f_1e_1+\cdots+f_ne_n)+(g_1e_1+\cdots+g_ne_n)=(f_1+g_1)e_1+\cdots+(f_n+g_n)e_n。$$

作为一个例子，下面的乘法表定义了带有基 e_1,e_2,e_3,e_4 的 4 阶线性结合代数：

$\times$	e_1	e_2	e_3	e_4
e_1	e_1	e_2	e_3	e_4
e_2	e_2	0	0	e_2
e_3	e_3	0	0	e_3
e_4	e_4	$-e_2$	e_3	e_1

我们将会注意到，e_2,e_3 的任何幂都是零，如 $(e_2)^2=0$，$(e_3)^2=0$。也存在着这样的线性代数，其中有些元素 x 也同样是 **n 阶幂零的**：$x^n=0$，$x^r\neq0$，其中 $r<n$。19 世纪的代数学家付出了大量艰苦劳动，为带有少数单位的所有线性结合代数列表并分类。在连续群论的创始人 M. S. 李（1842—1899）多少解决了其中隐含的问题之后，这一分类学工作似乎在 $n=8$ 时便止步不前了。

与我已经描述过的想法更为一致的，是在 20 世纪第一个 10 年内出现的新开端。我将仅仅指出几项细节，它们是 20 世纪 30 年代的格理论[5.5]的部分起因。

如果 A 是一个有单位元的代数，而 B 是 A 的一个有单位元的子代数，则此处 $A\cdot B$ 意为 A 中的一个元素 a 被 B 中的一个元素 b 所乘得到的所有乘积的集合；$B\cdot A$ 的意思是 B 中的一个元素被 A 中的一个元素所乘得到的所有乘积的集合。在此我援引[5.2]中作

为对于集合的包含关系的⊆的定义。如果现在有

$$A \cdot B \subseteq B, 且 B \cdot A \subseteq B,$$

则称 B 是 A 的一个**不变子代数**。有一个定理的证明直接来自这一定义，我们用它足以在此说明包含代数与此前定义的并集代数之间的相关性。如果 B,C 是有单位元的代数 A 的有单位元的不变子代数，则 $B \cap C = B \cdot C$，且 $B \cap C$ 是 A 的一个不变子代数，其单位元是 B 和 C 的单位元的乘积。

下面一个定义把一个线性代数 A 与我们前面在[5.6]中描述过的理想联系了起来。我在书中讨论这一点是因为已证明它在代数几何中非常有用。我们说，A 的一个子代数 B 在 A 中**不变**的条件是 $B \cdot A \subseteq B$，且 $A \cdot B \subseteq B$。注意，B 并不必须有单位元。由于我们并没有在这里假定乘法遵守交换律，而考虑到理想在其上定义的 A 中的元素在乘法中位于乘号左边或右边可能出现的差别，因而必须修正先前对理想的定义。A 的理想是在加法和减法下封闭的 A 的元素的特殊集合。一个**左理想** $\mathscr{L}$ 是能够让 $A \cdot \mathscr{L} \subseteq \mathscr{L}$ 成立的理想，一个**右理想** $\mathscr{R}$ 是能够让 $\mathscr{R} \cdot A \subseteq \mathscr{R}$ 成立的理想。如果一个理想既是左理想又是右理想，则称之为**双边理想**，或称一个**不变子代数**。（事实上，一个线性代数是一类特殊环，不变子代数则仅仅是理想。但人们并不是从这点出发发现这一学科的基本定理的。）跟前面讨论过的理想一样，关于一个理想模的同余也有类似的定义。如果 $\mathscr{I}$ 是 A 的一个双边理想，则以 g 为模的 A 的元素是一个代数，记为 $A/\mathscr{I}$。可以把 $A/\mathscr{I}$ 与前面[5.3]讨论过的诸如剩余类、同余类等相比较。**零理想**是 $\mathscr{O}$，它的所有元素都等于零。理想的乘法定义如前，所以，如果 $\mathscr{I}$ 是 A 的一个理想，则 $\mathscr{I}^2, \mathscr{I}^3, \cdots$ 便都

91

有了定义。如果存在一个整数 n，可以使 $\mathscr{I}^n = \mathcal{O}$，则我们称 A 的理想 $\mathscr{I}$ 是**幂零的**。理想 $\mathscr{I}$ 与 $\mathscr{J}$ 的并集 $(\mathscr{I}, \mathscr{J})$ 的定义同前，而且我们可以证明，如果 $\mathscr{I}, \mathscr{J}$ 是幂零的，则 $(\mathscr{I}, \mathscr{J})$ 也是幂零的，且每一个幂零的理想都被包含在一个唯一的极大（最为包含的）幂零理想中，我们称之为 A 的**根基**。我们称除理想 $\mathcal{O}$ 之外不包含其他幂零理想的代数为**半单的**；如果它只正常包含 [5.5] 理想 $\mathcal{O}$，我们则称其为**单的**。可以从这些定义直接证明，如果 $\mathscr{R}$ 是 A 的根基，则 $A/\mathscr{R}$ 是半单的。

前面所有概念在 1910 年之前发展的线性代数中都是通用的。我们用 20 世纪 20 年代开始流行的理想的术语改写了它们，这样读者见到它们的时候就可以认出来——读者有可能会在阅读近世代数和代数几何的基本知识时与这些概念谋面。本章描述的这些概念与其他体系之间的类比是很明显的。这些概念是一批概念中的一部分，这批概念把和某种代数相关的线性代数中的**分解定理**与该代数的子代数相联系，并提供了代数的综合分类。这给人们提出了一条通往结构代数的明白无误的线索。回过头来看，这条线索在 20 多年间无人跟踪，实在令人惊讶。但是，就像数学经常被人评论的那样，许多想法似乎自己选择被人关注的时机。

出于历史的兴趣，我在此选用**四元数单位** $1, i, j, k$ 的乘法表来结束本章。正如我们已经在 [3.2] 中注意到的那样，在哈密顿构想出一种不符合交换律的乘法作为三维空间旋转代数的关键之前，他经历了长时间的艰难探索。

×	1	i	j	k
1	1	i	j	k
i	i	-1	k	$-j$
j	j	$-k$	-1	i
k	k	j	$-i$	-1

一个"真"四元数以 $a+bi+cj+dk$ 的形式存在,此处 a,b,c,d 为实数。真四元数是线性结合代数的最早例子。这种代数没有零的除数,但如果"坐标" a,b,c,d 可以是任何复数,则零的除数就出现了。这对于经典数论中的一个悬而未决的问题来说是极为不幸的。欧拉在 1772 年说,尽管他完全想不到应该如何证明,但他认为不存在可使 $a^4+b^4+c^4=d^4$ 成立的全部非零整数。如果坐标为复数的四元数没有零的除数,对此的证明是直截了当的。但它们有零的除数,于是欧拉的猜想依旧未解决。

哈密顿认为,在他那个年代,数学物理学家急需适合力学、光学与其他物理学科的代数,四元数正是对于这一需求的回应。但物理学家对此有不同意见。不过,随着现代(1925 年之后)量子理论问世,人们注意到狄拉克方程可以用四元数表达,四元数重获青睐。量子理论吸收了大量的代数,其中一部分被消化,其他的则被弃若敝屣。有些人不但对数学物理在真实的经验世界中解决实际问题的必要能力感兴趣,而且关心它的美感。对于这些人来说,这种经过完美的华丽包装的四元数,以及 E. E. 库默尔(1810—1893)发现并以其名字命名的四次迷人表面(即四维空间中的"波动曲面")的几何很可能会受到热烈的欢迎。这种为物理学设计的优美数学却没有在物理学中占有一席之地,这看上去相当令人遗憾。

但让数学家欣慰的是，只有实系数但没有零的真除数的线性结合代数，是复数的域、这个域的子域和实四元数的代数。

结合代数并不是线性代数或线性结合代数的极致。非结合代数起自 1881 年，是年凯莱跨越了 8 个单位中的一个。这种代数是非交换的。它也像四元数一样被用于量子理论，但并没有产生很大的作用。核物理在它分裂了最后一种原子核之前可能会对代数提出要求，这种要求可能会使代数分裂成越来越小、越来越深奥的部分，代数学家也会成为研究范围越来越窄的专家。

第六章　由橡子长成的橡树

6.1　变　换

用新的方式看待旧事物,似乎总能引发数学中影响深远的发现。某个事实或许千百年间已为人所知,一直都没有吸引多少人注意,但一夜之间,某些具有创见的头脑灵光一闪,从一个新的方位,以新的睿智瞥见了它,于是就此打开了它通向伟大王国的大门。人们或许需要许多年甚至许多世纪才能开发并完全弄清楚直觉之光第一次照见的事物,但一旦在正确的方向上开了先河,发现和发展就会加速前行。概括地说,这似乎正是 19 世纪与 20 世纪的两个主要概念进化的过程,其中一个是**群**,另一个是**不变性**。

故事早在此之前就已开始。漫长的发展道路中的痕迹在巴比伦人和希腊人的工作中依稀可辨,但他们从未怀疑过,他们在砖瓦结构和其他艺术形式上镌刻的那些规则图案有抽象的数学意义。①

---

① 1948 年 12 月,德克·J. 斯特罗伊克教授在发表于《科学美国人》的文章《石器时代的数学》中指出:"对数字和几何的最早理解似乎远在埃及人与巴比伦人之前。"文章的插图复制了新石器时代的人类、大草原印第安人、早期匈牙利人、南太平洋原始部落人和新赫布里底群岛上的土著人令人惊讶的装饰艺术。最后一种设计的复杂对称和多重周期性尤其令人赞叹。在和谐的复杂性方面,古典时代完全无法望其项背。

　　一条接近主流思想的不同途径似乎引导着 9—15 世纪最初的穆斯林代数学家以及他们一代又一代的欧洲追随者，一直到 18 世纪和 19 世纪的最初 20 年。但那些接受指引的人却没有理解并追随那些线索，即使有也是下意识的行为。

　　那些图案中的**规律性**与**重复性**立刻会让一位现代数学家想到图案背后的**抽象群**。而一个不一定是数学问题的问题向另一个问题各种变换，也能够编织出群的影子，并提出这样的问题：**如果在这各种变换中有任何东西一直恒定，或者说不变，那么它会是什么？**用专业语言来说，什么是**群变换**中的**不变性**？有关群的当前准确定义必须推迟到第九章才叙述，如果读者愿意的话可以参照阅读。而就当前而言，我们已经说的想必已经足够了。

　　每当面对一个新问题的时候，数学家们时常试图对它进行重新叙述，令其等价于一个其解已为人所知的问题。例如，在初等代数中，一个普通二次方程的解法是所谓"配方法"。这种方法把普通的二次方程简约为一个我们一看就可以解的方程。为重温这些步骤，让我们解 y 的一个二次方程 $y^2=k$，得到解：$y=\pm\sqrt{k}$。然后通过配方法，把 $ax^2+2bx+c=0$ 化为

$$\left(x+\frac{b}{a}\right)^2=\frac{b^2-ac}{a^2}。$$

它与较为容易的方程 $y^2=k$ 具有**相同的形式**。事实上，如果现在令 $y=x+\dfrac{b}{a}$，$k=\dfrac{b^2-ac}{a^2}$，我们刚好可以得到 $y^2=k$。注意表达式 b^2-ac。人们称该式为方程的**判别式**，因为方程的两个根或者是互不相等的实数，或者是相等的实数，或者是互不相等的虚数，其

情况可由 b^2-ac 是大于零、等于零还是小于零确定。我们很快就会探讨，这个简单表达式的一个引人注目的性质开启了数学和科学中的不变性这一整个庞大的理论。

这类成功，正是数学家开始因代数变换本身而集中研究它们的部分原因。为说明一个附带原因，让我们考虑两个更简单的问题，其中一个来自初等代数，另一个来自几何，来看一看不变性这一广泛的概念是怎样产生的。

在 $ax^2+2bxy+cy^2$ 中，让我们用新字母 X,Y 表达 x,y，方法如下：$x=pX+qY, y=rX+sY$。其结果是

$$a(pX+qY)^2+2b(pX+qY)(rX+sY)+c(rX+sY)^2。$$

打开括号并合并同类项，其结果是

$$AX^2+2BXY+CY^2,$$

其中 A,B,C 分别是以 a,b,c,p,q,r,s 表示的如下表达式：

$$A=ap^2+2bpr+cr^2,$$

$$B=apq+b(ps+qr)+crs,$$

$$C=aq^2+2bqs+cs^2。$$

新的 A,B,C 与原有的 a,b,c 由如下令人吃惊的关系联系起来，但我把证明这一联系的工作留给读者：

$$B^2-AC=(ps-rq)^2(b^2-ac)。$$

为总结发生的情况，我们写下：

$$x \to pX+qY,$$

$$y \to rX+sY,$$

$$ax^2+2bxy+cy^2 \to AX^2+2BXY+CY^2,$$

$$B^2-AC=(ps-rq)^2(b^2-ac)。$$

符号→可以读作"变换为"。上面标明的 x,y 的变换被称为是对 X 和 Y **线性**的（表示"一次"的专业术语）。由 x 和 y 的变换的系数 p,q,r,s 决定的表达式 $ps-qr$ 称为这一变换的模。"模"在这里与它在[5.3]中的同余中的用法完全无关。

现在让我们总结一下。b^2-ac 属于原有的 $ax^2+2bxy+cy^2$，而 B^2-AC 属于 $AX^2+2BXY+CY^2$，其间的差别仅仅在于一个因数，即变换的模的平方。出于这一原因，b^2-ac 被称为 $ax^2+2bxy+cy^2$ 的一个**相对不变量**——称其"相对"，是因为 b^2-ac 在变换下并不是**绝对**不变的。但是，如果选择 p,q,r,s 而使 $(ps-qr)=1$，则 b^2-ac 和 B^2-AC **相等且形式相同**，这时我们称 b^2-ac 在给定的线性变换下是 $ax^2+2bxy+cy^2$ 的一个**绝对不变量**。这一不变量似乎是人们所知的这种**代数形式不变性**的第一个数学例子。

如果一个数学家看到 b^2-ac 和 B^2-AC 之间的这种关系而连一点小小的惊异都没有——假设他是第一次看到这种现象，那他比一个代数低能儿也强不到哪里去。此外，这个基本事实就是一株巨大橡树的一颗橡子，这株使现代物理、爱因斯坦的"物理定律的协变性"原理黯然失色的巨树是由拉格朗日在 18 世纪后期栽下的。凯莱、西尔维斯特和许多其他人让这颗橡子在 1846—1897 年间成长为一株橡树。

我们的下一个例子来自几何，不需要代数。考虑一本书转向不同位置时投在墙上的影子。影子的边长随书移动而发生变化。有什么是**不变**的呢？用一个直金属丝组成的平面网格来试一下。在金属丝相交处的**影子的角度**和金属丝在交点之间部分的**影子长度**在不同的影子中发生了变化。但**两根或更多的金属丝的相交**一直保持不变。影子中的金属丝像真实的金属丝那样相交，直金属丝的影子**也仍然是直的**。

这些金属丝代表了点（交点）和直线的一种简单的几何构形。在影子变换下，线的直线性是不变的。而且，任何数目的线的相交也是一个不变的性质，在一条直线上的交点的顺序也是如此。影子是一种特殊的**投影**，就像一幅照片在银幕上的投影一样。

"交点"这个词将在下一段受到关注。它因为与类或集合的关联而在［5.5］中出现过。在这两种意思中，是否还有比数学双关语更为深刻的意义？确实有，人们实际上到 1928 年才发现这种情况，尽管它像数学上许多其他事物一样，理应更早受到关注。研究在投影下外形不变的性质的那种几何叫作**射影几何**。为引出我们的讨论点，我引用 O. 维布伦（1880—［1960]）和 J. W. 杨（1879—1932）发表于 1910 年的有关这一几何的科学论文中的内容。两位作者描述了这种几何在 1910 年的情况。从那时起，对于作为整体的几何的描述经过了很大的修正，而且毫无疑问，只要世界上还有人在研究几何，这种改变就不会停止。但这些作者所说的话现在还很有力量，它们暗示了"交点"更深层次的含义。

几何处理的是空间图形的性质。每一个这样的图形都是由各种不同的元素构成的（如点、线、曲线、平面、曲面等），而这些元素之间存在着某些关系，诸如点在一条线上，线通过一个点，两个平面相交，等等。陈述这些性质的命题在逻辑上相互依赖，而发现这样的命题并揭示它们在逻辑上的关联正是几何的目标。

99

　　我们已经讨论过格，因此现在能够看出，这些作者在下意识中考虑的就是一个格。K. 门格尔（1902—[1985]）于 1928 年重新设置了射影几何和我们不需要在此讨论的仿射几何，使之成为格代数的一种情况。杰出数学家 G. D. 伯克霍夫（1884—1944）的儿子 G. 伯克霍夫也在 1934 年独立完成了同样的工作。他们在一个抽象元素 $A, B, \cdots$ 的系统上定义了两个具有结合性质和交换性质的运算＋和·。这两种运算接纳了"中性"元素，即"全"U（全类）和"空"V（空类），其中，对于体系内的所有 A 来说，都可以使

$$A+V=A=A \cdot U$$

成立，而且假设

$$A+A=A=A \cdot A。$$

　　[5.2]中对类代数的讨论，让我们对这些都很熟悉。线是点的某种类，点是线的某种类——所有具有一个共同交点（再次出现了！）的线的类确定一个点。在射影几何代数化的过程中，吸收律（在[5.2]中与类代数有关的讨论中出现过）扮演了一个英雄或者至少是候补英雄的角色：如果 $A+B=B$，则 $A \cdot B=A$；反过来说，这一点对于体系中所有的 A, B 也都成立。人们就此揭示了射影几何幕后的结构或者说其形态：格。自射影几何首次以格代数的一个课题而被重新表述以来，人们在可被称为格几何的这一领域内完成了许多详尽的工作。

　　与射影几何相反，学校里教授的欧几里得几何几乎完全致力于比较或测量长度、面积和角度。例如，内接于一个半圆上的角是直角。这在投影后会如何变化呢？它并非不变的，因为投影之后的圆变成了椭圆，而直角也不再是 90 度的角了。

我们称被投影**改变**了的几何形态的性质为**度量**,因为它们依赖于测量。我们称在投影下**不变**的几何形态的性质为**投影**。这仅仅是对于术语的描述而不是一个准确的或完全的定义。但这对于本书的目的来说已经足够,不过我们可以顺便提一下,通过考虑坐标为复数的点,可以用更简单的方式把整个度量几何重新表述为投影中的一个段落。普通非欧几何也进入了这一影像中。

6.2 一个几何问题,又见变量

回头看一眼过去的代数例子和几何影子,我们看到了两个普遍问题,一个是代数的,另一个是几何的。

几何问题相对容易叙述:已知一任意几何形态,找出在投影下**不变**(没有改变)的所有性质。

人们马上就对这一问题进行了推广。为什么仅仅到投影为止?投影只是一种特殊的变换。例如,我们可以寻找所有这类性质,如在橡皮薄膜一类可扩展的柔软表面上,经拉伸、弯曲但不撕裂的情况下保持不变的性质。我们称这种几何为**拓扑学**。这一点我们将在第十章中讨论。现在,普遍的几何问题是:给定任意几何事物——如构形、曲面、立体或任何可用几何方法定义的事物——以及一套那种事物或那种事物所在的空间的变换,然后找出所有给定事物在这套变换下保持不变的性质。

所有这些都可以翻译成清晰易懂的代数和**分析**的符号语言。我在此复述:我们可以非常粗略地把分析描绘为与**连续**变量有关的数学分支[4.2]。如其名字所暗示的,**变量**是在给定研究过程中取不同的值的符号或字母,比如 x。例如,一个落体的速度不是一

101

个常数如 32 英尺每秒，而是一个变量；它的数值从落体开始降落那一刻的零持续增加，到该落体降至地面时取得最高速度。此处这一变量是连续的。但变量也可以是离散型的数字；它们甚至不需要是数字，符号逻辑就是这种情况[5.2]。

我知道我对变量的描述十分粗略，我应该为此道歉。然而，要充分陈述变量是什么需要专门写一本书。[①] 这样做的结果可能会让人沮丧，因为了解变量的尝试会让我们落入对数学基本概念的意义有所怀疑的泥潭之中[第二十章]。我请求读者信任他们对于语言的感觉并任其如是发展：一个变量是一个有关变化的东西。**一个连续实变量**可以在整个给定区间内取值，不妨说这个区间是 0—10，或者是 0 到无穷。

话说 R. 笛卡尔(1596—1650)在 1637 年出版了他有关解析几何的划时代著作。整个数学家群体跨出的这一大步，使其远远走在了希腊几何学家的前面。要理解不变性的分析方面和代数方面的联系，搞清楚笛卡尔做了些什么工作是至关重要的。从这一点出发，我将把有关几何变换的进一步叙述推迟到第十章，并在下一章描述笛卡尔所做的工作。简言之，他把几何转换成了代数。但那只是随着他的伟大启示而出现的潮流的开始。至于现在，我将回头继续讨论变换，并简单叙述矩阵是如何进入数学的。

6.3 矩 阵

我用经过定义的线性变换及其箭头符号→的意义来重新讨论

---

① 外尔在他 1949 年的深刻著作《数学与自然科学之哲学》中说："谁也无法说出变量是什么。"这句话让我得到了慰藉。

[6.1]的课题。正如我们已经注意到的,这种变换的一个目的,是把一个未解决的问题简化成另一个问题,这个问题或者已经解决,或者比原来的问题更简单、更容易接近。我不想使用外来的几何术语妨碍我们的解释,因此将在整篇讨论中使用真正的初等代数和直观方法。我将用字母表示一个抽象域[3.1]中的任意元素,但读者也可以将字母考虑为任何实数或复数[4.2]的特例,对于直观来说实数足敷使用。首先我将准确地抄录凯莱在 1858 年所做的工作,只是把他老式的表示法改为现代的形式。

首先考虑两个变换 A, B。

$$A: \begin{aligned} x_1 &\rightarrow a_{11} y_1 + a_{12} y_2, \\ x_2 &\rightarrow a_{21} y_1 + a_{22} y_2; \end{aligned}$$

$$B: \begin{aligned} y_1 &\rightarrow b_{11} z_1 + b_{12} z_2, \\ y_2 &\rightarrow b_{21} z_1 + b_{22} z_2. \end{aligned}$$

$a_{11}, a_{12}, \cdots,$ 中的双下标指定变换 A 的系数 $a_{11}, a_{12}, \cdots$ 出现的**行**(第一个下标)和**列**(第二个下标),B 的情况与此相同。a_{ij} 出现在第 i 行第 j 列,b_{ij} 的情况与此相同。

当依次实施 A, B 时,A 在前,B 在后(记为 AB),我们得到的是

$$AB: \begin{aligned} x_1 &\rightarrow a_{11}(b_{11} z_1 + b_{12} z_2) + a_{12}(b_{21} z_1 + b_{22} z_2), \\ x_2 &\rightarrow a_{21}(b_{11} z_1 + b_{12} z_2) + a_{22}(b_{21} z_1 + b_{22} z_2). \end{aligned}$$

这两个式子经去括号、合并同类项之后是

$$x_1 \rightarrow (a_{11} b_{11} + a_{12} b_{21}) z_1 + (a_{11} b_{12} + a_{12} b_{22}) z_2,$$

$$x_2 \rightarrow (a_{21} b_{11} + a_{22} b_{21}) z_1 + (a_{21} b_{12} + a_{22} b_{22}) z_2。$$

这告诉我们怎样通过 y_1, y_2,由 x_1, x_2 直接得到 z_1, z_2。其通道就

是 AB。但是，就像凯莱肯定注意到了的那样，AB 的公式不容易记住。但当 A,B,AB 按照其系数的**阵列**的形式，或者如凯莱所称，按照**矩阵**的形式写出示意图时，情况就有所不同了。

$$A: \left\| \begin{array}{l} a_{11}a_{12} \\ a_{21}a_{22} \end{array} \right\|, \quad B: \left\| \begin{array}{l} b_{11}b_{12} \\ b_{21}b_{22} \end{array} \right\|,$$

$$AB: \left\| \begin{array}{ll} a_{11}b_{11}+a_{12}b_{21} & a_{11}b_{12}+a_{12}b_{22} \\ a_{21}b_{11}+a_{22}b_{21} & a_{21}b_{12}+a_{22}b_{22} \end{array} \right\|。$$

（我使用的是老式的双数线表示法，这种方法在今天不像大括号法那么常见。使用这种方法是因为它容易印刷，而且我很快就要用括号来表示其他东西。）现在，如果读者仔细观察这三个矩阵 A,B 和 AB，就会发现写下 A 与 B 后可以很容易地写下 A 与 B 的**乘积** AB，按照这一顺序，不需要费力记忆。如果有人不理解这一简单法则，我在下面写下 BA，意为**先** B **后** A：

$$BA: \left\| \begin{array}{ll} b_{11}a_{11}+b_{12}a_{21} & b_{11}a_{12}+b_{12}a_{22} \\ b_{21}a_{11}+b_{22}a_{21} & b_{21}a_{12}+b_{22}a_{22} \end{array} \right\|。$$

有几件事需要注意，我一次说一件。首先，在如同 AB 的乘法中，其法则是："A 的行数在前，B 的列数在后，从而得到乘积 AB 的行数。"例如，A 的第一行可以写成 (a_{11},a_{12})，B 的第一列可以写成 $\begin{bmatrix} b_{11} \\ b_{21} \end{bmatrix}$；然后我们暂时稍微做一点符号表达：

$$(a_{11},a_{12}) \begin{bmatrix} b_{11} \\ b_{21} \end{bmatrix} = a_{11}b_{11}+a_{12}b_{21},$$

这就是 AB 第一行第一列的元素。以同样的方法继续，让 A 的**第一行**与 B 的**第二列**结合，我们就得到了

$$(a_{11}, a_{12})\begin{pmatrix} b_{12} \\ b_{22} \end{pmatrix} = a_{11}b_{12} + a_{12}b_{22},$$

这是 AB 第一行第二列的元素。我们现在完成了 A 的第一行，并以同样的方法处理 A 的**第二行**：

$$(a_{21}, a_{22})\begin{pmatrix} b_{11} \\ b_{21} \end{pmatrix} = a_{21}b_{11} + a_{22}b_{21},$$

这是 AB 的第二行第一列；

$$(a_{21}, a_{22})\begin{pmatrix} b_{12} \\ b_{22} \end{pmatrix} = a_{21}b_{12} + a_{22}b_{22},$$

即 AB 的第二行第二列。

下面介绍爱因斯坦为简化广义相对论的公式而提出的"求和约定"。这种约定是代数学家能够得到的最令人高兴的启示之一，只有爱因斯坦在听到别人称他为代数学家时才并不觉得那是恭维，他甚至反对自己被列入数学家的行列。

注意在以下每一个表达式的每一项中，

$$a_{11}b_{11} + a_{12}b_{21}, a_{11}b_{12} + a_{12}b_{22},$$
$$a_{21}b_{11} + a_{22}b_{21}, a_{21}b_{12} + a_{22}b_{22}.$$

a 的第二个下标都是 b 的第一个下标。对于这个各项都有的下标，我们代之以字母 j，并约定，和式中只写出一项，并将之理解为，重复的下标（或称"指标"）j 的意思是求出 $j = 1, 2$ 时所标出的项的和。由此，上面给出的四个和式便可以写成如下形式：

$$(a_{1j}b_{j1}), (a_{1j}b_{j2}),$$
$$(a_{2j}b_{j1}), (a_{2j}b_{j2}),$$

105

这里的括号引导我们加和当括号内的 $j=1,2$ 时的标准项。

按照顺序，下一件事情是**向量**的概念，我将叙述它的普遍形式（包含 n 个分量 $x_1,\cdots,x_n$，而不像之前解释的那样只有两个分量）。这里，我们不妨取交换域 F 上的一个 n 阶向量为例，它是一组 n 个元素 $x_1,x_2,\cdots,x_n$，我们按照确定顺序即 x_1 第一个，x_2 第二个，$\cdots$，x_n 第 n 个的次序排列它们，并将其写成 $(x_1,x_2,\cdots,x_n)$ 的形式。我们称 F 内的元素为**标量**。为简单起见，刚刚写下的向量可以用 (x) 来表示，而且通过定义，x 被任何一个标量所乘得到的乘积 $c(x)$ 是向量 $(cx_1,cx_2,\cdots,cx_n)$。向量 (y) 是 $(y_1,y_2,\cdots,y_n)$。向量的相等如 $(x)=(y)$，被定义为每一对具有同样数值下标的分量同时相等，即 $x_1=y_1,x_2=y_2,\cdots,x_n=y_n$。很清楚，这种相等满足 [5.3] 中有关等价关系的全部假定。由定义知标量积 $(x)c$ 是向量 $(x_1c,x_2c,\cdots,x_nc)$，而且，由于假定域 F 符合交换律，因此标量积 $(x)c$ 也是 $(cx_1,cx_2,\cdots,cx_n)$，因此 $c(x)=(x)c$。向量的**加法** $(x)+(y)$ 是由下式定义的：

$$(x)+(y)=(x_1+y_1,x_2+y_2,\cdots,x_n+y_n)。$$

n 阶**零**向量是 $(0,0,\cdots,0)$，它的 n 个分量都是零。有了这些定义，我们易于看出，所有 n 阶向量的集合对于加法和加法的逆运算减法，以及以 $c(x)$ 表示的标量乘法都是封闭的。减法由下式定义：$(x)-(y)=(x_1-y_1,x_2-y_2,\cdots,x_n-y_n)$。应该特别注意的是，对于这些向量，人们并**没有**定义一个一般的**乘法**，但却**定义**了一**种非常特殊**的乘法。向量 (x) 和 (y) 的标量积是标量（F 中的元素）

$$x_1y_1+x_2y_2+\cdots+x_ny_n，$$

为简单起见，我们将（非正统地）把这样的标量积写作 $(x)\cdot(y)$。代数法则只陈述了向量(x)，(y)，…定义了一个**线性向量空间**。我们在这里只对它在前述的矩阵上的应用感兴趣。前面我们说明了二行二列矩阵或称"$2×2$"（"二乘二"）矩阵的乘法，以此作为指南，我们可以立即进行推广。

在域 F 上的一个读作"m 乘 n 矩阵"的"$m×n$"矩阵由 $\|a_{ij}\|$ 表示，它是 F 上的一个由 mn 个元素组成的阵列，以如下方式安排在 m 乘 n 阵列之内（m 行，n 列），即

$$\left\|\begin{matrix} a_{11} & a_{12} & \cdots & a_{1n} \\ a_{21} & a_{22} & \cdots & a_{2n} \\ \cdots & \cdots & \cdots & \cdots \\ a_{m1} & a_{m2} & \cdots & a_{mn} \end{matrix}\right\|,$$

其中 a_{ij} 是第 i 行第 j 列的元素。到现在为止我们还没有陈述多少事实。下面的定义或者说假定提供的东西可以让矩阵成果累累。在以下的叙述中，$\|a_{ij}\|$ 和 $\|b_{ij}\|$ 都是 $m×n$ 矩阵。（注意，$m×n$ 不能用 $n×m$ 代替，因为第一个数字 m 指的是**行**，第二个数字 n 指的是**列**。）

这两个 $m×n$ 矩阵

$$\|a_{ij}\|，\|b_{ij}\|（i=1,2,\cdots,m；j=1,2,\cdots,n）$$

107

相等，即 $\|a_{ij}\|=\|b_{ij}\|$ 的条件是：当且仅当 $a_{ij}=b_{ij}$ 对于上述所有的 i 和 j 成立。

根据定义，这两个矩阵的和是矩阵 $\|a_{ij}+b_{ij}\|$。也就是说，在矩阵的和矩阵中，位于第 i 行第 j 列的元素是两个相加的矩阵在第 i 行第 j 列元素的和。

根据定义，F 中的元素标量 c，与矩阵 $\|a_{ij}\|$ 的标量积 $c\|a_{ij}\|$ 是向量 $\|ca_{ij}\|$。

根据定义，$m \times n$ 零向量是一个 m 行 n 列矩阵，它的每一个元素都是 F 的零元素。

接下来用两种不同的方法观察一个 $m \times n$ 矩阵。第一种方法是把它看成一个 $m \times 1$ 矩阵，也就是说，看成一个 m 行 1 列的矩阵，它的每个元素都是一个 n 阶向量。第二种方法是把它看成一个 $1 \times n$ 矩阵，也就是说，把它看成一个 1 行 n 列的矩阵，其中每个元素都是一个 m 阶向量，但却是以垂直方向而不是水平方向写下的。读者不必弄清所有这些文字，可以看一看下面的图像弄明白其中的意思：

$$\left\| \begin{array}{cccc} a_{11} & a_{12} & \cdots & a_{1n} \\ a_{21} & a_{22} & \cdots & a_{2n} \\ \cdots & \cdots & \cdots & \cdots \\ a_{m1} & a_{m2} & \cdots & a_{mn} \end{array} \right\| = \left\| \begin{array}{c} R_1 \\ R_2 \\ \cdots \\ R_m \end{array} \right\| = \| C_1\ C_2 \cdots C_n \|。$$

此处 $R_i (i=1,\cdots,m)$ 代表水平书写的第 i 行，为向量 $(a_{i1},a_{i2},\cdots,a_{in})$，而 $C_j(j=1,\cdots,n)$ 代表第 j 列，是竖写的向量

$$\begin{pmatrix} a_{1j} \\ a_{2j} \\ \bullet \\ \bullet \\ \bullet \\ a_{mj} \end{pmatrix}。$$

下面,假定我们已有上述 $m \times n$ 矩阵,并希望写一个 $n \times m$ 矩阵,此处请注意 m 与 n 的互换。因为上述定义没有对 m 和 n 作出限制,我们知道应该如何书写这个 $n \times m$ 矩阵。不妨让它的元素为 b_{ij}:

$$\left\| \begin{array}{cccc} b_{11} & b_{12} & \cdots & b_{1m} \\ b_{21} & b_{22} & \cdots & b_{2m} \\ \cdots & \cdots & \cdots & \cdots \\ b_{n1} & b_{n2} & \cdots & b_{nm} \end{array} \right\| = \left\| \begin{array}{c} R_1{}' \\ R_2{}' \\ \cdots \\ R_n{}' \end{array} \right\| = \| C_1{}' \ C_2{}' \cdots C_m{}' \|,$$

此处 $R_1{}', C_1{}'$ 等字母右上角的撇号将这一矩阵与另一矩阵相区分。

现在回到最初那个 2×2 矩阵的例子上面,并回想乘法规则:"第一个矩阵的行与第二个矩阵的列相结合。"称上述矩阵 a, b 为 A, B。**按照 A, B 的顺序**,我们把它们的乘积 AB 定义为一个新的矩阵,它在第 i 行第 j 列的元素是向量 R_i 和 $C_j{}'$ 的**内积** $R_i \cdot C_j{}'$,即

$$AB = \| R_i \cdot C_j{}' \|,$$

$$R_i \cdot C_j{}' = a_{ir} \cdot b_{rj},$$

此处的重复指标 r 的含义如前解释,指的是在 $r = 1, 2, \cdots, n$ 上的和。实际上我们已经对以如下形式写出的 AB 应用了"行进入列"法则:

109

$$\left\| \begin{array}{c} R_1 \\ R_2 \\ \vdots \\ R_m \end{array} \right\| \ \| C_1{}' \ C_2{}' \cdots C_m{}' \|,$$

也就是说,一个 $m \times 1$ 矩阵和一个 $1 \times m$ 矩阵相乘,得到的是一个

$m \times m$ 矩阵

$$\left\| \begin{array}{cccc} R_1 \cdot C_1{}' & R_1 \cdot C_2{}' & \cdots & R_1 \cdot C_m{}' \\ R_2 \cdot C_1{}' & R_2 \cdot C_2{}' & \cdots & R_2 \cdot C_m{}' \\ \cdots & \cdots & \cdots & \cdots \\ R_m \cdot C_1{}' & R_m \cdot C_2{}' & \cdots & R_m \cdot C_m{}' \end{array} \right\|。$$

我们称一个 $m \times m$ 矩阵为 m 阶**方阵**。与普通的 $m \times n (m \neq n)$ 长方形矩阵相比，方阵在很多方面都更令人感兴趣。接下来我们只讨论方阵。m 阶**单位矩阵** I_m 沿主对角线方向（从左上角至右下角）的元素都是 1，其他位置的元素都是零。可以直接得出，对于任何 m 阶矩阵

$$I_m A = A I_m = A。$$

m 阶零矩阵 O_m 的所有元素都是零。在确信某段文字内所有矩阵都有同样的 m 阶时，下标 m 可以省略。

有些读者可能有兴趣自己证明所有 m 阶方阵 $A, B, C, \cdots, I,$ $O, \cdots$ 的集合是一个有单位元 I 的环。A 的负矩阵 $-A$ 是一个元素都是 A 的对应元素的相反数的矩阵，$A + (-A)$（或简写为 $A - A$）为 O。可以证明，加法与乘法的结合律有效，即

$$A + (B + C) = (A + B) + C, A(BC) = (AB)C。$$

分配律也同样有效，即

$$A(B + C) = AB + AC, (B + C)A = BA + CA。$$

在这里对两者都加以叙述是必需的，因为矩阵乘法不一定满足交换律。最简单的方法是用内积的求和约定写法。

我现在将描述一个对我说来似乎很特别的定理，这个定理是

由凯莱发现的,我将按照凯莱的方法先给出二阶的情况。这个定理说:**矩阵满足它的特征方程。**对于矩阵 A,

$$A = \left\| \begin{array}{cc} a & b \\ c & d \end{array} \right\|$$

也可以完全等价地表达为

$$A^2 - (a+d)A + (ad-bc)I = O。$$

此处因为 $m=2$,

$$I = \left\| \begin{array}{cc} 1 & 0 \\ 0 & 1 \end{array} \right\|, O = \left\| \begin{array}{cc} 0 & 0 \\ 0 & 0 \end{array} \right\|。$$

为证实这一点,我们进行如下所示的计算:

$$A^2 = \left\| \begin{array}{cc} a & b \\ c & d \end{array} \right\| \left\| \begin{array}{cc} a & b \\ c & d \end{array} \right\| = \left\| \begin{array}{cc} a^2+bc & ab+bd \\ ca+dc & cb+d^2 \end{array} \right\|;$$

$$-(a+d)A = -(a+d) \left\| \begin{array}{cc} a & b \\ c & d \end{array} \right\| = \left\| \begin{array}{cc} -a^2-ad & -ab-db \\ -ac-dc & -ad-d^2 \end{array} \right\|;$$

$$(ad-bc)I = (ad-bc) \left\| \begin{array}{cc} 1 & 0 \\ 0 & 1 \end{array} \right\| = \left\| \begin{array}{cc} ad-bc & 0 \\ 0 & ad-bc \end{array} \right\|。$$

将以上三个矩阵相加,可以得到与 $A^2-(a+d)A+(ad-bc)I$ 对应的矩阵 111

$$\left\| \begin{array}{cc} a^2+bc-a^2-ad+ad-bc & ab+bd-ab-db+0 \\ ca+dc-ac-dc+0 & cb+d^2-ad-d^2+ad-bc \end{array} \right\|。$$

这一矩阵就是

$$\left\| \begin{array}{cc} 0 & 0 \\ 0 & 0 \end{array} \right\|,$$

即前述零矩阵。

凯莱没有说是什么让他想到了这一点。对应于三阶矩阵的方程太长，无法在这里完整地写下来。凯莱把它写了下来并进行证明，然后很大胆地宣称，类似的方程对 m 阶矩阵也有效。他没有给出证明，而且，除非有人告诉你该怎么做，要写出证明可不容易。

要给出普遍定理，我将不得不假设，读者熟悉初等代数第二级课程中给出的行列式的展开式。矩阵 A

$$A=\begin{Vmatrix} a_{11} & a_{12} & \cdots & a_{1m} \\ a_{21} & a_{22} & \cdots & a_{2m} \\ \cdots & \cdots & \cdots & \cdots \\ a_{m1} & a_{m2} & \cdots & a_{mn} \end{Vmatrix}$$

的行列式是

$$\begin{vmatrix} a_{11} & a_{12} & \cdots & a_{1m} \\ a_{21} & a_{22} & \cdots & a_{2m} \\ \cdots & \cdots & \cdots & \cdots \\ a_{m1} & a_{m2} & \cdots & a_{mn} \end{vmatrix}。$$

112　现在从行列式的主对角线的每个元素上减去 x，可得

$$\begin{vmatrix} a_{11}-x & a_{12} & \cdots & a_{1m} \\ a_{21} & a_{22}-x & \cdots & a_{2m} \\ \cdots & \cdots & \cdots & \cdots \\ a_{m1} & a_{m2} & \cdots & a_{mn}-x \end{vmatrix},$$

展开这一行列式并将其按照 x 的多项式重新排列，则有

$$x^m + c_1 x^{m-1} + c_2 x^{m-2} + \cdots + c_m。$$

然后可以证明，

$$A^m+c_1A^{m-1}+c_2A^{m-2}+\cdots+c_mI_m=O_m。$$

对于那些已经学习过行列式的读者，我将简述矩阵最简单也最有用的一个应用，即解一组线形方程。一个其行列式非零的矩阵叫作**非奇异**矩阵。如果一个 m 阶矩阵 A 是非奇异的，则不难证明，有唯一的矩阵 A^{-1} 存在，使

$$AA^{-1}=A^{-1}A=I_m$$

成立；我们称 A^{-1} 为 A 的**逆矩阵**或逆。$x_1,x_2,\cdots,x_m$ 的方程组

$$a_{11}x_1+a_{12}x_2+\cdots+a_{1m}x_m=c_1,$$
$$a_{21}x_1+a_{22}x_2+\cdots+a_{2m}x_m=c_2,$$
$$\cdots\quad\cdots\quad\cdots$$
$$a_{m1}x_1+a_{m2}x_2+\cdots+a_{mn}x_m=c_m,$$

可以写成更精练的形式

$$a_{ij}\cdot x_j=c_j,$$

此处可以认为 i,j 的范围是 $1,2,\cdots,m$，而 $a_{ij}\cdot x_j$ 是已经定义过的标量积或内积（j 是标示和式的重复指标）。这一方程组的矩阵是上面展开的 A，其精练的形式为

$$A\left\|\begin{array}{c}x_1\\x_2\\\vdots\\x_m\end{array}\right\|=\left\|\begin{array}{c}c_1\\c_2\\\vdots\\c_m\end{array}\right\|。$$

如果 A 是非奇异的，则它有一个逆矩阵 A^{-1}。现假定 A 是非奇异的。用 A^{-1} **从左面**乘前面的方程，则有

$$\begin{Vmatrix} x_1 \\ x_2 \\ \vdots \\ x_m \end{Vmatrix} = A^{-1} \begin{Vmatrix} c_1 \\ c_2 \\ \vdots \\ c_m \end{Vmatrix} \text{。}$$

所有这些还可以进一步精简，但或许上式已经足够接近最精练的表达。

用这种方法观察一个线性方程组的原因之一是，有些计算机器可以通过一种运算得出两个向量的内积。我认为是 A. S. 爱丁顿(1882—1944)第一次给出了这种操作线性方程组的简明方法。广义相对论中的张量代数让人想到了这种方法。爱丁顿发明了这种方法来帮助自己的朋友做数学统计，这位朋友请他找出一种不像教科书上的标准表示法那样烦冗的方法。

114　几乎随便写一个例子都能证明，矩阵乘法只在特殊情况下满足交换律，例如：

$$\begin{Vmatrix} 1 & 2 \\ 3 & 4 \end{Vmatrix} \begin{Vmatrix} 5 & 7 \\ 6 & 8 \end{Vmatrix} = \begin{Vmatrix} 17 & 23 \\ 39 & 53 \end{Vmatrix},$$

$$\begin{Vmatrix} 5 & 7 \\ 6 & 8 \end{Vmatrix} \begin{Vmatrix} 1 & 2 \\ 3 & 4 \end{Vmatrix} = \begin{Vmatrix} 26 & 38 \\ 30 & 44 \end{Vmatrix} \text{。}$$

矩阵的另一个特殊之处，是它们可以具有零的正规除数[5.3]，此处"零"指相关阶数的零矩阵。于是，如果 a, b, c, d 是域 F 的任意不全为零的元素且 $ad = bc$，则

$$\begin{Vmatrix} a & b \\ c & d \end{Vmatrix} \begin{Vmatrix} -b & -d \\ a & c \end{Vmatrix} = \begin{Vmatrix} 0 & 0 \\ 0 & 0 \end{Vmatrix},$$

而其中的两个因子都不是零矩阵。

由于哈密顿四元数在历史上的重要性,我将用哈密顿四元数单位 $1, i, j, k$ [5.8]的矩阵表示式总结这些例子,并提请读者证明,当用 2×2 单位矩阵 I 代替标量 1 后,我们给出的矩阵确实满足这些单位的定义方程式[5.8]:

$$I = \left\| \begin{matrix} 1 & 0 \\ 0 & 1 \end{matrix} \right\|, \quad i = \left\| \begin{matrix} \sqrt{-1} & 0 \\ 0 & -\sqrt{-1} \end{matrix} \right\|,$$

$$j = \left\| \begin{matrix} 0 & 1 \\ -1 & 0 \end{matrix} \right\|, \quad k = \left\| \begin{matrix} 0 & \sqrt{-1} \\ \sqrt{-1} & 0 \end{matrix} \right\|。$$

例如,

$$i^2 = j^2 = k^2 = ijk = -I,$$

$$ik = -j, kj = -i, ki = j, ji = -k, jk = i。$$

回顾过去,我们可以看到,这个矩阵代数的例子说明了从一个设计得很好的数学标记法中可以得到些什么。正如 P. S. 拉普拉斯(1749—1827)注意到的那样,有一半的数学战役都是在发明好的标记法。另一方面,高斯用拉丁语相当酸涩地说,数学关心的更多的是概念而不是标记法。或许两者都没错。

"标记法的"或"形式主义的"数学可能不是很深刻,但它很广博,有时候甚至比范围过于狭窄的概念数学更广博。例如,矩阵代数现在应用非常广泛,它大量应用于从数学物理到统计理论的各领域,在这两个学科中,矩阵代数即使算不上不可缺少,也至少非常有用。在纯数学中,这种代数像域代数一样不可或缺。它出自凯莱的一个看上去很不起眼的评论,即线性变换可以由其系数代表。这一历史让我们想起了一个有关 V. 雨果(1802—1885)的故事。他开始写一本小说的时候在手肘旁放了一满瓶墨水,当他写

115

完最后一个单词的时候，最后一滴墨水也用完了。他想把这本小说起名为《一瓶墨水里有什么》，但他的出版商反对。雨果太谦虚了，他忽略了他自己的大脑。

6.4　给联合国的一项建议

大约到了 19 世纪中期，不变性成为最重要的数学概念之一，尤其是在代数和代数几何方面。1915 年，它成为具有第一流重要性的科学概念。我们回想起，那一年，毒气第一次被用作基督教战争的武器，爱因斯坦事实上也在那一年完成了他的广义相对论和引力理论。30 年后的 1945 年，爱因斯坦的质能方程 $E=mc^2$（来源于 1905 年的狭义相对论，其中在适当的单位下，E 是在一定量的质量 m 中的能量数，而 c 是代表光速的巨大数字）发展出原子弹，把异教徒城市广岛从不信神者的地图上抹去。不变性在创造了 $E=mc^2$ 的数学和物理学中有着举足轻重的地位，任何对此有兴趣的读者都可以自行核对。无论我们根据何种观点审视它，人类的进步都是引人注目的。（或许 $E=mc^2$ 确实对核裂变不负有直接责任，但据权威人士宣称，它是让原子弹走向广岛的大约 12 个历史性步骤中的一个。）广义相对论是不变性在科学上极其美妙的应用，或许，比狭义相对论带来的进步更壮观的进步最终将来自广义相对论在国防上的应用。我们将在后文[10.3]中考察这一点。量子力学也有类似的情况。早在 1946 年，人们就嗅到了宇宙射线在军事（"防卫"）应用方面的可能性。

由于不变性与所有这些都有关系，我会像在[6.1]中描述过的

那样,指出这整个理论的历史起源。如我们所见,这一理论发源于
拉格朗日的一项不太受关注的成果:二元二次"形"的判别式在变
量或称未定元[5.7]的齐次线性变换下保持不变。他的发现或许
是,也确实可能是在他发表这一成果很早之前做出的。那时他还
是一个充满好奇心的孩子,就在学习初等代数的头六个月里,像玩
游戏一样地尝试二次方程。拉格朗日本人并没有意识到他这个发
现的重大意义。他的后继人也是到 19 世纪 40 年代才看出其重大
意义的。现在看来,一项革命性的想法已经在他所做的工作中显
露出来了。

难道这一切给人的教训还不明显吗? 难道联合国不应该禁止 117
全世界的学校讲授二次方程吗? 可能现在禁止二次方程已经太晚
了,即使对于爱斯基摩人[①]也同样如此。但在二次方程之后,摆在
那些更进步些的人面前的还有三次方程、四次方程等,而从那里出
发,有所有的数学,包括纯数学和应用数学,从微积分到量子力学
和相对论,以及那些鬼才知道的其他东西。补救措施再明显不过,
只差宣之于口了,那就是禁止数学与科学书籍。无论你相信与否,
这一点正是那些过分狂热的人道主义者和布道者一直致力提倡的
事情。

6.5 自然中的不变性

"不变性"指的是不发生改变的性质,其数学理论研究的是发
现一切可能存在的、但与人类邪恶无关的东西。当数学表达式中

---

① 现称因纽特人。——译者注

的变量被它们自己的函数或其他变量替代后，这些东西在数学表达式中仍然保持不变。

一般的不变性概念的诞生早于它的数学形式的构成。例如，我们曾在神学著作中与那个令人战栗的句子不期而遇："昨日今日一直到永远，是一样的。"[①]这恐怕是在我们熟悉的广义相对论时空中，对于所有变换绝对不变的第一个可信的例子。下面我们讨论不变性的世俗表现形式。

对于19世纪的化学家来说，整个宇宙的物质总数是一个永恒不变的量。同一时期的物理学家则假定，整个宇宙的能量总数是一个永恒不变的量。对于今天的我们来说，整个宇宙中的物质与能量之和是一个不变的量。上述第一个假定被称为物质守恒"定律"，而第二个则是能量守恒"定律"。这两大定律都是成果极为辉煌的假说，而且都是从数不清的实验结果中得来的推断。它们都引起了文明的喧嚣，其中最富代表性的莫过于煤矿、蒸汽机车、工业革命、使用童工等。虽说这一切还在为人们所谈论，但我们不妨暂且放过它们不论。

令第一项定律或者至少是其祖父定律得以产生的，是学校教科书上描述过的 A. L. 拉瓦锡（1743—1794）经典的汞氧化实验。

拉瓦锡并不只是因其化学成就而闻名于世的。他遭受了历史上最愚蠢的宣判之一。法国大革命期间，拉瓦锡的朋友以拉瓦锡是一位伟大的科学家为理由恳求当局赦免他，那位无产阶级法官回答说："人民不需要科学。"就这样，拉瓦锡掉了脑袋。拉格朗日对这件事

---

① 见《新约·希伯来书》13:8。——译者注

的评论或许会引起我们的兴趣:"他们一眨眼的工夫就砍掉了这颗头颅,但要造就与之类似的东西,即使一百年的时间也未必够。"

比拯救拉瓦锡的生命所付出的代价小得多的实验证明,称量蜡烛燃烧时生成的所有固体和看不见的气体的重量,可以得出结论:尽管蜡烛消失了,其中含有的所有物质却都没有损失。最初的状况恰恰与此相反。蜡烛完全燃尽后,其"自由之魂"的重量似乎比蜡烛本身还要重。通过计算空气中的氧气在燃烧产物中的贡献,不难证明这只不过是错觉。如果把产物中原来属于空气的东西归还给空气,把原来属于蜡烛的东西归还给蜡烛,就会证明我们原来的想法是正确的:燃烧前后的物质总量不变。

用实验的方法证明能量的不变性要困难得多。精确测量动能、电能和热能要比精确称量质量困难得多。但实验的结果也证明了实验前后的能量总量是不变的,即使在测量声能这种精细的测量中也同样如此。该实验必须证明,在声波震荡的过程中发散成热能的一部分能量扰动了空气,令其温度有所增加。我相信,人们甚至计算过,一次总统竞选中的唇枪舌剑所产生的热能还不足以煎熟一只蚊子卵。然而,正是从所有这样几乎微不可察的微小数量中,我们发现了自然、人类和其他东西的深奥秘密。

119

6.6 西尔维斯特的先见之明

矩阵理论和(代数)不变性的理论只是代数最近应用于科学并取得累累成果的一个小例子。在近世代数和一般的现代数学中,还有更多内容尚未传入科学圈。以史为鉴,许多这样的珍宝也将在某一天变成科学家和自然界交流的媒介。

篇幅的限制让我们只能对 1878 年的一项令人惊叹的预言（"第六感"或许是一个更为妥帖的字眼）一带而过。雄辩的代数学家西尔维斯特有一次宣称，雄辩的数学家就像会说话的鱼那样稀少。我们下面引用他的话来看看他的灵感是怎样出现的。

　　在一个辗转难眠的夜晚，我思绪起伏的大脑发现了将近世代数目标的纯理性概念传达给一个由形形色色的个体组成的混合社会的某种手段，这个社会主要由物理学家、化学家、生物学家组成，中间夹杂着少量数学家……突然，我惊喜地发现，我心灵的视网膜上清晰映照着一个化学-代数影像，用来表现与图解我们已知的代数形式及其原始形式之间的关系，以及这些代数形式彼此间的关系，而这些关系可以完美地实现我所考虑的目标。

如果读者回头看一眼 [6.1] 中表达 $b^2 - ac$ 的不变性的公式，他们就会看到西尔维斯特所说"已知的代数形式"指的是些什么。这是通过 x 和 y 的一阶齐次变换从二阶变量 x,y 的二阶齐次①式所得到的。如果把同样的变化应用于两个变量的 n 阶齐次式，则会得到不变表达式（其中只包括系数 $a_0, a_1, \cdots, a_n$，或者变量 x, y 和系数），而这些是通过某种代数关系"合冲"联系起来的，合冲是思绪信马由缰的西尔维斯特取的名字。这些关系的结构是对化合

──────────

　　① $a_0 x^n + a_1 x^{n-1} y + a_2 x^{n-2} y^2 + \cdots + a_{n-1} xy^{n-1} + a_n y^n$ 的每一项中 x 与 y 的总阶数都是 n，我们称该式为 x 与 y 的 n 阶齐次式。

物结构式的一种很新奇的滑稽模仿。西尔维斯特由此预测，代数不变量将为解读错综复杂的化合价提供一条线索。

除了几位数学家之外没有人去理会这个预测，而这几个人中就包括克利福德。他进一步发展了这种代数，但他没有能力把这种代数的公式以重要的方式与化学结合起来。在 20 世纪的头几年，德国出了一部大部头的数学百科全书，一位很博学但有些缺乏想象力的数学家为这部百科全书写了一篇有关不变性理论的文章，他在文章中绞尽脑汁地调侃西尔维斯特的预言。他强调，西尔维斯特关于化学键的"化学-代数"理论是"奇妙的胡言乱语"。

20 世纪 30 年代，人们发现，西尔维斯特的预言是正确（参见[9.5]）。

第七章 形象思维

7.1 图 像

物理学家与工程师开尔文勋爵（W. 汤姆逊，1824—1907）19世纪 50 年代末曾担任第一条跨大西洋电报电缆的科学顾问。有一次，他对某一条曲线发表评论，认为它"好像按照棉花价格曲线的风格画出来的"，可以用来描述一切人的耳朵可以听出的最复杂的音乐旋律。如果一个人检查过机械钢琴的录音，或者更进一步，如果他想象过记录交响乐的留声机唱片上的螺旋沟槽画在纸上会是什么样子，他或许很容易想象出这种曲线的形象。开尔文继续说：对于他来说，这种可能性是对数学的效力的一个妙不可言的证明。稍后我们将看到有关这同一种效力的几个甚至更为奇妙的证明。在这里，描绘交响乐的曲线是一个足够好的建议。

无论是 20 世纪 30 年代大萧条时代的市场报告和日益深陷的经济低谷期的图表，还是相关统计数据的大量图表示意图，它们在画成曲线后都可以让人一眼就了解情况，每个报纸读者都很熟悉这些曲线，甚至有些生厌。但直至 20 世纪头几年，即便在受过良好教育的人眼里，这样一目了然的直观图表都不是寻常事物。H.

G. 威尔斯(1866—1946)为促进社会文明推行过许多计划,其中一个计划敦促人们把理解图表的艺术作为所有学校基础教育的必修课。不久之后,更为进步的教育者理解了威尔斯对于图表的热情。很快,任何无戒心的孩子想打开一本算术书而看不到不稳定的历史降雨表和弯弯曲曲的潮汐表的日子便一去不复返了。在代数中,影响甚至更加严重,从联立方程到复数中的每一种事物都得用呆头呆脑的图形来表示。威尔斯的计划终于实现了。但是,令人尴尬的是,孩子们却不喜欢图表。为什么呢? 任何稍具数学史知识的人应该都很清楚其中有一个常识性原因。历经两千年的风霜雨雪,大数学家们才理解了数值数据的图示背后隐藏着的那些简单又精细的理念。既然如此,为什么这些理念在孩子们的眼睛里就应该是自然的,或者是他们所想要的呢? 今天,部分地由于威尔斯的原因,在我们这个饱受出版物困扰的社会里,受过教育的成人要理解图表,无论他们本人是否愿意。然而,人们并不清楚,我们的社会是不是真的在这场图表大瘟疫爆发之后变得更加文明了。

图表在日常生活中极为有用,没有哪个通情达理的人会否认这一点。图表本身在科学中也是不可或缺的,这一点只要翻开一本物理书或化学书或生物学书就一目了然。但它们更为重大的科学意义在于它们给人们带来的启发。从数值数据的图形表达进化形成了"空间"这一有用的概念。现在,任意维"空间"对从力学和气体物理到相对论和智力测验中的应用数学来说都早已是老生常谈了,笛卡尔于 1637 年发明的**解析几何**则为此铺平了道路。[1]

---

[1]　数学家会想起 n 维空间的球面三角这类相关理论的某些高级部分的"实现"。

把我们通常认为是**几何**的东西转换成**数字之间的关系**，正是笛卡尔朝这个方向迈出了第一步也是最重要的一步。回过头来看，在这最初的一步之后，人们踏出后面的步伐似乎应该很容易，而且会在一代人之内、至迟也会在 1700 年以前完成。但实际上，这些步骤一直推迟了两个多世纪，直到 1844 年才真正出现了超过三维的空间几何。几乎与此同时，出现了用传统的几何词汇把代数和处理连续性变化的分析翻译成"空间"的图示语言的工作。

因为这两项互补的学科会在后文重复出现，我们必须弄清楚，笛卡尔完成的那件十分简单的工作究竟是什么。我不拟在叙述这项工作时完全局限于笛卡尔本人的贡献，而是把他的后继者的一些直接引申穿插于其间。

7.2　笛卡尔的发明

对任何一个生活在现代美国城市（波士顿除外）中的人来说，笛卡尔解析几何中至少有一项基本理念似乎明显得不可思议。然而，数学家花了两千年的时间才最终掌握这个简单的理念。

想象一座城市，它的市区由东西向和南北向的街道交叉组成。任何地址，譬如第 81 街 5124 号，都会立即变得很直观。这种方便的数学通过赋予**任意一点一对数值**，能在一个平面上给出其定位，为我们提供了任意直线或平面曲线的代数描述的基础，不管这些直线或曲线何等复杂。详情参看图 7。

要找到平面上任意一点，首先让两条直线 XOX' 和 YOY' 垂直相交于 O 点。（参考线 XOX' 和 YOY' 可以相交成任意角，但选择非直角并不能在普遍性方面为我们带来本质上的好处。）这两条线

可以放在平面上的任意位置上，平面上所有点的"位置"都可以通
过这一**参考系**或**坐标系**确定。我们称点 O 为坐标**原点**，XOX' 和
YOY' 为坐标**轴**。我们任意规定，沿 OX 方向向**右**距离 YOY' 的长
度为**正**，用**正数代表**；沿 OX' 方向向**左**距离 YOY' 的长度为**负**，用**负
数代表**。与此类似，沿 OY 方向向**上**距离 XOX' 的长度为**正**，用**正
数代表**；沿 OY' 方向向**下**距离 XOX' 的长度为**负**，用**负数代表**。

　　某一与 XOX' 平行测得的距离，不论其方向，都由 x 表示，并
依其在 YOY' 的**右方**或**左方**而成为**正数**或**负数**。

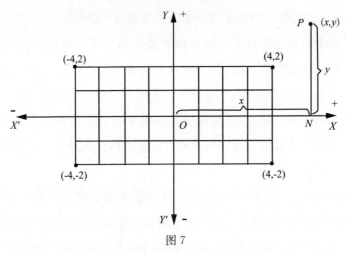

图 7

　　某一与 YOY' 平行测得的距离，不论其方向，都由 y 表示，并依
其在 XOX' 的**上方**或**下方**而成为**正数**或**负数**。

　　由此，我们很方便地称 XOX' 为 x 轴，称 YOY' 为 y 轴。

　　这两条坐标轴把整个平面分为四个**象限**：第一象限为 XOY，第
二象限为 YOX'，**第三象限**为 $X'OY'$，**第四象限**为 $Y'OX$。也就是说，
我们按照**逆时针方向**给象限计数，按照定义，这是旋转的正方向。

　　参考图7，我们用一对数字 x 和 y 来标记由坐标轴决定的一个平面上的任意一点 P，记作 (x,y)，其中第一个数 x 是 P 点与上述 YOY' 的距离（其正负取值如前述）；类似地，第二个数 y 是 P 点与 XOX' 的距离。图中我分别在第一、二、三、四象限中标出了四个点 $(4,2)$，$(-4,2)$，$(-4,-2)$，$(4,-2)$。

　　上述数字 x,y 构成的 (x,y) 是**一有序数对**（因为**第一个数** x 对应于沿固定的 XOX' 方向与 YOY' 的距离，而**第二个数** y 对应于沿**不同的**固定的 YOY' 方向与 XOX' 的距离）。我们称这一有序数字对 (x,y) 为**这一对数字在图中所代表的点的坐标**。

　　所有这些细节可能已经让读者感到恼火了。如果是这样，我只能说："你去照样行吧。"[①]你对普通的三维"立体"空间照做笛卡尔在平面（即二维空间）上做过的工作时不会碰到什么困难。现在不再是**两条**直线相交，而是设想有**三条**相交直线以及由它们确定的三个相互垂直的平面。但在此之后又如何？这只是一个很长的故事的开头，它的最后一章还没有书写。在以后的章节中，我们将不得不考虑这个故事中的几个具有数学和科学重要性的事件，而且，除非我们彻底理解了笛卡尔所做的工作，否则就无法理解他的后继人所做的工作。现在，我们必须注意笛卡尔的发明的几个直接却具有深远影响的推论。

126　　为纪念笛卡尔，人们有时候把通过使用坐标而发展起来的**解析几何**叫作**笛卡尔几何**。

---

① 这句话出自《新约·路加福音》10：37，为耶稣所说。——译者注

7.3 不必要的困难

由其坐标(x,y)"代表"的点 P 变成了什么？它"是"什么？欧几里得把点定义为没有部分、没有大小的事物。要想理解以上定义，我们必须了解"部分"和"大小"的含义，当然，理解"没有"的含义就更有必要了。另一个有关点的定义是"只有位置的事物"，它同样是模糊的。什么是"位置"？所有这些继承而来却不必要的困难都随着以有序数对(x,y)来定义点 P 而一扫而空了。欧几里得未能把握的神秘之"点"消失了，连一个幽灵都没有留下来。

这并不意味着几何的传统**语言**已经不再有用，不再有启发性，因为它还有用，还有启发性。作为有序数对(x,y)的"点"P 的非神秘主义定义只不过是 20 世纪的两种哲学理论——其一为数学哲学，另一为理论物理——中最易理解的例子而已。数学家很久以前就放弃了对"点""线"等基本事物给出形而上学的定义，比如把它们定义为"存在"（形而上学学者的示播列[①]）于人类经验无法进入的"理念"（另一个示播列）王国的"实体"（又一个示播列）的影像。数学家不再追求接触不到的实体，把构成"空间"和空间"几何"的元素当作在假设条件之外即无法定义的概念。假设由数学家随意规定，这些概念必须满足它们。数学家把其中两个这样的元素命名为"点"和"线"，也不妨叫作"者因特"或"翟恩"[②]，这些词

---

① 据《圣经·士师记》12:6 记载，基列人在渡口截击以法莲人，要求渡河者说出"示播列"(shibbólet)一词。以法莲人把"示"发成"西"，不能正确发出"示播列"(小溪)，而是发成"西播列"(重担)，据说有四万两千以法莲人因此暴露身份被杀。——译者注

② 即 joint 和 jine 的音译，这两个词是把 point(点)和 line(线)的首字母换成 j 得到的，没有实际意义。——译者注

在假设的陈述中是无意义的。例如，两个"者因特"能确定唯一一条"瞿恩"，两条"瞿恩"能确定唯一一个"者因特"。这种规定有什么优点？很简单："者因特"和"瞿恩"是不同于传统的"点"与"线"及视觉习惯的另一种理解，抽象的假设对它们有效。

　　这种对于人类不可知"实体"的漠视在科学上的对应物是随着20世纪的物理学一起进入科学的。在19世纪，一项物理学理论，比如说光的理论，想要被人接受只有一条路，就是可通过机械模型得到描绘。作为一个极端的例子，读者可以参考开尔文勋爵的《巴尔的摩讲演集》，那是他1884年夏末在约翰·霍普金斯大学就分子动力学所做的讲座。这些讲座或许是一次大潮流的高水位线，这一潮流在整个19世纪持续稳定地上涨，并在20世纪30年代退到地平线之下。它借助于以牛顿力学为依据的图像，对物质宇宙进行了更加复杂的描述。在第一次讲座中，开尔文发明了"一个由薄薄的刚性壳组成的分子模型，质量块通过弹簧附着在这一刚性壳的内部"。他相信他的模型是真实的："对于我来说，模型里似乎必定有某种东西，也就是说，一种符号，这当然不是一种假说，而是一种必然存在。"（这里的语法或许还有待改进，但意思是很清楚的。）

　　一直到20世纪20年代，要得到麦克斯韦①的电磁场方程，物理系学生还必须在课堂上学习如何从几组复杂又晦涩的物理假定中的一组推导出电磁场方程，这些方程我们将在后面[17.4]讨论。

———————————

　　①　现在人们通常从克拉克·麦克斯韦的名字中省去了"克拉克"，尽管19世纪的人常用前者称呼他。

自大约 1930 年起,至少在教授这些方程的最先进的方法中,人们已经开始把这些方程作为公设加以叙述。爱因斯坦是最初促成这一合理改革的人物。这些方程是对在某些实验上可确定的条件下发生的电磁现象的恰当的数学描述。它们也是人们目前构建的最简单的描述。既然如此,从人为制造的假说中推导这些方程的做法难道不是在扰乱这些以方程符号化了的简单又恰当的描述吗?在 20 世纪的今天,有大量东西需要学习,——追踪我们获得如今的观点所走过的每一步绝非人力之所能及。回头去看,那些试探性的艰苦步骤中有些似乎走向了错误的方向,而且的确有一些走了弯路。在我们向前迈进时,道路两边的景观发生了改变,即使用我们经过改变之后的观点看问题,情况也是如此。

在 1925 年后的几十年间,人们又一次发现,可以借助更为现代的量子理论更加简洁地总结与丰富原子物理学中的许多部分。当这一理论突然出现于大为困惑的科学界时,随之而来的是最令人苦恼的诉求,即求助于一种物理学界当时已知并不存在的物理直觉。量子理论的神秘色彩逐渐淡去,直到有一天,这一数学物理分支的许多(但不是全部)研究者满意地接受了这个理论的基本方程,并把它们作为学说的公设。从这些基本方程出发,人们推导出了量子理论的其他部分。正如这一理论的奠基人之一狄拉克在 1930 年所说(《量子力学原理》第一版,第 7 页),"理论物理的唯一目标,是计算并得出那些能够与实验相互比较的结果"。以较老版本的动力学中的质点的文字对应物实现波粒二象性的数学抽象,这对科学讨论没有任何帮助。而且,从学术方面来说,这种图示语言除了让人困惑以外,也完全没有对纯数学的关键问题提供什么帮助。但是,那些对应物或者诸如此类的东西如果曾经有助于构建可用的原子物理,即便后来人们把它们当作虚假的东西抛弃,也不应该认为它毫无价值。如果我们一开始就知道目标,或许迈出一两步就能抵达目的地,而不会徘徊在正确的道路之外。但我们很少在真正到达那里之前就知道这一点。

当笛卡尔以有序数对取代了欧几里得关于"点"的定义时,他或许并不知道自己正在成就何等伟业,当然更不知道这种做法会给 20 世纪的物理学带来些什么。狄拉克有关理论物理的观点切合实际,该观点是笛卡尔几何理论的直接推论,虽然这一推论相隔十分遥远。这种说法似乎并不过分。但我们必须注意到,在驱逐一个虚拟的魔鬼的同时,笛卡尔让两个非常实在的魔鬼更容易进入,这就是"数字"和"秩序"。这些东西是什么? 我们目前认为它们在直觉上是非常清楚的,但一段时间之后[第十九章和第二十章]会认识到,它们是一些悖论和混乱的源头,这些悖论和混乱很可能会在许多年里让科学的女王和她的仆人惴惴不安。

7.4　三项建议

我们现在必须回到几何上面去。

(x, y) 的图解立即向我们提出了三个问题:

(1) 如果点 P 经过平面上的一条线(无论是直线还是曲线),与其坐标 (x, y) 相联系的方程是什么呢?

(2) 如果我们得到了一个与 x, y 相联系的方程,(x, y) 描绘的是什么曲线,它的"几何"性质又是什么呢? 也就是说,当 x 与 y 变化的时候,坐标为 (x, y) 的点会如何运动呢?

（3）如果在（2）中与 x,y 相联系的不是一个方程，而是同时有好几个方程，这种联系的几何等价物是什么呢？

给每个问题一个例子就足够了。如果 (x,y) 只能在一个以点 $(0,0)$ 为中心，半轴长度为 a,b 的椭圆上取值，椭圆的方程为 $\dfrac{x^2}{a^2}+\dfrac{y^2}{b^2}=1$。相关证明可以留给读者，为读者留下的线索是，椭圆的焦点的坐标是 $(\pm\sqrt{a^2-b^2},0)$，且椭圆的一个定义是点 P 的运动轨迹，该点到两个焦点 F 和 F' 的距离之和恒定（图 8）。 130

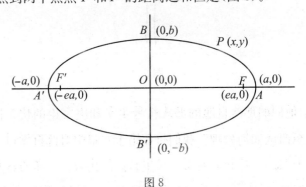

图 8

对于（2）来说，我们可以根据压强×体积＝常数的波义耳定律（见图 9）画一个联系理想气体压强 x 和体积 y 的曲线。在不失普遍性的情况下，可以令常数为 1。于是方程即为 $xy=1$。这里给出的图形超过了人们在物理方面的需要。在第三象限上，压强与体积的值均为负数，这对于真实气体的状况代表着什么呢？数学时常让我们面临这一类荒唐的问题。这里我们显然可以避免这种窘境：只有第一象限的值具有实在的物理意义。但对于不那么明显的数学化问题又该如何处理？就拿概率论数学所揭示的那些投机 131

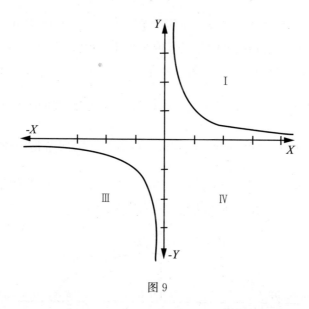

图 9

者来说，他们的那些自愿的形式符号主义和决定论的快乐围猎场这一类东西该如何处理？我们将在第十八章中对此再做讨论。

为说明（3），让我们看看学校里教授的代数。一条直线可以根据一个联系坐标(x,y)的一次方程画出。就这样，我们在图 10 中描画了 $2x+y=1, x+2y=3, 3x+3y=4$ 的图形。如果这些方程代表的所有直线都相交于一点，这些方程就有一组公共解 $x=a$，$y=b$，其中(a,b)是交点的坐标。在这里，$a=-\dfrac{1}{3}, b=\dfrac{5}{3}$。如果对应的直线没有交点，这些方程就没有公共解。

就本书的目的来说，探讨这一类问题不是必需的。但或许我们可以说，几何学中的笛卡尔革命在（2）（3）这类问题中表现得最为淋漓尽致、令人瞩目。至少从理论上说，代数学家可以想象出无

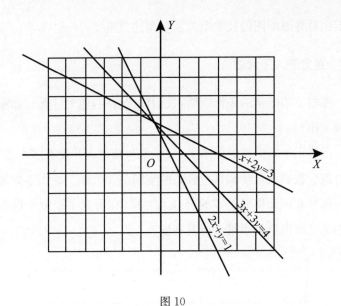

图 10

穷多个把 x, y 联系起来的方程。此后,把这些方程都翻译成"几何的语言"就是几何学家的任务了。这种翻译是一次一个步骤完成的。在这部无止境的字典中,最早的几个步骤是按照联系曲线上任意一点的方程的次数来为曲线分类的:$x^3 y + y = 1$ 代表了某个"四次"曲线,$x^n + y^n = 1$(此处 n 为正整数)代表的是一个"n 次"曲线,以此类推。在这里,人们可以任意想象"几何",不存在任何限制。

希腊人对于圆锥曲线(即二次曲线)之外的领域所知不多。今天的一位学生学一年解析几何或笛卡尔几何,就可以随笛卡尔进入无穷尽的曲线世界,这些曲线比最富于想象力的希腊几何学家所能想到的所有曲线都要复杂,也更加丰富。但这还不是解析几何为科学进步做出的最重要贡献。即使这方面的最深入的发展,也不比对普通画图的技术上的精巧阐述更重要。

7.5　直觉进入了代数

考察了笛卡尔的工作以后，我们可能会问，他为什么竟能完成这种工作？

在认识空间关系的能力上，数学家与其他人并没有多大差别。只有极少数职业数学家具有极高的空间认知天赋。绝大多数数学家与那些几何知识近于零的普通人一样，在看到一个复杂的图形特别是三维图形时很难认清其实质。

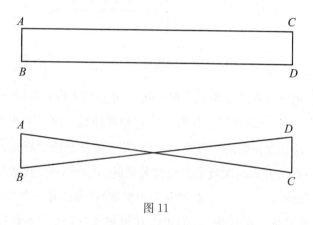

图 11

就举一个非常简单的例子。任何对空间具有天然感觉的人都可以立即看破以下谜团。它是 A. F. 莫比乌斯（1790—1868）发明的，高斯认为莫比乌斯是自己最有天分的学生。我们讨论拓扑学的时候会再次提及这位才华横溢的数学家。让我们在桌上平放一张长纸条 ABCD。将 AB 端固定，把另一端扭转一次，让 C、D 两点互换位置。现在把 DC 端和 AB 端粘起来，D 点与 A 点重合，C

点与 B 点重合。粘起来形成的纸带有多少个面？下面我们假定，把原来没有扭转过的纸条的 CD 粘到 AB 段上，C 点与 A 点重合，D 点与 B 点重合。所得的结果是一个圆柱，有内表面和外表面。**经过扭转的纸条只有一个面**。我们可以很有把握地下注：10 个人中有 9 个都会说，只有一个面的曲面是不可能存在的。当然，看到这种曲面的实际构建之后他们就不会再坚持了。那些猜对了正确答案的人，现在可以想象一下电荷将如何在单面导体上分布，以此作为娱乐。

134

另外有三个比刚才的谜题容易些的谜题可能会说明，空间直觉并非是每个人都有的天赋。如何从一个立方体上切下一片，使切片的底为平面，立方体的切面是一个正六边形（有六条相等的边和六个相等的角）？如果这个问题太容易，那么中学几何头半年的习题会用图解说明另一类切割试验题。

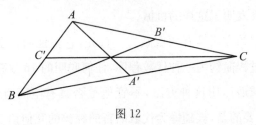

图 12

在图 12 中，A', B', C' 是三角形 ABC 的中点。求证三条直线 AA', BB', CC' 交于一点。最后，作为一个较难的练习，求证以下由 G. 笛沙格(1593—1662)发现的定理。（我以通常在大学几何学中给出的形式陈述这一定理。某些考虑到整个射影平面的精化处理是笛沙格完全不知道的，但这些特殊情况必须被包括进去，例如在两个三角形中有些边是平行的。）ABC 和 XYZ 是**同一平面上的**

两个三角形。AB 与 XY，BC 与 YZ，CA 与 ZX 分别交于 U,V,W 点。求证 U,V,W 在一条直线上。如果这两个三角形**分别在**两个不平行的平面内，则证明是一目了然的。你能只用欧几里得平面几何证明上述定理吗？

本书的大部分读者或许都曾在人生的某个阶段解过第二个问题。大部分这样做过的人会回想到，他们必须通过尝试法设计某些不太正规的招式才能写出证明。对付这一类问题**不存在绝对可靠的方法**，即任何人只要掌握了就可以运用并确信可行的方法。即便第一个发现这一命题的人（或许是通过潦草作图而偶然发现的也未可知），也没有任何方法来测试 AA'，BB'，CC' 是不是真的会交于一点。要画出假命题的图来，让最先进的画图方法都鉴定为真，这并不难。我们在这里需要的，是某种可以去除假命题、筛选真命题（即逻辑上无矛盾的命题）的自动机械。笛卡尔在他的解析几何中就发明了这样的机械。

笛卡尔的方法具有两重威力。首先，它把证明或证伪任何猜想命题的过程简约为一种代数程序，任何聪明的 16 岁孩子都能学会有些机械地运用这种方法，不管他是否具有空间直觉的天赋。第二，更重要的是，被翻译为代数语言的纯粹的几何语言变得更加有启发性，实际上，它经常能够指出未知的几何关系。笛卡尔的方法经过充分的发展（即如在今天的大学课程中所呈现的），为我们指出了数不清的几何定理，它们不请自来，但就连希腊几何学家深为倚重的最具穿透力的空间洞察力也瞠目结舌，只能尽全力看清。

如果说透过线条和表面的混乱网络，发现隐秘的几何定理深藏的简洁性的能力十分少见，想象实际物体的复杂运动的能力则更为稀有。在这里，另一个"维度"——**时间**——施加在长、宽、高这立体的三维之上。我们现在面对的并非只有三个维度的静态的立体，而是动力学，即一种具有**四个**维度的几何，而动力学的最初阶段则是描述质点因作用于其上的力而发生的运动。

值得顺便一提的是，我们必须强调，这并不等价于一些人口中所谓"时间是第四维度"的胡言。我们将在以后清楚地看到，时间是**一个**"第四维度"这句话在力学的抽象语言中到底意味着什么。"**这一**第四维度"只不过是几个字毫无意义的组合，因此我们有充分理由认为时间并不是**这一**第四维度。人们有时可能会注意到，科幻小说以及末世论对几何的误用所产生的第四维度，其明显悖论源于坚持认为四维空间不可约的元素必须是**质点**。一个任意维的点空间并不是唯一可以想象的空间，这一论点将在本书后文得到展现。

至于凭直觉想象运动现象时面临的困难，只要想象一个旋转的陀螺，或者一个陀螺仪，或者一个被人以内旋手法掷出的棒球就足够了。把一个陀螺仪放在盒子上，让它急速自转，预测盒子受到一次打击后会出现什么情况。一个具有时空直觉天赋（这种天赋不过是普通的空间洞察力的一个更为隐晦的形式）的人应该能在陀螺仪被放进盒子之前预见后面一定会发生的事情。他应该也能预测一个烟圈什么时候会追上另一个烟圈。试试看吧。

通过创建一种源自动力学的几何，笛卡尔的追随者们把运动科学简约为与解析几何处于同一可达程度的事物。他们排除了对于重复的直觉的需要。

这并不意味着直觉在力学与科学的其他分支中无用或者没有

实用价值。直觉还跟以前一样必不可少。把现象转化为数学符号最重要的第一步几乎仍然需要通过直觉来完成。而某一特定理论是否会结下丰硕成果，也主要是由这一理论的首创者本人的直觉科学眼界预先确定的。可是，这一步一经完成，在迈出第二步之前就不必再重复那些令人心碎、如攀登珠穆朗玛峰一样艰难的斗争了，当然，这里指的是人们乘坐飞机飞跃这一高峰而让攀登此峰的难题沦为普通事物之前的艰难。数学是一种方向指南，有了它的指引，跨入未经探索的荒原的行程便成了一步接一步的自动过程。

7.6　代数进入了几何

尽管没有多少人天生具有敏锐的空间或能动直觉，但我们所有人都在蹒跚学步时得到了一点点。如果要求不高的话，依据几何形式进行思考对于每个人来说并没有那么难。这种思考似乎是自然而然地产生的，或者在我们的想象中是这样；从代数与分析的符号出发思考这种习惯则必须通过有意识的学习才能获得。如果没有操作抽象符号的能力，我们就无法探索自然的复杂性。粗糙的几何直觉是在抽象的初期丰富了科学语言并决定了其想象力的。

笛卡尔的解析几何这一发明引入的第二件伟大事物是以几何的方式探讨位置时使用的简单词汇。这里的位置并不是我们儿时直觉上的空间概念，而是高度精细的数学意义上的代数或分析概念。因此，几何的"自然"语言在应用于分析时，会对应对抽象的分析进行哪些工作作出有用的提示。

　　　四维或四维以上的空间不是一个直觉概念。但是如果我们转而研究**四个**变量的方程组(与函数)的初等代数,并用原来针对**三个**变量的**语言**来描述点、线、面、体积、距离和角度之间的关系,这种空间就变得像我们所熟悉的房间那样简单。"距离"或"曲率"向任意维空间的比喻性推广也没有那么神秘了。这只是一种方便的谈论方式,在其中追求更深奥的东西就是在空洞的语言中寻找魔法。在科学领域,天文学家和数学家 J. K. F. 策尔纳(1834—1882)享有唯心论的盛名。只有像他那样受到错误指引与蒙骗的神秘主义者才会相信,在四个相互独立的变量的集合上进行的数学操作会创造出一个空间第四维,他们有一天会在那里与去世的祖母重聚。当百万、十亿乃至无穷多维经大笔一挥在纸上会聚成阵时,即使最有信心的人,也开始对再次确认其祖先的位置感到绝望了。我们将在下一章重提此事。

就"空间"的形而上学在科学上的用途而言,我们大可不必对此多加关注。询问"空间"是什么或者它是否"存在"毫无必要,甚至判断这些诱人的问题是否有意义都无必要。我们只需要知道如何操作方程,这些方程的变量代表着实验室里或一般人类经验中存在的数字量度。

通过简化几何,扩大其可用性,笛卡尔实际上废除了"空间",终结了一场持续了多个世纪的辩论。查阅不太久远的哲学文献,譬如 17 世纪以来的文献,观察哲学家的"空间"是如何经常影响科学的,这是饶有趣味的一件事情。除了被 19 世纪 30 年代出现的非欧几何所摧毁的康德的错误观念,似乎没有值得关注的例子了。我知道,康德哲学的辩护者说,康德从未说过他明确地说过的话,

139

并且断言康德早就过时的"数字"和"空间"概念包含了他并未预见到的一种数学和科学的一切发展。一些哲学家和大部分科学家之间有一个可能很重要的区别。科学家犯了某个错误的时候，或者会自己认错并努力改正，或者他的同事与学生会督促他这样做。

空间和时间的形而上学问题目前与科学中已被证明有用且富有成果的那种推理方式并无关系，但情况可能不会永远如此。然而，自 17 世纪以来，物理学的形而上学似乎是一种奢侈品，只有少数有创造性的物理学家可以有效地使用这种学问。这种对"科学是什么"的有些狭隘的看法（即便从最专业的角度看也如此），必须要放到如下事实背景下去考虑：像 E. 马赫（1838—1916）和爱因斯坦这样革命性的科学家，他们所受到的推动更多地来自哲学而不是严格的科学。这至少是 20 世纪物理类科学中的一些关键的创新给一个纯粹行外人的印象——"在我父的家里有许多住处"①。

科学因笛卡尔的发明而取得了巨大的收益，但另一方面我们也必须说到一个可能的损失。我们如何知道自己正沿着正确的道路前进，而不会因为我们对于琐事的孩子气的嗜好而误入歧途呢？要知道，根深蒂固的习惯会让我们对这些琐事了如指掌，因而即使迷失了方向也浑然不知。在运用对自然的数学描述时，双手会按照简单的经验教给我们的惯用技巧。当脚踝在方方正正的桌子腿上撞出了乌青块时，我们会意识到桌子是相当坚硬的物体。在一生中带着这样的经验和数不清的其他经验（包括视觉经验和触觉经验），我们自然而然地"几何化"了我们的分析。这并不意味着我

① 见《新约·约翰福音》14:2。——译者注

们让方程以单音节的初等几何词汇表达的是它们所能说的全部，或者是最富启发意义的部分。通过将几何词汇强加于分析，因此强加给我们对自然的抽象，我们可能正在强迫宇宙使用一种人为的简单语言。在后文涉及"抽象空间"时，我们将看到这种语言的一些例子。

我们还没有脱离希腊人使用原始的几何语言来描述科学事物的路子。希腊人没有掌握分析。或许，等初等几何将其在初等数学中的优先地位让与代数时（早该如此），我们会摆脱希腊人的这种语言，并开始谈论那些更接近我们的头脑的东西。

如果希腊人掌握了像我们的代数和微积分一样强大的工具〔第十四章和第十五章〕，他们肯定不会让自己局限于形象思维。他们确实只进行形象思维，但这并不是数学家让一代又一代未来科学家也只进行形象思维的正当理由。如果轻信的学生们顽固地认为，他们纯比喻的语言描述的或者是一个"现存的空间"，或者是一个"客观事实"，或者诸如此类的东西，而那些高度抽象的东西可能指一种一致的科学时，错误的理念就已经在他们的头脑中形成了。"上帝乃是几何学家。"柏拉图如是说。他这样说有两个原因：他的几何知识几乎等于零；在他有生之年，无论代数还是数学分析都还没有问世。

第八章　旧的和新的里程碑

8.1　什么是几何？

就我们目前的目的而言，一个更为恰当的问题将是："在 19 世纪和 20 世纪初数学的第二个黄金时代，什么是几何？"到了 20 世纪 20 年代，几何已经翻开了新的一页，变得比以往任何时候更为庞大，更有威力，某种程度上是因为 1915—1916 年的广义相对论突然打开了新的视界。但相对论完全不是故事的全部。几何逐渐变得抽象了。越到后来，抽象的程度就越高[8.9]。更新些的几何远远超过了我即将讲述的那些几何，它们的广度丝毫不亚于过去，它们对物理类科学的重要性前所未有。

对从 1872 年到约 1922 年的几何学精神做出的最好又最简洁的描述，莫过于 F. 克莱因 1872 年的一句名言。这 50 年的成果丰硕得令人惊讶，几何学惊人的创造性和多样性被视为从一个制高点开始的有规律的简单整体。克莱因认为，这个制高点不但几乎把他的时代以前的几何学整体概括于其中，而且还预见了几何学的未来。下面就是他的名言："**给定一个流形和这个流形的变换群，建立关于这个群的不变性理论。**"

因解释而破坏这句话优美的简洁性很令人遗憾,但我可以解释得短一点。一个 n 维流形是一个事物的类,其特点是,此类中的每一个特定物体都将在所有 n 个物体给定后完全确定。例如,**平面是一个点的二维流形**,因为我们可以把平面考虑为其上所有点的类,而如果给定两个坐标 x 和 y,则平面上任意一点都是完全确定的或者唯一可知的[7.2]。与此类似,普通的立体空间是一个点的三维流形。我将在此把"普通的立体空间也是**直线的四维流形**"这一命题留给读者自行理解。这将剥去"第四维度"[7.6]的一些神秘外衣。如果这还嫌不够,下面有关多维空间的那一部分将为喜欢在画板上构筑任何有限维空间的人提供足够的线索。以后我们还将讨论本质上与上述流形相同的黎曼的流形,并看看它们在科学上的重要性。

上面说到的**变换**,是那些用该流形中的一些确定物体或者甚至用另一个流形中的确定物体来代替流形中每一个物体的变换。例如,我们或许可以考虑立体空间中直线的所有变换,这些变换可以把直线带入其他直线,或者带入球面,因为普通的立体空间不但在直线上是**四维**的,在球面上也是如此(这一点读者自己很容易想通)。我们需要用**四个**数字来确定一个特定的球面,其中三个用以确定球心,一个用以确定其半径长度。**任何空间的维数仅仅取决于用以描述空间的元素如点、线、平面、球面、圆等**。这是普吕克几何维数理论的核心,我们很快会更详细地描述这一理论。

按照克莱因所述,这些变换必须形成一个群。有关群的公设将在下一章中给出,这些公设是群的正式定义。但由于群是克莱因整个庞大计划的中心概念与主导性概念,所以让我们看看它的主要性质。克莱因依靠的是群，他的名言中提到的也是这个概念，尽管他并不了解我们今天所用的"群"这个术语的意义。

考虑一个由事物组成的类以及一套可以作用于该类的元素的操作。如果对该类中给定的任意一个或多个元素实施其中任意一个操作所得的结果是这个类中唯一可确定的元素，则我们说，这个类对于上述操作而言具有**群性质**。于是，这个类在这套操作下是**封闭**的。据此，正整数的类，1,2,3,…，对于加法而言具有**群性质**，因为这些数字中任意两个之和也是类中的一个数字。同样的情况也适用于乘法，但不适用于减法或除法。

克莱因计划中的**不变性**是在给定变换群的所有（如平移、映射、投影[6.1]等大体上类似东西，但是是**线性**[即其变量为一次]的变换和操作）变换或操作下依然故我、保持不变的事物（如性质、实际图形或诸如此类的事物）。

最后请注意，名句中未提及流形的维数。它可以是 1 维，2 维，或 3 维，……，或 n 维，**或者它也可以是无穷维**。这一庞大的计划将所有的可能性全部囊括其中。

克莱因的计划只不过是一场空洞无物的幻梦，是一个对于我们熟悉的事物毫无必要的抽象与普遍化吗？情况远非如此。就其对那个时代的几何的具体性和应用性来说，它不同于克莱因的一些后继人与竞争者的工作。从克莱因包罗万象的观点出发，几何的第二个黄金时代的几何学家把射影几何、各种度量几何、欧几里得几何、数不清的非欧几何、任意维几何[7.1]和许多其他的几何，看作一个全面的简单计划中的和谐的部分。这是整个数学史上值得纪念的事情，而不仅仅是 19 世纪的一项杰出成果。人们今天的成就已经远远超过了克莱因,而且向上攀登到达的位置高于他所能看到的高度。但这无损于他的概念的崇高性。毕竟,值得我们深思的是,如果说克莱因已经去世,莎士比亚不也同样如此吗?

8.2　进一步发展

由于我们不可能同时(至少在数学上)提及每一件事,所以我将再次预告一下第九章中的内容,按照当前人们普遍接受的对于群这个术语的理解,给出一项相关细节。克莱因借重我刚刚描述过的,一个类在特定操作下具有封闭性这一群性质,广泛统一了他那个时代的大量几何。但克莱因在 19 世纪 70 年代提出他的广泛合成时,按照我们现在普遍接受的概念阐述的群的准确而普遍接受的定义尚未形成。事实上,这一状况一直延续到 20 世纪的头几年才有所改变。因此,在阅读较老的经典数学著作包括克莱因的著作时,人们必须谨慎对待许多有关群及其应用的陈述,仔细弄清它们在 1900 年后的数学演变中究竟有何种含义。在此,其中相关的细节是,如果我们出于礼貌而尽量说些恭维话的话,克莱因的深刻统一包括 20 世纪最广泛的几何之一:拓扑学。

前面所说的预期的相关细节,就是下面的**群**的定义,这也是当前人们广泛接受的定义。对于一个操作**群**中的每一个操作,必有唯一确定的另一个操作,在以任意顺序连续对任意事物实施这两个操作后,该事物保持不变。以上相关的每一个操作都称为另一个操作的**逆**。例如,如果一个操作是把一条直线段沿其长度方向向右移动 1 英寸,则其逆操作即沿该方向向左移动 1 英寸。

克莱因和与其同时代的数学家,以及他的直接后继人,有时忽

145

略了他们所考虑的操作的逆操作的存在，还有些时候他们心照不宣地假定某些操作有逆操作，但实际上这些逆操作并不存在。对早期工作包括克莱因的工作进行的精加工最后使"几何"的定义放宽至对于"几何对象"的研究，而所谓几何对象可以是职业几何学家感兴趣的任何东西，比如对于预先给定的变换的封闭集合而言的不变量。人们当然不想让这一说法成为对"什么是几何"的最终描述。即使它尚未步那些以一句话归纳几何的企图的后尘，它迟早也会被淘汰。正如克莱因在回顾他漫长的职业生涯时所做的评论那样，被后人超越是数学工作及其作者们不可避免的命运，即使大师级的杰作也不例外。但这并不是悲剧，而是数学在对抗停滞、勇往直前的过程中无可逃避的伴生产品。克莱因本人在他于 1925 年去世前不久承认，他的后继人已经远远超过了他。

8.3   多维空间

我们已经在[3.3,7.1]中注意到，笛卡尔有关坐标的发明不但暗示了 n 维空间几何的(此处 n 是任何正整数)的出现，而且暗示了远远超过这种几何的无穷维空间几何的存在。但除此以外存在着许多其他的道路，其中一条通往多维空间无穷领域的外围，而这条特殊的道路具有其他道路所缺少的优点。

我们将要描述的一种具体的维度观念(不是最普遍的)是由 J. 普吕克(1801—1868)构思的。普吕克的职业生涯始于几何学，但弃学数学改学物理多年(他在物理学界至今仍为人所铭记)，因为他的数学界同事太震惊了，没有看到他的新的"空间"观的全面与广泛性。当时，他们沉醉于 17 世纪综合射影几何的一次壮观的复兴。凯莱和全能天才 H. G. 格拉斯曼(1809—1877)分别在 1843 年和 1844 年独立地改造了普吕克 1831 年的维度理论,可惜这些发现来得太晚,并未给和蔼但灰心的普吕克带来多少好处。在数学上,那些最早的离经叛道者有时像社会上的违规者一样,行走的道路上充满艰辛。作为君主的流俗就是一个愚蠢的统治者。

我们在不久前看到,普吕克的几何维度理论的核心是:一个给定空间的维度并非绝对的常数,而是取决于普遍认为不可约的元素,人们根据这些元素描绘空间。笛卡尔或许会说,一个平面是一个二维空间,因为刚好**两个数字**,或者说**两个坐标**,就是确定这个平面上任意指定**点**的位置的必要与充分条件,这个位置是相对于两条相交直线,即**坐标轴**而言的[7.2]。类似地,平面解析几何的初级课程中会有,但可能很少有人注意的是,只要**两个数字**就可以必要且充分地确定平面上的一条**直线**。这两个数字就是**线的坐标**。因此我们说,**当线和点都被当作不可约的元素,而平面是由线或点组成且从它们出发构筑了平面几何的情况下,平面对于线和点都是二维的**。除了我们视网膜内的视杆细胞和视锥细胞的某些可能的怪癖之外,没有什么东西能强迫我们把空间看成是一簇共面的点,而不是许多线组成的平放着的干草堆。

如果我们不选择点或线作为平面几何中不可约的元素,而是选择圆,那么平面则是**三维**的。因为在平面内确定一个特定的圆刚好需要三个数字,其中两个是圆心的坐标,另一个是半径的长度。在另外一个例子中,在平面内刚好需要五个数字来确定一条特定的圆锥曲线,即一条二次曲线;因此,平面对于圆锥曲线来说是**五维**的。对于那些还记得一些解析几何的人来说,有一点应该

147

很清楚：在一个平面上，通过同一点的所有圆锥曲线的集合是一个四维流形。

我已经在[7.5]中略微提到了作为四维空间内的点的质点的动力学——其中三个坐标变量用以确定质点的位置，另一个坐标变量用以确定时间。对于普通的空间，如果我们不用点而用直线作为元素，则该空间是四维的。因为在普通的立体解析几何中，刚好需要四个数字来定义一条特定的线。由此而来的直线几何学在普通的三维空间刚体动力学得到了直接应用。这门学科因那些认为空间想象力远比代数符号学容易的人而得到了广泛的发展。经过千百年的使用而固定下来的纯粹几何语言指出，要像在其他超过三维的几何中一样，在运动几何学中做出有成效的工作。

8.4 对偶性

请注意我们前面讨论在**点**和**线**上的平面时对其**二维性**的强调。这是平面射影几何中**对偶原理**的历史萌芽。由此，通过有关点或者线的陈述，不需要独立的证明便可直接推导出有关线或者点的**对偶陈述**。

148

例如，两个**点**确定一条**线**，即对这两个点的**连结**；两条**线**确定一个**点**，即这两条线的**交点**。人们在陈述平面解析几何时，通常最先说到的是，一条曲线是**点的轨迹**。在对偶描述中，一条曲线是**线的一个包络**。也就是说，可以设想点的轨迹是被线的切线包裹起来形成的。顺便说一下，这一现象可能最先是由展览小麦样品的谷物商人观察到的。在许多年前英格兰的乡村集市上，这些商人会在柜台上撒上几把麦子，然后用一把长长的直棒在谷物中扫出干净漂亮的曲线来。

于是,通过互换"点"和"线"、"连结"和"交点"这些两两成对的词,再加上由几何直觉和普通逻辑得来的简单工具,平面射影几何[6.1]的内容立即增加了一倍。"点"和"线"是一组对偶,"连结"和"交点"也是如此。这种对偶性扩展到了度量几何,但不是通过直觉进行的。在普通的三维空间中,"点"和"平面"是一组对偶,"线"是自对偶的——线与它本身对应,或者说在"点"与"平面"的对偶相互变换中保持不变。

普吕克把所有这些推广为一个对于任何两个类有效的**对偶原理**,只要这两个类具有如下性质:它们的构型具有相同的维度,对于它们各自的坐标都是一次的,共同维度的数量也相等。普吕克的创新曾经只是少数几个人的不传之秘,现在已是许多人的老生常谈——"因为所有人现在都得到了种子,大多数人可以种出花来"。不过,偶然的流行并不意味着伟大想法的贬值,或者高雅艺术的堕落。

最后,在现代抽象数学精神下发展的一种维度理论在 20 世纪 20 年代迅速扩展,又在 20 世纪 30 和 40 年代迅速收缩至合理的范围。

8.5　非度量与度量

149

前面我们顺带提到过拓扑学。普通欧几里得几何现在是中学的基础课程,我们在[6.1]也提到了现在已经成为大学课程的经典射影几何。现在我们必须非常粗略地看看,作为几何的一个门类,拓扑学与这两类几何究竟有何区别。它也与从笛卡尔的几何扩展而来的超过三维的空间几何大相径庭。

拓扑学与其他各类几何之间的根本区别在于，它们所允许的变换不同。为看清这一差别，让我们回想一下中学几何可以允许我们做些什么。在这些课程中，人们假定三角形和其他图形可以在平面内滑动而不改变其长度的尺寸（即其边长），也不改变其角度的大小。在某些情况下，人们也心照不宣地假定，可以把一个三角形从一个平面上拿走，然后叠加到另一个平面上，在这个过程中也不会发生尺寸变化或形变。这两个假定在没有明显公设的情况下都不具有合法性，因为在"空间"和"几何"中，它们至少有一个是不允许的。很显然，欧几里得依赖那些在他看来显而易见的东西，他的公设清单因而忽略了这两个假定，以及另外几个同样"显而易见"的假定。但如我们在[6.1]中注意到的那样，在射影几何中，投影到其他图形上的图形的边长与在欧几里得几何中寻找与展示的定理毫不相干。有一个简单的例子足以说明问题：如果两条线在原有图形中相交，它们在投影后依然相交。（有经验的读者将从无限区域和完整的射影平面方面获得额外的好处。经验不足的读者也可以通过他的视觉经验对我们已经说过的事情有基本的了解。这对于当前的叙述来说已经足够了。）例如，在中心射影的情况下，投影所得的图形是其他图形通过点光源投射在屏幕上的影子。欧几里得几何允许的变换包括允许刚体在空间中自由移动而不发生形变的变换。在射影几何中，当以代数方式陈述时，允许的变换在坐标上是线性（一次）的。在拓扑学中，变换甚至不局限于代数形式，它要求找出经过某些非常普遍的变换后仍然不变的东西。这些将在以后[8.8]加以准确描述。

拓扑学起源于我们今天称为数学游戏的东西,我从其中选取两个加以叙述。在 18 世纪的普雷格尔河中似乎有两个小岛,有一座桥连接这两座小岛,有另外六座桥连接这两个小岛和哥尼斯堡。某个令人烦恼的人提出了问题,想知道是否有可能从陆地出发通过全部七座桥,但每座桥**只通过一次**,然后再回到陆地上。事实上这是不可能做到的,但这种说法需要证明。很显然,小岛或者陆地在不被人接触的情况下放大或缩小,或以任何方式扭转这七座桥,但只要不让其中任何两座桥相交,都不会对这个问题产生影响。欧拉在 1736 年解决了这个谜题。

第二个游戏则更加深奥,直至 1950 年还没有得到解答。实际动手绘图的地图绘制师注意到,任何平面面积的地图,例如把一片大陆切成各个国家的地图,都可以用最多四种颜色着色。在这样的一幅地图上,同样的颜色可以用于绘制多个不同的国家,只要有边界接壤的两个国家不以同样颜色绘制即可。当然,人们把海洋也算作一个国家;如果要绘制地图的那片大陆是一个海岛的话,海洋就环绕着所有其他国家。读者可以轻而易举地绘制一份只需要四种颜色的地图。问题是证明如下命题:无论地图何等复杂,四种颜色都足够了。早在 1840 年,莫比乌斯便注意到了这个问题;后来,大约在 1850 年,与布尔一起创造了现代逻辑学的 A. 德·摩根再次注意到。A. 德·摩根生来就是个不尊奉圣公会的新教教徒,总在寻找不同寻常之物,顺带说一句,他也是陶瓷艺术家和小说家 W. F. 德·摩根(1839—1917,著有《简称爱丽丝》)的父亲。凯莱在 1878 年公开向数学家提出了这个问题,提请他们注意。他本人显然也在这个问题上花了一些时间。在凯莱呼吁对这一问题进行严

151

格的证明之后，人们多次试图证明四种颜色就足以绘出一幅平面
地图。有些尝试看上去很有希望成功，但最后都不完全或者有漏
洞。跟七桥问题一样，无论需要上色的地图经过哪种变化，都不会
影响这个问题，也不会产生新的数学问题。地图绘制在平面上或
是在球面上，也都无关紧要。但是，读者在读过[8.6]之后会发现，
甜甜圈上的地图问题与平面上的地图问题是有差别的——在平面
上的连通性和在甜甜圈上的连通性是不同的。于是这个问题变成
了一个**拓扑学**问题。拓扑学是**现代几何学的一个分支，研究图形
在连续**[4.2]**变形的情况下不发生改变的性质**。后文[8.8]将更为
准确地说明这一点。地图问题属于**组合拓扑学**。如同在实变函数
论[4.2,6.2]中一样，在组合拓扑学中，**连续性**的意义也不那么
重要。

我的那些拓扑学家朋友在很长一段时间之后终于向我保证，
组合拓扑学已经从根本上起作用了，或者即将从根本上起作用了。
在某种程度上，这是群的专业理论[第九章]中的一个问题，这个
问题十分抽象且极为复杂，但却是可以解决的。不过我的拓扑学
家朋友并没有说，为什么组合拓扑学一直到 1950 年还未能解决地
图问题，至此这一问题已经历经 100 余年沧桑了。当然，它可能在
后天就解决这一问题。毕竟，以最为经济的方式为地图上色对 20
世纪的拓扑学专家来说并没有多大吸引力。这里的状况与我将在
[11.4]中描述的数论中的另一个问题的状况极为相似。据说这
个大约于 1637 年呱呱坠地的著名的"费马最后定理"对复杂理论
方面的专家也没有多少吸引力，那些理论是专门用来解决复杂理
论中存在的根本问题的，但可惜没有成功。数学家毕竟和我们其

他人一样，也都是人类，甚至比我们具有更多的人类的特点与弱点。

　　四色地图问题上的有限进展是令人失望的。它一直局限于证明在那些区域数给定且相当小的地图上有解。截至 1940 年的羞人纪录似乎今天还没有被打破，即在一张有不多于 35 个区域的地图上，四种颜色足够使用。跟费马最后定理一样，这个问题也是那种叙述起来很容易，看上去似乎很简单的问题，这种问题业余爱好者最好还是敬谢不敏为好。专家们似乎已经放弃努力了。作为我个人的一个怀念，我在此重温 G. D. 伯克霍夫在他去世前不久说过的话：尽管他进行了多次努力（我亲眼见证了 1911 年的那一次），以期彻底粉碎四色地图问题这一顽垒，但到头来他连问题的一点油皮都没蹭破。[①] 不过，有些不受约束的探索者有可能在明天到达目标。或许，在数学领域中，有时候知识太多反而是一种桎梏。

　　还有另外一个非常著名的拓扑学问题，乍一看它好像跟地图问题一样难。事实上 H. 庞加莱(1854—1912)放弃了这个问题，并在 1912 年去世前不久把它作为一个值得考虑的问题推荐给了所有数学家。在大约一年的时间里，人们把这个问题称为"庞加莱最后定理"，与费马的最后定理对应，因为可以预见一个连庞加莱都无法搞定的问题一定是真正的难题，很可能多年里都会是一项挑战。然而，1913 年，庞加莱猜想——其实只是个猜想罢了，不能称为"最后定理"——被 G. D. 伯克霍夫证明为真。这个猜想的前提

---

　　① 1976 年，美国数学家阿佩尔与德国数学家哈肯利用计算机证明了四色定理。——译者注

153   是：一个连续的一一变换（比较[8.8]）把以两个同心圆为边界的区域变换为它自身，其方式是把外圆上所有的点换为正数，而把内圆上所有的点换为负数，但在这样做的同时保持面积不变。要证明的是：在这一变换下至少有两个点不变（保持固定）。看上去这好像是一个没有什么用处的难题。实际上，庞加莱是把动力天文学上一个艰深的问题——限制性三体问题——简化成拓扑学问题。①

8.6　连通性

拓扑学上第一个相当普遍的定理是欧拉在 1752 年清楚地陈述的，然而笛卡尔早在 1640 年就使用过这一定理。在初等立体几何的课本中，这一定理经常以如下形式表达：

$$E+2=F+V。$$

这里，对于"任何"多面体来说，E、F、V 分别是其棱、面和顶点的个数。这里的"任何"范围实在太广。需要对这一定理进行详述，特别是通过对于一个区域或表面的**连通性**这一概念进行详述。

为了直观地了解连通性的意义，我们可以想象两个圆盘，其中一个上面没有孔，另一个上面有一些孔。第一个有一个边界，即圆盘的圆周；第二个则除了这一边界之外还有那几个孔的边界。在第一个圆盘上，任何封闭的简单曲线，比如一个圆，都可以收缩为一个点，而不必超出圆盘的边界所界定的区域。而在第二个圆盘上，这一点就不总是能够做到，因为这条曲线可能包围了其中的一

---

① 这个定理现称庞加莱-伯克霍夫不动点定理。——译者注

个孔,因此无法既超越孔的边界而又保留在表面上。要收缩为一个点,这条曲线就必须进入孔,因此便超出了由孔的边界限制的区域。第一个圆盘就叫作**单连通**的,第二个叫作**多连通**的。

如果一个区域或表面 S 上任意两点可以由一个完全在 S 上的连续弧连接,则称 S 是**连通**的。如果 S 是连通的,且如果 S 上每一个封闭的周线 C 都把 S 分为两个互相连接的部分,且其中一个部分以 C 为其完整的边界,则 S 是**单连通**的。一条连接单连通表面 S 的边缘上两点的割线把 S 分割成两个单连通的表面。

我们这个有关连通性的叙述有些离题,但是很有必要,因为笛卡尔和欧拉的公式可以应用于任何画在球面上的地图,条件是地图上所有的区域都是单连通的。这一公式可以用下面的形式重写:

$$V-E+F=2。$$

式中 V 是顶点数,E 是棱数或边数,F 是面或区域数。例如,在初等几何学中,这一公式应用于一个打开了的立方体表面,其形状就像我们用来美化海水浴场的切成方格的橡皮球,贴在立方体的外接球的表面上。对于这个形状来说,$V=8$,$E=12$,$F=6$。在这个不受约束的几何中,这一定理对于任何表面是单连通的多面体都是有效的。因此我们不需要打开立方体。一个四面体的 $V=4$,$E=6$,$F=4$。有时在学校课本中预先给定的条件是,多面体必须是凸状的,但这一条件并非必须。

8.7 纽 结

另一个历史上的拓扑学问题是列举纽结并为其分类。这种问题至少可以追溯到高斯，他多次考虑过这一问题：最早的一次在1794 年，当时他 17 岁；最后一次是 1849 年，离他去世不到六年。

155 高斯预言拓扑学将成为数学的一个主要分支。他是对的。但他没有预言的是，他在公元 10000 年的后继人大概也会对拓扑学有兴趣，而他的一些追随者坚持这样认为。

尽管在纽结问题上有许多有趣的工作，但本书行文时，纽结分类的问题仍未得到解决。截至 1950 年的最佳工作非 J. W. 亚历山大（1888—[1971]）莫属，他在 1927—1928 年定义了某些可区分一种纽结与另一种纽结的不变量。① 这一问题在 19 世纪 70 年代具有某些潜在的科学意义，当时原子的涡旋理论获得了应有的短期关注。但涡旋原子过于神奇，在物理意义上不容易说得通。科学界对高斯 1833 年在静电学上的工作产生的兴趣持续的时间还更长一些，在这个工作中有一个与纽结有关的问题。这个问题等价于不连接与相互连接的电路上出现的数学，它的解需要进行类似纽结理论中的拓扑学考虑。G. R. 基尔霍夫（1824—1887）的类似研究现在还是正规大学电学课程的一部分。

因此，纽结问题说到底并不单单是谜题。数学中经常有类似的情况，其中部分原因是，数学家有时候相当顽固地把严肃的问题转化为看上去无关紧要的谜题，这些谜题与他们希望解决却未能解决的难题抽象等同。这种低档次的小花招哄骗了那些可能会被真正的难题吓退的羞怯的局外人，许多轻信的业余爱

---

① 1969 年，英国数学家康伟改进了亚历山大的不变量；1984 年，新西兰数学家琼斯发现了新的纽结不变量，引发了一系列重要进展。——译者注

好者却在不知情的情况下为数学做出了举足轻重的贡献。一个例子是 T. P. 柯克曼(1806—1895)1850 年在一本有关数学游戏的书中给出的 15 个女学生的谜题。[①]

8.8 一类拓扑学

现代非组合拓扑学是 20 世纪的创造。用 E. 卡斯纳(1878—[1955])贴切的语言来说,拓扑学是橡皮膜上的几何学。想象一团胡乱画在橡皮膜上的曲线。当这块橡皮膜被拉伸、扭转并以任意方式(只要不把它撕裂)揉成一团时,这些曲线的哪些性质还会保持不变呢? 或者说,这一团曲线区别于其**度量性质**——它们取决于长度与角度的数值——的**定性**性质是什么呢? 为探讨这一问题,拓扑学家集中研究了橡皮膜变形时在一点的邻域上所发生的情况。为了长话短说,我将仅仅陈述一些主要定义。这些陈述都以现代形式出现,而且都进行了必要的抽象。

一个"空间"是一个带有一套子集的"**对象**"的集合,我们称这些子集为原有集合的**邻域**。对象的每一个邻域都包含该对象。我们不妨把所要研究的空间称为 S,而 A 是 S 的任意子集。在任何情况下,如果有一个对象的一个邻域包含在 A 中,则称这个对象是 A 的**内**对象。当 A 的所有对象都从 S 内移走后,我们把剩下的集合写作 $S-A$。如果某个对象的每个邻域都含有 A 与 $S-A$ 的对象,则称这个对象为 A 的边界对象。A 的边界是 A 的边界对象

中间页码标记:156

[①] 这个问题的内容是:一所学校的 15 名女生连续 7 天以 3 人一组并排出行,要求列出每天的分组,使任意二人并排的次数不超过一次。——译者注

的集合，且在 A 的边界包含于 $S-A$ 的情况下称 A 是**开放**的，而在其包含于 A 时称其为**关闭**的。

有关邻域的叙述到此为止。现在必须描述变换。空间 S 向另一个空间 S' 的一个**变换**是对 S 与 S' 内的对象之间对应关系的指定，以使 S 中的每一个对象至少对应于 S' 中的一个对象（例如在映射时的情况）；S 的一个子集 A 的变换是所有 A 中的对象在变换下的对应的集合。如果对于 S 中的每一个对象，变换都指定一个唯一的对应，则称这个变换是**一致**的或**单值**的；如果 S 中每一个开集 A 的变换（映射中的像）都是 S' 的一个开集，则称这一变换是**连续**的；最后，如果变换的两个方向都是一对一且连续的，则称该变换为**同态**的。

把这些全部放入一个简要的叙述中，便得到如下定义：**拓扑学是研究空间在同态变换下保持不变的性质的学科。**

由于此前在[8.5]中叙述过，我不打算在这里描述**组合拓扑学**。我们刚刚定义的那种拓扑学有时被称为**分析拓扑学**，因为我们在它的可允许变换中假设了连续性[4.2]。我们将会注意到，最后的定义中隐含的一些概念曾出现在我们对于逻辑代数[5.2]的描述中。

为总结关于 20 世纪数学最活跃的分支之一的这些评论，我将再次强调，拓扑学已经成了庞加莱的动态研究中具有头等科学重要性的课题，在与空间中三体之间（例如太阳与它的两个行星之间）依照牛顿引力定律相互吸引有关的研究中尤为如此[8.5]。这是一个描述可能的轨道的族系的问题。对于一次超过一个步骤的工作来说，用数值计算来揭示那些极为复杂的运动的规律太艰难，费时过长。这说明人们需要进行定性的工作,为此,庞加莱在1895年、1899年、1900年和1904年创建了拓扑学的一个主要分支。他为任意有限维空间开创了一种严格的组合拓扑学。他所进行的一些工作直至今日还无人能出其右。看看现代计算机器对于一个像月球的运动那样复杂的问题能够做些什么,这会是很有意思的一件事。目前,人们所用的计算机只是二战后的那些巨型机器的曾祖父,但在三个月内,它们已经确认了一位最出色的计算专家在近四十年的动力天文学历史中所做出的全部成果。他的计算没有出错。

8.9 又见抽象

158

几何并没有逃脱有时相当狂暴的抽象激情。这种激情让20世纪的代数变成了一种非常奇特、非常新颖的东西。如果19世纪的代数学家重生,他们恐怕认不出这是他们的工作的后裔。在几何学中,这一抽象过程按照代数中的普遍发展模式进行。根本概念由抽象的术语重新阐述。在这个过程中,人们费尽心力,对概念的传统含义进行抽象和升华。从某些意义上说,这个过程就像把鸡用慢火炖出鸡汤来。其目的与代数中的抽象过程的目的类似,是至少把几何中的一些过分臃肿的理论中隐藏的骨骼全部暴露出来。

由此得到的一个结果是一种抽象空间理论;另一个结果是这一过于精细的理论在很多经典分析[6.2]理论(微积分及其许多分支)的普遍化过程上的应用,形成了被称为抽象分析或普通分析的学科。如果说这些抽象别无所长,那么它们至少迅速扩张到了令人惊异的程度。一些抽象过程在本书写作时还在进行,无疑还会在此后一代人的时间里继续扩展下去。如果说,抽象最初的目的是简化与整理继承自 19 世纪和 20 世纪初的庞大的几何与分析体系;而现在,就像伊索(公元前 6 世纪)笔下的牛蛙一样,抽象挫败了自己。① 后来者很快比它的传统对手更自大、膨胀,它尽力使自己超过对手而不胀破身体。然而,这样的雄心并不一定会令人沮丧。如果仅仅是过分庞大的话,解决的方法是让它继续庞大下去,直到有一天它不可避免地迸裂。随后,大难不死的幸存者就可以收拾残部,拯救那些他们认为值得拯救的部分。我们在这里只能对这一理论中两个概念的起源做一个描述,其中一个概念是普遍化了的"绝对值",另一个是普遍化了的"距离"。

159　　在普通复数的代数[4.2,5.3]中,复数$x+y\sqrt{-1}$(此处 x,y 是实数)的绝对值写作$|x+y\sqrt{-1}|$,其值是实数$\sqrt{x^2+y^2}$,取平方根的正数值。例如,$3+4\sqrt{-1}$的绝对值是 5。在复数的图形表示[4.2]中,$x+y\sqrt{-1}$的绝对值是连接原点$(0,0)$和点(x,y)的直线段 OP(见图6)。

　　这些绝对值有两个基本性质。第一个是欧几里得的定理:平面上一个三角形的任意一条边的长度等于或小于另外两条边的长度之和。欧几里得略去了"等于",这种情况指的是退化三角形,它们的三个顶点在一条直线上。这就是**三角形不等式**或**三角不等式**。

---

① 　故事见《牛与蛙》。——译者注

　　绝对值的第二个基本性质是,两个复数的乘积的绝对值等于它们的绝对值的乘积。有意思的是,这一定理其实早就为公元1世纪(最迟不超过3世纪)的亚历山大城的丢番图所知。丢番图当然不知道什么复数,所以他实际上把这个定理叙述为"两个平方数之和的乘积等于两个平方数的和"。这个定理可以推广到四个平方数,然后到八个平方数,但不能到其他数目的平方数。否定的结果比较难以证明。凯莱在1881年给出了第一个证明。针对两个平方数的定理暗示了许多三角的内容,针对四个平方数的定理暗示了四元数代数[5.8]中的一些细节,针对八个平方数的定理出现在凯莱的非交换、非结合代数[5.8]中。所有这些可能让人想到对下一个定理的进一步推广。

　　在一个带有元素$0'$(F的零元素,用重音符号把它与实数域中的零元素0相区别)的抽象交换域F中,$x,y,\cdots,x^2+y^2$不是数字。因此,如果想要保留复数的绝对值的形式性质,必须在一开始就修改绝对值的定义。这一问题被J.屈尔沙克(1864—1933)在1913年非常巧妙地解决了,他炮制了自己对于F中的绝对值的定义。他所用的方法在某些老一代数学家眼里是不体面的花招。他把F中任意元素z与一个唯一的实数**相结合**,这个实数就是z的绝对值,以$|z|$表示。对此他假设了他想求的结果,也就是他要取得任何进展都必须要得到的东西,即:

如果$x\neq 0'$,则$|0'|=0,|x|>0$;

对于F中所有z与w,

$|zw|=|z||w|$,以及$|z+w|\leq |z|+|w|$。

这种经常用于现代抽象中的创造性技巧不禁让人想到了《创世记》

160

中的话语："上帝说，'要有光'，于是就**有了**光。"而屈尔沙克说"要有绝对值"，于是就**有了**绝对值。其结果是类似的。第一个命令照亮了世界，第二个命令用一种新的非自然光照亮了数学的很多领域。对于一些感到惊恐的保守主义者来说，这就好像是数学世界的末日的来临。其他人则认为，他们看到崭新的宇宙出现了灿烂的曙光。事实或许终将证明，二者都是错误的。

请注意，绝对值的乘法是在抽象或普遍化中定义的。通过去掉乘法并只注意三角不等式[8.9]可以对此进一步普遍化。(R.) M. 弗雷歇(1878—[1973])是(在 1906 年)第一个这样做的人，此后不久许多人也都这样做了。他建议把 $|x-y|$ 作为 x 与 y 两点间的**距离**。通过三角不等式和一些无须在此赘述的进一步的合理要求，这一定义保留了我们熟悉的平面上两点之间距离的性质。因此这一定义被接受了。

既然提到了距离，我似乎也可以叙述一下有些抽象几何学家所理解的距离。这种距离说的是在任何类 K 的任意两个相同或不同的元素 $p,q,r,\cdots$ 之间的距离 $D(p,q)$。几何学家抽象出平面上的距离的直观性质，给出了下面 5 个公设：

(1) 对于 K 中的任意元素 p,q，对应存在着一个唯一的实数 $D(p,q)$，即它们之间的**距离**。

(2) $D(p,p)=0$。

(3) 如果 p,q 不同，则 $D(p,q)\neq0$。

(4) $D(p,q)=D(q,p)$。

(5) $D(p,q)+D(q,r)$ 大于等于 $D(p,r)$。

最后一条是抽象的三角不等式；(4)说的是从 p 到 q 的距离等

于从 q 到 p 的距离；(2)做出了完全合理的断言，即某事物与它本身的距离为零。如此等等。没有难度，是不是？或许这只是假象。

　　沿着令人愉快的道路走向抽象的下一步是由 S. 巴拿赫(1892—1941)在 1922 年迈出的。二战期间，他在德军来到华沙时(1941 年)担任华沙大学校长，这是他的荣幸，也是他的不幸，但他最后还是得了善终。巴拿赫小心翼翼地从一个至少由两个完全任意的元素组成的类开始，然后假设这个类在加法下封闭(如同在一个环中的情况[5.3])，而且在满足某些简单的、几乎微不足道的公设的情况下，也在实数乘法[4.2]下封闭。表面上看，这似乎也是把想得到的结果放了进去。他也假设了一个三角不等式成立的绝对值。看上去，如此盲目地抄袭初等代数和初等几何的基础内容不会导致任何真正新颖的结果。但这次的结果似乎与经验相悖。尽管巴拿赫的学术对手说巴拿赫把他想得到的小东西直接放进了他的空间，但"巴拿赫空间"至少统一了抽象几何学家感兴趣的几个"空间"的重要定义。

　　上述几何抽象的例子看上去很简单。已经成功之后，它们可能确实简单。真正的困难在于，需要在开始时就确定对一个理论的哪些方面进行抽象会取得有益的成果。事实上，在专业数学中，人们几乎可以抽象出任何东西，但如果没有眼界或者运气，得到的结果不外乎一套干瘪的假设和一纸无用的公式。20 世纪的抽象代数学家、抽象分析学家和抽象几何学家至少是有运气的。

　　抽象者应该掩盖他进行抽象的途径，这似乎是人们在抽象游戏中遵守的规则。我认识一位出色的抽象学家，他花费数月辛勤劳动，在一个极难的课题上得出了一些详细的例子；然后他抛弃这

162

些例子，清除探索研究的一切痕迹，给出了一个对于原理论的优美而又深刻的抽象，看上去就像是从天而降的直接启示。然后他随意给出了他首创的理论中的几行，除此以外就没多少其他东西了。这种策略一点都不罕见，但似乎把为艺术而艺术做过了头。

然而，当抽象发展到 20 世纪的第一个 50 年，它已经成了数学上的一个突出的里程碑。不管你喜不喜欢它，你都无法否认，它吸引了一大群勤奋的数学工作者，他们获得的成果多得让别人尴尬。另一方面，你或许会同意在 1950 年以前半个世纪中的英格兰数学带头人 G. H. 哈代（1878—1948）的意见。哈代认为，为了保持自身的生命力和健康，数学需要第二个欧拉，一个天生具有创造性想象力，而不过分拘泥于一丝不苟的严格的人。但这或许只不过表达了一种徒劳无益的希望，想用一把长扫帚将即将到来的潮流扫回去。我们可以根据自己的意愿进行选择。

第九章 群

9.1 乘法表

　　在描述克莱因统一几何的计划的时候，我们在[8.1]中看到了**操作群**的概念，它至少在成果累累的半个世纪中统治了数学的一个主要分支。人们也发现，群是近世代数许多部分背后的结构，在代数方程的理论中尤其如此。无论群出现在哪里，或是被引入哪个领域，简洁与朴实就会从相对混乱的场面之中升华、结晶。终于，有一些现代哲学家对群这个统一数学的强大概念产生了兴趣，认为它是科学思想的重要进展。由于群的理念是自伽罗瓦在1831年杜撰了这一术语以来丰富了科学思维工具的几大理念之一，我们将进行比较详细的讨论。我会顺带从前面的章节中引用过的有关群的细节中选取内容并予以扩充。我会在用到它们时加以注明。

　　为谨慎起见，在接着讨论抽象群的正式定义之前，我再多说几句话。尽管从群的优势地位出发横扫而过的整个图像如此庞大，但它并不与数学的整体直接相关（无论是在古代还是在现代），虽然一直到20世纪的头10年，还有一些狂热爱好者宣称，在整个数学中,真正值得尽力耕耘的只有群论中的一系列理论。在数学的许多多产领域中,群论或者没有起到任何作用,或者只占有十分从属的地位。罗素的《数学原理》一书在 1910 年出版时,作者几乎为群在数理逻辑中实际上并没有产生重大意义而欢欣鼓舞。整个群论本身只不过是 19 世纪和 20 世纪代数中的一个插曲,尽管这个插曲确实给人留下了深刻的印象。

165

我们可以首先把群分成两个主要分支,即**有限群和无限群**。在一个有限群中,不相同的操作的数目是有限的;在一个无限群中,不相同的操作的数目是无限的。19 世纪,这一学科在一批数学家的努力下得到了广泛发展,其中值得一提的有伽罗瓦、柯西、若尔当、李和 L. 西罗(1832—1918)。

根据凯莱 1854 年的著名权威意见,一个有限群是由它的**乘法表**定义的。这样的一个表完整地陈述了一批规则,群的操作就是按照这些规则组合起来的。下面就是这种乘法表的一个易于理解的实例:

×	I	A	B	C	D	E
I	I	A	B	C	D	E
A	A	B	I	D	E	C
B	B	I	A	E	C	D
C	C	E	D	I	B	A
D	D	C	E	A	I	B
E	E	D	C	B	A	I

这个群中含有六种操作：I,A,B,C,D,E。我将叙述这些操作中任意一对操作组合，譬如说 B 和 D。从最左边的垂直列中选取任意字母 B，并从最上面的水平行中选取一个字母 D，然后我们就看到 B 行和 D 列相交的地方出现的是 C。这就好像让 B 被 D 乘，即 $B×D$，得到的答案是 C。但我们不把这个乘法算式写成 $B×D$，而是写成 BD，这就是说从**左边**取 B，从**顶上**取 D，并找出相应的行与列的交点在哪里。结果答案是 C，于是我们写下 $BD=C$。

按照同样的规则发现的 DB 相乘的结果如何呢？乘积并非 C，而是 E，也就是说，$DB=E$。所以，按照这种**合成**方式，BD 和 DB 不一定相等。读者可以自己证明，尽管交换律不起作用了，结合律依旧有效，例如 $(AB)C=A(BC)$。

今有一给定类，其操作为 I,A,B,C,D，并令 x 为这一给定类中的**任意**元素。我们**假设**，在 x 上进行 I,A,B,C,D 中任意一个操作所得到的结果都会**给出该类中的另一个元素**。我们把 B 在 x 上操作得出的结果写作 $B(x)$［读作"B 在 x 上"］。根据我们的假设，这是给定类中的某个元素，因此可以以 D 操作于 $B(x)$。结果写作 $BD(x)$，$BD(x)$ 也在该类中。既然乘法表宣称 $BD=C$，于是我们不按先 B 后 D 的次序**先后**进行操作，而是直接一步在 x 上实施操作 C，从而得到同样的结果。于是，**这个类对于操作 I,A,B,C,D 来说是封闭的**，因为连续实施集合中的操作的结果总是在集合内。如果读者怀疑这一点，他可以按照 $BD=C,DB=E,CE=A,EC=B$ 等规则，试图让得到的结果超出表列内容。暂时放下这本书，认真思索一下这种封闭的有限集合存在的奇迹。

请注意实施操作 I 的效果。从乘法表上看，我们发现 $AI=$

$IA=A, BI=IB=B$，而且对于所有操作都是如此。因此 I 就是一个什么都不改变的操作，我们称它为**单位元**。在关于某个群的假设被清楚地陈述并被人普遍接受之前，人们有时会忽略一个像单位元这样的操作[8.1]。

以下是我们需要注意观察的最后一件事。给定 I, A, B, C, D, E 六个操作中的**任意一个** X，则在六个操作中**总有刚好一个** Y，使 $XY=I$ 成立。而且，对于每一个这样的操作对 X 和 Y，$XY=YX$ 为真。我们并没有要求 X 与 Y 必须是不同的操作。例如，如果 X 是特定的操作 B，则根据乘法表，$Y=A$，因为 $BA=I$；如果 X 是 E，则 Y 也是 E。我们称像 X 与 Y 这样能使 XY 为单位元的操作为"互为**逆操作**"。根据乘法表，集合中的**每一个元素都有唯一的一个逆**。这一点有时也会被人忽略或心照不宣地默认，这一点我们在讨论克莱因统一几何的计划[8.1]时已经看到了。

我们称具有所有上述性质的操作集合为一个**群**。我们很快就会通过公设给出其定义。

现在来看看，以我们的乘法表定义的群的一个真实存在的例子。这样的例子有几十个，它们分散在数学的不同部分。下面这个来自算术的例子非常简单。我们从任意一个不为 0 和 1 的数字开始，不妨称其为 x。我们可以从 1 中减去 x，也可以用 x 除 1，从而得到新的数字 $1-x$ 和 $\dfrac{1}{x}$。在新的数字上重复这些操作，于是 $1-x$ 又变回了 x，以及一个新数字 $\dfrac{1}{1-x}$；由 $\dfrac{1}{x}$ 我们得到了新数字 $1-\dfrac{1}{x}$，和变回的 x。一直重复这一过程，你所得到的结果永远不会超出以下六个数的范围：$x, \dfrac{1}{x}, 1-x, \dfrac{1}{1-x}, (x-1)x, \dfrac{x}{x-1}$。现

在令 I 为把 x 变换为其本身的操作，$I(x)=x$；令 B 为把 x 变换为

$\dfrac{x-1}{x}$ 的操作，即 $B(x)=\dfrac{x-1}{x}$；以此类推，$C(x)=\dfrac{1}{x}, D(x)=1-x,$

$E(x)=\dfrac{x}{x-1}$。耐心看一下就可以知道，这些操作 I, A, B, C, D, E

满足前面的乘法表。另外一个例子将在不久后的[9.4]中给出，那

时我们将讨论置换群。

我们称一个群中的操作的数目为它的**阶**。这样说来我们的群

是 6 阶的。仔细看一下乘法表，可以在整个群中看到几个小一些

的群，我们把它们称为子群。例如，有些子群的乘法表如下：

$\times$	I
I	I

$\times$	I	C
I	I	C
C	C	I

$\times$	I	A	B
I	I	A	B
A	A	B	I
B	B	I	A

它们的阶数分别为 1, 2, 3。现在可以看到 1, 2, 3 是 6 的**因数**，

于是我们举例说明了群的一个基本定理，即**一个已知有限群的任**

何子群的阶数都是这个群的阶数的因数。

我们现在应该能够理解下面有关群的公设。

考虑一个类和一个记为 ○ 的规则。根据这个规则，在这个类中，任何有序偶 (A,B) 中的 A,B 都可以以这种方式组合成唯一一个仍在该类中的事物。

我们把类中任意事物 A,B 在有序偶 (A,B) 中组合而成的结果写成 $A \circ B$。

在 ○ 下封闭的公设。如果 A,B 在这一类中，则 $A \circ B$ 也在这一类中。

○ 的结合公设。如果 A,B,C 在这一类中，则 $(A \circ B) \circ C = A \circ (B \circ C)$。

包含单位元公设。对于类中的任何事物 A，类中必有一个唯一的事物 I，使 $A \circ I = I \circ A = A$ 成立。

唯一逆元公设。如果 A 是类中的任意事物，则在类中必有一个唯一的事物，可称为 A'，使 $A \circ A' = I$ 成立。

以上公设定义了一个**群**：我们说这个类是**在合成** ○ **下**（或者说是对于 ○ ）的一个**群**。这些公设中有一些多余的东西，但上面这种不太简洁的形式更易于理解。所谓 $A,B,C,\cdots$ 就是我们以前所说的"操作"。为简洁起见，我们将把 $A \circ B$ 写作 AB。

把对于群的公设与对于域的公设[3.1]进行比较，我们可从中得到许多启示。我们可以看出，如果我们**去掉**域中乘法的**交换性质**，则对于乘法所设的公设正是群乘法的那些公设。对于加法也有同样的情况。

如果合成 ○ 确实具有交换性质（如以上的算术例子所示），则我们称这个群为交换群，或以阿贝尔命名的**阿贝尔群**。

在结束有关乘法表的讨论之前,让我们注意几个简单的练习。我们把一个操作的幂定义为连续实施那个操作,因此,A^2 的意思就是 AA,A^3 的意思就是 AAA,以此类推。因为在我们的样品乘法表中只有有限数目(6)个操作,而且乘法表也是封闭的,所以每一个操作的连续乘方迟早会重复。由此可以很容易地推知,对于每个不是 I 的操作(不妨称之为 A),必然存在一个大于 1 的最小正整数(不妨称之为 a)使 $A^a = I$ 成立,且 $A, A^2, \cdots, A^a$ 全不相同,我们称 a 为 A 的**阶**。从乘法表中可以看出,A, B 都是 3 阶的,而 C, D, E 都是 2 阶的:

$$A^3 = B^3 = I, C^2 = D^2 = E^2 = I。$$

例如,I, A, A^2 各不相同,而且它们组成了一个原有群的子群。我们称这个通过 A 的乘方产生的子群为**循环群**,它的全部操作形成一个单循环。一般地说,如果一个有限群的元素 X 是 x 阶的,则 X 的幂将生成一个 x 阶的循环群:

$$I, X, X^2, \cdots, X^{x-1}。$$

循环群必定具有交换性质。

不需要写出整个乘法表来得出整个群。就我们的例子来说,可以证明以下关系会生成该群:

$$A^3 = I, C^2 = I, B = A^2, D = AC = CA^2, E = A^2C = CA。$$

9.2 同构、同态

我们已经在[5.4]中定义了环的同构与同态,而且说过,完全类似的定义也适用于在一个二元运算下封闭的系统。群就是这样的系统,所以我们或许没有必要对群重复我们在讨论环的时候说

170

过的话了。但是，因为同构和同态（或称多重同构）对于群来说非常重要，我将单独给出有关概念的定义。在历史上，这些概念来源于有限群的理论。

令 G, G' 为具有相同阶数 n 的两个群。如果 G 和 G' 的运算及元素之间存在着一一对应，使对 G 中的每一个运算，在 G' 中都有唯一确定的运算与其对应，而且 G 中任意两个运算 A, B 的乘积 AB 都对应于 G' 中与 A, B 对应的 A', B' 的乘积 $A'B'$，则称 G, G' 单同构。

很显然，单同构群之间只有细小的差别。一个给定的群或许有数不清的特定解释。在所有这些解释后面存在着一个单一的**抽象群**，它可以通过其乘法表定义。在列举有限群时，我们没有把单同构群算作不同的存在。为展示一个例子，我将不得不利用[9.4]中的内容，即置换群，并请那些或许对此有兴趣的读者在读过[9.4]之后再回过头来看这一段内容。让我们用 i 表示复数[4.2]的虚数单位 $\sqrt{-1}$，它具有通常的性质：$i^2 = -1, i^3 = -i, i^4 = 1$。令 G 为群 $I(=1), i, -1, -i$，并令 G' 为群 I'（单位元），$(abcd), (ac)(bd), (adcb)$[5.4]，这两个群的元素之间的一一对应关系如下：

$$I \leftrightarrow I',$$
$$i \leftrightarrow (abcd),$$
$$-1 \leftrightarrow (ac)(bd),$$
$$-i \leftrightarrow (adcb)。$$

通过构筑乘法表或其他方法，我们可以看出这两个群 G, G' 是单同构的。

群的同态或多重同构定义如下：

令 G, G' 为两个群，且 G' 的**阶数低于** G。如果对于 G 中的每一

个操作 S，在 G' 中都存在着一个单一的操作 S' 与之对应；而对于 G 中的操作 S,T 的乘积 ST，在 G' 中对应存在着操作 S',T' 的乘积 $S'T'$，则称群 G 和 G' **多重同构**。

多重同构最重要的情况的出现与给定群的**正规子群(或称自共轭子群或不变子群)**有关。从某种意义上说，一个正规子群把整个群分为抽象等同的同余类，我们已经在[5.4]中描述过环的这种情况。

9.3 复形、陪集、正规子群

由于以上几个概念能为我们提供在群中出现的结构的几种说明，我将稍微详细地对它们加以描述。我用小写字母 $a,b,c,\cdots,$ $g,h,\cdots,$ 表示群 G 的元素，并用 $a^{-1},\cdots,g^{-1},h^{-1},\cdots$ 表示它们的逆；用手写的大写字母 $\mathscr{G},\mathscr{H},\cdots$ 表示复形，过一会也用它们表示子群。一个**复形** $\mathscr{G}$ 是 G 的元素的任意集合。我们把两个复形的乘积 $\mathscr{G}\mathscr{H}$ 定义为所有乘积 gh 的集合，其中 g 是 $\mathscr{G}$ 中的元素，h 是 $\mathscr{H}$ 中的元素。如果 $\mathscr{G}$ 中只含有一个元素 g，我们把乘积写成 $g\mathscr{H}$；类似地有 $\mathscr{G}h$，这时 $\mathscr{H}$ 中只有一个元素 h。结合律在这种复形的乘法定义下有效，即 $\mathscr{G}(\mathscr{H}\mathscr{K})=(\mathscr{G}\mathscr{H})\mathscr{K}$；在这种情况下，这两种乘积都可以毫无歧义地写成 $\mathscr{G}\mathscr{H}\mathscr{K}$。由于 G 在群的乘法下是封闭的，$\mathscr{G}\mathscr{G}=\mathscr{G}$。如果 $\mathscr{G}$，$\mathscr{H}$ 是 G 的子群，$\mathscr{G}\mathscr{H}$ 显然也是 G 的一个子群，当且仅当 $\mathscr{G}$，$\mathscr{H}$ 是可交换的，即 $\mathscr{G}\mathscr{H}=\mathscr{H}\mathscr{G}$。如果 G 是一个阿贝尔群(交换群)，这一条件便自动满足。

我们随后要说的事情又是伽罗瓦在 1831 年首先发现的，尽管我们用的术语跟他用的不同。如果 $\mathscr{G}$ 是 G 的一个子群，a 是 G 中

172

任意元素,则称 $a\mathcal{G}$ 为 G 的左陪集,而 $\mathcal{G}a$ 是 G 的右陪集。如果 a 在 $\mathcal{G}$ 中,则 $a\mathcal{G}=\mathcal{G}a=\mathcal{G}$。陪集的另外一种叫法是**剩余类**,它更能说明问题(与[5.4]比较)。只要在文字上略作修改,我们所说的适用于左陪集的内容也适用于右陪集,因此只要陈述有关前者的结果就足够了。对于下述陈述的证明几乎是直截了当的:$a=b$ 是 $a\mathcal{G}=b\mathcal{G}$ 的充分不必要条件,因为如果 $a^{-1}b$ 在 $\mathcal{G}$ 中,等式即可成立。我们称没有任何公共元素的陪集**为相异**的。当 G 的元素在陪集 $a\mathcal{G}$ 中的时候,我们称 a 为 $a\mathcal{G}$ 的表示——可与剩余类[5.3]一类事物进行类比。一个从给定子群 $\mathcal{G}$ 形成的陪集仅当陪集是 G 本身时才是一个群,也就是说,当陪集是 $e\mathcal{G}$,且 e 是 G 的单位元的时候,这个陪集才是一个群。子群 $\mathcal{G}$ 在 G 中(或在 G 下)的指数是 $\mathcal{G}$ 的相异陪集的个数,它等于 G 的阶数除以 $\mathcal{G}$ 的阶数所得的商。根据这一点,随之而来的是,G 的任何子群的阶数都是 G 的阶数的一个因数。有关这个定理的例子已在前面[9.1]给出了。

173　　　现在开始讨论群 G 的**正规子群**(或称**不变子群**,或称**正规除子**)。这一概念是由伽罗瓦在他的代数方程理论中引入的,它在这一理论中具有基础性的重要意义。我们后面还将再次讨论这个问题。如果对于 G 中每一个元素 a 来说,子群 $\mathcal{G}$ 的左陪集和右陪集相等,即 $a\mathcal{G}=\mathcal{G}a$,则我们称 $\mathcal{G}$ 为 G 的一个**正规除子**。对此的一个直接推论是,两个正规除子的乘积 $a\mathcal{G}\,b\mathcal{G}$ 是陪集 $ab\mathcal{G}$。

我们现在把这些概念与在[9.2]中描述过的自同构联系起来。简单地说,群 G 的一个内自同构是 G 的元素通过如下方式的对应向 G' 的元素的一个映射:如果 x 是 G 中任意元素,且 a 是 G 中一个固定元素,则这一对应方式是 $x \rightarrow x'$,其中 $x'=axa^{-1}$;我们称 x'

为 x 通过 a 的变换,称 x' 和 x 为**共轭元**。这一名字的由来是,如果 x' 与 x 共轭,则 x 也与 x' 共轭。因为 $x' = axa^{-1}$,所以,用 a^{-1} 从左边遍乘等式,再用 a 从右边遍乘等式,我们可以得到 $a^{-1}x'a = x$,即 $x = a^{-1}x'a$。只要用 a^{-1} 代替 a,则这一等式与 $x' = axa^{-1}$ 的**形式相同**,因为 $(a^{-1})^{-1} = a$。把内自同构 $x \to axa^{-1}$ 运用到 G 的子群 $\mathscr{G}$ 的元素上,可以把 $\mathscr{G}$ 变成 $a\mathscr{G}a^{-1}$,我们称其为**共轭子群**。在 $\mathscr{G}$ 是一个正规除子的特殊而又重要的情况下,$\mathscr{G}$ 的所有共轭都与 $\mathscr{G}$ 等同,也就是说,$\mathscr{G}$ 被所有内自同构变换成了它自身,或者说在变换下保持不变。

群可以有不是内自同构的同构,我们称其为**外**自同构。在这里我们不需要考虑外自同构。

为显示在环的剩余类及其理想[5.6]之间的可比性,以及一个群根据不变子群(正规除子)划分为陪集的情况,我们回过头来讨论多重同构(或称同态)[9.2]。

我们应该注意到,一个群可以除了它本身和单位元之外没有不变子群。我们称这样的群为**单群**。

如果群 G, G' 是如[9.2]中定义的多重同构,则称 G' 是 G 在 G' 上的一个**同态映射**。在 G 中,所有映射到 G' 的一个固定元素上的元素组成一个同态下的类,从这一定义出发,我们可以得到如下直接推论:G 中的一个元素只能属于一个类。就这样,G 中所有元素按照同态分为互不相容的类,而且 G 的单位元映射到 G' 的单位元上;同样,G 中互为逆的元素也映射到 G' 中互为逆的元素上。很容易证明,所有那些映射到 G' 的单位元上的 G 的元素是 G 的一个正规除子,余下的类是这个正规除子的陪集。

174

现在假定我们从 G 的一个正规除子 $\mathcal{G}$ 和陪集 $a\mathcal{G}, b\mathcal{G}, \cdots$ 继续进行讨论。我们已经看到了 $a\mathcal{G}\, b\mathcal{G} = ab\mathcal{G}$。从前面的讨论可知，陪集组成一个群，我们称其为 G 关于 $\mathcal{G}$ 的**因子群**或**商群**，可以写作 $G/\mathcal{G}$。商群的一个例子将在[9.5]中给出。作为整个这一部分的结束，我在下面陈述群的**同态定理**。如我们把前面的定义和定理牢记心中，这个定理的证明就不算太困难了。令 $\mathcal{G}$ 为 G 的正规除子，它在 G 向 G' 的同态映射中映射到 G' 的单位元上。这时 G 与 $G/\mathcal{G}$ 同构。它还有一个逆命题，对此我不拟加以叙述。

虽然现在在群论中需要记忆的专业术语已经没有在 19 世纪的著作中那么多了，但是还很多，这让这群论看上去比实际上难很多。我在此叙述的细节只是一个小例子。选择它们的部分原因是它们自身有吸引力，另一部分原因是我想给出一个有关伽罗瓦的抽象域[9.8]的简单陈述，这样我们以后再见到这个理论时就比较容易理解了。

175

9.4　置换群

任意给定阶有多少相异的有限群？天知道。这个问题在 19 世纪后期和 20 世纪的许多年里消耗了数十位代数学家无数的时间。只要想一想就可以看出，对于任意给定的正数 n，能够定义一个群的乘法表的数目肯定是有限的。但即便是仅仅包含 20 个字母的表格，要清楚其确定数目所需要的工作量之大也可想而知。到 1915 年，人们实际上已经放弃了这个问题，可能是因为一些代数学家开始猜测，首先都不会有人跳出来问这个问题。不过，早在 1925 年开创的现代量子理论发现其用途之前，几乎所有具有科学价值的(而非具有数学的)有限群都被搞清楚了。

襄助这一工作的就是**代换**群论或称**置换**群论,它能为任何有限群(诸如在[9.1]中给出的展示样品)提供一个具体的表示。这一表示方式为人们掌握某种代数提供了具体的材料,用这种材料代替了抽象的假设。其中的联系是 1882 年的 W. 冯·迪克(1856—1934)定理:**每一个 *n* 阶有限群都可以用一个带有 *n* 个字母的置换群表示**。我不拟在此复述这一定理的证明。我们必须在此满足于知道置换在当前的专业意义上指的是什么,然后指出置换与置换群如何对当时尚未出现的科学问题具有重要意义。

只要通过一个简单的例子,我们就可以清楚地看出这些术语的意义。我们知道,3 个字母,诸如 a, b, c,刚好具有 6 种不同的排列方式:

$$abc, acb, bca, bac, cab, cba。$$

我们的目的,是定义一套可称之为**置换**的操作,它能让我们在各个排列之间任意转换。

要从 abc 转换到 acb,我们保持 a 的位置不变,用 c 代替 b,再用 b 代替 c 即可。这一操作可写作 (bc),读作"b 转为 c,c 转为 b"。也可以同样的方式,将 (abc) 读作"a 转为 b,b 转为 c,c 转为 a"。将这一方法应用到**排列** abc 上面,**置换** (abc) 可以生成一个新的**排列** bca;用到排列 cab 上则生成 abc。

将 a, b, c 6 个排列中的任意一个作为初始排列,譬如说 abc,其他排列下方写的是将 abc 转为它们需要的置换:

$$abc, \quad acb, \quad bca, \quad bac, \quad cab, \quad cba,$$
$$I, \quad (bc), \quad (abc), \quad (ab), \quad (acb), \quad (ac)。$$

176

字母 I 代表单位置换，可以把它说成是"a 转为 a，b 转为 b，c 转为 c"，也就是说，这一置换并不改变 a,b,c 的任何排列。

　　只要略加思考就可以证明，以上 6 项置换一定会构成一个群，因为它们中的任何一个在 abc 这一排列上面的效果都是或者让 abc 不变（当用 I 作用时），或者把 abc 转变为其他 5 种排列之一。因此，如果一个置换后面再加上另一个置换，其总效果等同于这一集合中的某个单一置换，因为所有可能的排列都包含在这一集合中。类似地，对于每一个置换来说，都有唯一一个置换与此对应；后者或者与给定的置换不同，或者与之相同，但排列都将在上述给定的置换操作之后恢复到原有的状况。因此，这个集合中的每一个置换都有一个唯一的逆。

　　令 S,T 为任意两个置换。先 S 后 T 的效果写为 ST，即先写首先操作的置换（这是本书的写法，有些作者的方法与此相反。使用哪种写法不会产生实质性差别，只要我们能够记住就可以了）。如果 ST（先 S 后 T）产生的效果等价于 U 产生的效果，我们将此写作 $ST=U$。为方便起见，我们称 ST 为 S,T 在这种顺序下的乘积。

　　现在我们将看到，ST 与 TS 所产生的效果不一定一样。常识会让我们想到它们有时候是不同的。因为 ST 代表的意义是"先 S 后 T"，TS 代表的意义是"先 T 后 S"，如果这两种顺序毫无差别，这个世界就会比它现在疯狂得多。譬如说，人们无法在吃下一顿饭之前就消化它。要看到这一点在置换中的真实性，我们看看下面的例子即可：

$$(abc)(ac)=(ab)，(ac)(abc)=(cb)。$$

有关置换的"乘法"我们已经说得不少，足以让下面的证明变得相对容易了。以下用单一的大写字母来表示它们头上除了 I 以外的各项置换：

$$(abc) \quad (acb) \quad (bc) \quad (ac) \quad (ab)$$
$$A \qquad B \qquad C \qquad D \qquad E。$$

然后，I, A, B, C, D, E 就构成了一个群，其乘法表已在 [9.1] 中给出。我们称这样的有限置换群为**代换群**，或者**置换群**。

有两个特殊的群都带有任意数目 n 个字母的置换，它们在应用上，特别是在代数方程理论上的重要性，让它们得到一个特殊的名字。准确地说，对于 n 个字母，存在着 $n!(=1\times2\times3\times\cdots\times n)$ 个由这些字母组成的相互不同的可能排列。所以，与这些排列对应的置换群的阶则为 $n!$。我们称其为 n 个字母的**对称群**，因为它的每一个置换都让任何带有 n 个字母的对称函数保持不变。每一个带有 n 个字母的置换群都是一个对称群的子群，但这并不能让我们在对群进行"人口普查"方面有很大的进展。下面我们将在 [9.5] 中描述其他特殊的群。

9.5 解 读

我已经定义了置换群，刚刚在 [9.1] 中展示了这样的一个群的乘法表。乘法表本身定义了一个**抽象群**，之所以这样说，是因为法则按照群的公设规定了符号 $I, A, B, \cdots$ 的组合方式，而在法则之外，这些符号是完全任意的。正如在代换的例子中，当把一个与公设一致的特定解读赋予这些符号时，我们就有了一个群的**表示**。一个群的每一个表示都是对它的一种解读或者一个应用。表示有限群的方式有好几种，我们在此只用代换一种便足够了。

群的较早应用之一是用于研究晶体的结构。通过对晶体的 X 射线分析，这一应用重焕生机并得到了比原来详细得多的阐述。晶体结构纯粹是一个几何分类问题，尽管它在对各种可能具有的晶体进行编目方面用途极大，我们却说不出它有什么深刻的物理意义。下面要说的问题则具有完全不同的重要性。

一门像有限群这样简单又如此抽象的学问，居然对原子结构和原子光谱的数学探索有用，这似乎是一个奇迹。然而实际情况 正是如此。自然与群之间的关系是通过一个看上去微不足道的事情连接的。先不理会物理学家的假定中那些隐晦的形而上学含义，他们假定，人们实际上是无法分辨两个电子的。因此，如果在电子形成的某个构形中，其中的任何两个电子之间发生了交换，这一构形在实质上都与它们在交换前完全一样。也就是说，如果用第六章中的语言来表达，电子的这种构形在其中一对成员发生任何交换的情况下保持**不变**。从这一点出发，我们很容易就可以看出，这一构形在其电子的**所有**排列下保持不变，因为**任何**排列都是我们马上要说到的变换的乘积。

为明确起见，假设这一电子构形刚好由 3 个电子构成，即电子 e_1, e_2, e_3。如同在 [9.4] 中一样，我们用 $(e_1 e_2 e_3)$ 来表示 e_2 代替 e_1，e_3 代替 e_2，e_1 代替 e_3 的代换。类似地，对于 $(e_1 e_2)$ 来说，即是用 e_2 代替 e_1，用 e_1 代替 e_2 的代换，并以此类推所有其他代换。由此，根据我们的物理假定，$(e_1 e_2)$ 是一个让构形保持不变的操作。我们称一个像 $(e_1 e_2)$ 这样刚好含有两个字母的代换为一个**对换**。不难证明，可以把任何包含两个字母以上的代换写成对换的乘积的形式。因此，抽象地说，以下的群

$$I,(e_1e_2e_3),(e_1e_3e_2),(e_2e_3),(e_1e_3),(e_1e_2)$$

与我们在[9.1]中考虑的群毫无二致。由此可以看出，当用 a,b,c 代替 e_1,e_2,e_3 之后，这个群中所有代换都令原有的构形保持不变。

从下面的例子可以清楚地看出把一个代换分解为对换的乘积的法则：

$$(abc)=(ab)(ac),\ (abcd)=(ab)(ac)(ad),$$
$$(abcde)=(ab)(ac)(ad)(ae)。$$

我们可以通过让各等式右方的因式相乘来加以证实。

180

我们称一个可以分解为偶数个对换的代换为**偶代换**，例如 (abc) 和 $(abcde)$。在字母数 n 为偶数的对称群[9.4]中，所有代换中刚好有一半是偶代换。它们组成了对称群的一个正规子群。这是在[9.4]中叙述的另外一个特殊群。它的阶是 $n!/2$，我们称其为在 n 个字母上的**交错群**。

我们在[9.2]中说过要给出的商群的例子可以在此给出，因为它就是带有 4 个字母 a,b,c,d 的交错群 G，它有阶为 4 的正规子群 H：

$$H=I,(ab)(cd),(ac)(bd),(ad)(bc)。$$

这一点读者可以很容易地证明。它的陪集是

$$(abc)H=(abc),(bde),(adb),(acd),$$
$$(acb)H=(acb),(adc),(bcd),(abd),$$

因此我们可以把 G 写成 G 在带有 3 个字母 x,y,z 的周期群 I'，(xyz) 和 (xzy) 上的映射的第一列：

$$H\rightarrow I',$$
$$(abc)H\rightarrow(xyz),$$

$$(acb)H \rightarrow (xzy)。$$

它是商群 G/H。对此的证明将是对于前面描述过的几个概念的练习。

可以把原子当作一个微型太阳系，由处于中心的原子核加上围绕原子核旋转的电子组成。这个模型对于原子物理和光谱学早已经不够了，但在这里，它足以为我们指出关键点：在一个原子与一个置换群相关的情况下，该原子在这个置换群下（的物理意义）是不变的。更准确一点说，在电子的一切排列下，电子在原子核周围的可能构形保持不变。对于 n 个电子，可以使用带有 n 个字母的对称群。

通过应用群论的整个机制，这一看上去微不足道的模型可以为量子力学和光谱学的许多部分提供一个更为清晰的图像。我不拟在此描述现代量子理论有哪些内容，但我可以告诉大家，自1925 年以来，这一理论已经使关于物质、原子物理、光谱学和物理类科学的形而上学观念发生了革命性的改变。这一点已经足够说明问题了。普通读者可以很容易地找到几种以尽量非专业的语言对量子理论做出的介绍。在历史上很多例子中，数学家因数学本身的缘故而钻研数学，但他们所研究的这种数学却对科学做出了贡献。我只不过在此指出了又一个这样的例子。

令代数学家遗憾的是，他们的工作的这种美妙应用很快就过时了，当时（1926 年）人们发现可用一种物理学家更熟悉的无需群的方式表达量子理论的数学。但群（以及矩阵[6.3]）的方法是第一个与物理学家更为相宜的方法，并且可能暗示了更适合物理学家的有关边界值问题的技巧。

可以顺便提一下,爱丁顿曾在《质子和电子的相对论》(1936)中把群论应用于原子结构,并在他去世后(1946 年)发表的有关物理常数的《基本理论》中再次进行了这种应用。物理学家对这两次应用都不太看好。他有关光谱精细结构常数著名的"137"就是通过物理学和形而上学的方法从群中得来的。他最先得到的是不正确的 136,因为他忽略了群有一个单位元这个事实。

我在此请大家注意[6.6]提到的西尔维斯特的预言。

9.6 无限群

182

我们必须在这里就无限群说几句。它们也可以分为两大类。在第一类中,那些相异的事物是可数的[4.2]。也就是说,这些群中的事物可以用 1,2,3,…计数,但**我们永远也数不到头**。这样的群是无限的、**离散**的。第二类是**连续群**,这些群中的相异事物是无限的,同时也是不可数的。这些群中的事物不可用 1,2,3,…计数,而是像一条线上的点那样是无限的[4.2]。

以下是连续群的出现方式之一。就像我们在[8.5]中说到的那样,在初等几何学中,人们**假设**,平面上的一个图形(不妨以三角形为例)可以在整个平面上移动,同时保持其形状(即角的大小和边长)不变。现在考虑一个平面上的刚性图形的所有运动形成的群。很明显,这个群包含**无穷小**的变换,因为我们能够随意以任意小的步骤把这个图形从一个位置转移到另一个位置。

另一个包含无穷小变换的例子,是一个刚性的固体绕一条固定轴的转动。或者我们可以考虑让这个物体整体从一个位置移到另一个位置，或者通过让这个固体上的每一个不同的点都服从于一种合适的变换而实现这一运动。这两种观点都有用。我们在下面的某一章中还会就此进行很多讨论。

现在回想一下，力学的方程和经典数学物理的方程都是**微分方程**。我们将在第十四、十五、十六章中举出这种方程的例子。粗略地说，这样的方程表达的是一个或多个连续变化的数量相对于另外一个或多个连续变化的数量的变化率。举一个简单的例子：一个下落的物体的速度是位置相对于时间的改变的"速率"。有关微分方程的庞大理论在把连续群引入研究之后取得了巨大的发展。例如，当人们以连续群的观点看问题时，以其发明人哈密顿命名的高等动力学的核心方程就变得比原来清楚得多。所有这些早已成了供高水平学生学习的分析力学的标准课程的一部分。

从 1873 年到 20 世纪早期，许多数学家耗费自己毕生的工作时间研究这样的群。后来，E. 嘉当（1869—[1951]）于 1894 年发表了一篇杰出论文，处理了其中几个主要问题，这使人们对群的研究兴趣有所减退。随着连续群理论的创始人李 1899 年去世而长期受忽视的这一理论，它的某些方面（特别是代数学方面）后来又重新吸引了富于创造性的数学家的注意。如大家所说的"李代数"（如今已经具有了不小的规模）就已经成了特殊代数的内容。为了使对这些内容的介绍看上去合理，我本应解释李的理论的某些细节，但放在这里未免离题过远。连续群在不变量的经典代数、线性组合代数和理论力学方面的强大统一能力早已为人熟知。随着以 1915 年问世的广义相对论为其诞生标志，并以 1925 年出现的量子力学为其进一步发展的新物理学的出场，人们突然认为连续群在描述自然方面具有根本的重要性。某种程度上由于物理学的启示而发展起来的更为普遍的新几何学成批涌现,在这一井喷式的爆发中,连续群理论至少具有高度指导意义。嘉当是这次无穷小几何复兴运动的一位领军人物。

9.7 二十面体

尽管讨论特殊结果并非我的本意,我还是以对一个特殊结果的叙述来结束有关群的讨论。如果毕达哥拉斯重生,他一定会因这一结果而欢欣鼓舞,并因此向其不朽的神灵献上至少 1000 头牛。这一故事历经了差不多 2200 年。我只能指出其中的几个高潮。

早期的希腊几何学家发现了欧几里得空间内的五种正多面体——正四面体、立方体、正八面体、正十二面体和正二十面体,它们分别有 4,6,8,12 和 20 个面。他们还证明了,不存在其他正多面体。这一发现在后世造成了许多不可想象的神秘主义,但它造就的严格的思想家则比较少。

我们的下一个高潮出现在大约 2000 年之后。在 200 多年间,代数学家们费尽心机也未能求出五次方程的解。这种方程的一般形式如下:

$$ax^5 + bx^4 + cx^3 + dx^2 + ex + f = 0。$$

最后还是由阿贝尔在 1826 年、伽罗瓦在 1831 年证明,在使用**有限次数的加法、乘法、减法、除法和开方**的情况下,不可能以上面所给出的数字 a, b, c, d, e, f 的任何组合来表达 x。也就是说,**不可能用代数方法求解一般五次方程**。在那次让伽罗瓦丧生的愚蠢决斗前不久,年仅 21 岁的他写出了自己的数学证明。他在这一证明中得出了许多惊人的结果，其中包括概述了一项有关代数方程的重要定理。他把求取方程**代数解**的问题简约为一个可以解决的等价的群问题。这是代数学上的一个突出的里程碑，我将陈述伽罗瓦定理，希望能以此诱惑一些人继续努力进行考察，从而发现它的准确含义。这个定理就是：**一个代数方程是可以求解的，当且仅当它的群是可以求解的**。只要掌握中学数学知识，就可以看懂这个定理的证明。但得到这一证明绝非易事。这一完美定理的推论是，**不可能用代数方法求解任何高于四次方的一般方程**。

1858 年埃尔米特**解出了一般五次方程**，但用的不是代数方法，而是把 x 表达为椭圆模函数的方法（这种函数与我们熟悉的三角函数属于同族，但更高级）。至于用代数方法求解，则是一项连数学家也无能为力的工作。

我们要讨论的最后一个高峰是由克莱因发现的。他于 1884 年证明，埃尔米特的整个深刻工作都在围绕对称轴旋转的群的性质中有所暗示。这种群的旋转能把正二十面体变换为其自身，也就是说，让二十面体以某种方式旋转，使它的某个给定顶点（只以此为例）移动到某个其他顶点原来的位置上，而且在每一种旋转的情况下每一个顶点都会如此。这样的旋转共有 60 个之多。

从更高的群的角度来看，二十面体的旋转和一般五次方程的求解这两个问题能够得到统一，这是对于抽象群概念的威力的一个很好的说明。

群论影响深远的威力就在于，它揭示了表面上互不相干的事物背后的内在联系。在同一个群上建立的两项理论在结构上是等同的。人们更为熟悉的那一项一旦露出真容，其结果就可以转而用于另一项不那么熟悉的理论。

9.8 伽罗瓦理论

一个学代数的班级选择了一本题为《伽罗瓦理论》的非常抽象的小书作为阅读材料。这个班级的所有成员都熟悉以经典形式出现的伽罗瓦理论,因为在 20 世纪 20 年代的近世抽象代数来临之前,这个理论就是用这种方式表达的。当他们消化了这本书之后,一个学生提出了这样一个问题:如果伽罗瓦在世,他会对此有何种想法? 结果大家一致同意:他很难认为以这种形式出现的这项理论就是合法地以他的名字命名的那项理论。另一个学生说,伽罗瓦至少会认出封面上他自己的名字。"哦,不会的,他不会认出来的,"另一个学生对此表示反对,"他会问,'蒂阿里①这家伙又是个什么鬼东西?'"

为了指出刚刚描述的几个一般性想法的一些应用,我下面说一下伽罗瓦理论对于一个抽象域来说意味着什么。我们必须回到第五章,重新看一看我们在那里[5.7]就一个域 F 的代数扩张问题说了些什么。在 F 上的一个不可约的多项式的根是相异的,或者说**可分**的。我们称向 F 添加一个不可约的多项式的根为给它一个**可分扩张**。我们称 F 的一个代数扩张 E 为**正规扩张**或**伽罗瓦扩张**,条件是 F 中每一个在 E 中有根的不可约多项式的所有根都在 E 中。这样的一个扩张是可以获得的,例如,可通过向 F 添加一个

---

① Theory,即理论。——译者注

不可约多项式的全部的根获得。如果 E 是 F 的任意正规扩张,则 E 的自同构[5.4]将让 F 的元素固定,并形成一个不妨称为 G 的群,我们称其为 E 对于 F 的伽罗瓦群。对于 F 与 E 共有的每一个子域 E',都存在着 G 的唯一一个确定的子群与其对应,我们将以 $G(E)$ 表示这个子群,该子群由所有让 E' 的所有元素固定的自同构组成。反过来说,对应于 G 的每一个子群 G',都有 E 的一个唯一确定的子域存在,我们将以 $E(G')$ 表示之,这个子域由在 G' 的自同构下保持固定的所有 E 的元素组成。为整理以下公式,请注意,括号外面的 G 指的是一个群,括号外面的 E 指的是一个域。例如,$G(E(G'))$ 是群 G 的子群,它令子域 $E(G')$[如上定义]的元素保持固定。类似地有 $E(G(E'))$。如果在子域和子群之间存在着一一对应,且这种对应使

$$G(E(G'))=G', E(G(E'))=E'$$

187　成立,则可以说 E 有一个伽罗瓦理论。E 有一个伽罗瓦理论的充要条件是,E 是 F 的一个有限可分扩张。

　　在较早的表达中,这一条是在子域和子群之间让连续基域的元素固定的对应。与有根式解的代数方程之间的联系是通过群的结构理论取得的,特别是通过 1869 年和 1889 年有关群的结构理论的若尔当-赫尔德(O. 赫尔德,1859—1937)定理取得的。这一定理后来被人们以多种方式改写和普遍化(好像它还不够普遍?),其中包括通过格理论进行的重新改写和普遍化。我将满足于(同时也希望读者能够满足)叙述一个我知道为真的简单陈述。这一陈述来自 G. 基尔霍夫的《格理论》(1948 年第二版,第 88 页):"有关这一结果存在着大量文献。"

第十章　度量的世界

10.1　从毕达哥拉斯到笛卡尔

当毕达哥拉斯沉醉于音乐与天球之间的神秘和谐时，他心中所想的"metrical"（韵律）与以上标题中的"metrical"（度量）可能毫无关系。这里的"度量"只指作为基本概念出现在几何、日常生活和相对论中的**测量**。这对任何人应该都够了。

我在此提请大家注意，大约在公元前 300 年，欧几里得的《几何原本》第一卷的命题 47 断言，任何直角三角形斜边的平方等于另外两边的平方和。这一著名定理通常归功于公元前 6 世纪的毕达哥拉斯[1.2]，它是古代与现代**度量**或者说测量理论的主根，也是几何与其他数学分支（例如抽象分析[8.9]）的根基。好多年前我写过一本小册子，里面收集了这一"毕达哥拉斯定理"的四十多个证明，全都有其极为独到之处。这一定理通常在初等几何课本中出现的图形时常让人想起一些服装，它们可能会挂在周一早上的晾衣绳上晒干。而在俄国，在新秩序下的神圣教育者接管年轻人的教化之前，学校里的学童通常称这一图形为"毕达哥拉斯的裤子"。据我所知，这样的轻浮说法现在已经不允许再提了。

毕达哥拉斯定理是整个数学史中最为持久的里程碑之一，这
189 不仅仅因为其简洁、普遍性和内在美，也因为从几何到分析的当前
数学深受其启发。因为这一定理具有基本性的与基础性的意义，
我们应该在对它进行普遍化并指出其结论的隐含意义之前，进行
一次证明。在我的心爱的小册子（早已被借走）中，我复制了一份
H. 巴拉瓦利（当代 [1898—1973]）在 1945 年给出的形象化证明的
梗概。我要感谢《数学手稿》的编辑，他们允许我在此重印这一
证明。在必要的时候，读者可以使用剪刀裁剪图形，以此确信这
个图形确实可以让人在直觉上确定这一定理是明显的。由此出
发，一个正式的证明便是水到渠成的事了。这一图形可见于
193 页。

在最后一次向毕达哥拉斯致意并道别之前，我们应该注意到，
他的这个著名定理或许在公元前近 2000 年，或者说在毕达哥拉斯
诞生前约 1300 年，就已经为巴比伦人所知，但没有被他们证明。
可能连巴比伦人的苏美尔人祖先都知道这一定理。1940 年起对
古代数学史的研究证明，大约公元前 1900 年的巴比伦人熟知求出
$x^2+y^2=z^2$ 的整数解 x, y, z 的通用法则，如 $x=3, y=4, z=5$ 或
$x=5, y=12, z=13$ 等。而且有证据表明，他们知道普遍的毕达哥
拉斯定理的几何形式。从巴比伦人到毕达哥拉斯之间的历史空白
尚待填补。所有这些极有希望的数学开端又是怎样在从巴比伦到
古希腊之间的许多个世纪中消失的呢？对此我们只能做一些探讨
性的推断。

巴比伦数学的一个突出特点是，所有那些与任何伟大的数学

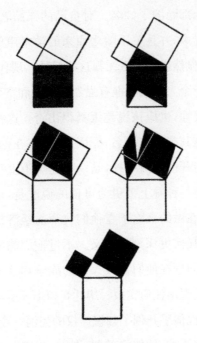

图 13

一项连续 5 步的动态证明。左上图所示为第一步,黑色所示为斜边上的正方形。右上图所示为第二步:在黑色正方形上方加一个三角形,并在黑色正方形下部去掉同样面积的三角形。从第二步到第三步(中左图),黑色面积的形状并没有改变,只是把图形上移,令其底线与原直角三角形的斜边重合。中右图所示为第四步:把黑色面积一分为二,其中每一部分都是一个平行四边形。把这两个平行四边形侧移,但保持其底与高不变,故其面积也不变。这种移动可以持续进行,直至黑色面积抵达它们的最后归宿,与原直角三角形的两条直角边上的正方形完全重合。由此便完成了对毕达哥拉斯定理的证明。这种方法不但说明了斜边上正方形的面积等于两条直角边上的正方形的面积之和,而且显示出了实际的变换过程。

发现有关的人全部隐匿了姓名。对自己的作品署名，此事关乎作者在科学上的名声，并且关乎随之而来的学术声望和世俗金钱的回报，不加署名显然说明作者无视这些好处。现代数学家深知，他的一些同行对于个人的荣誉抱有强烈的嫉妒和贪婪，因此，这种无视即使不令人震惊，也应该说是天真得出奇。这些巴比伦的不知名数学家没有在其杰作上署名，原因可能是，在他们所处的时代，数学就像记账与开凿运河一样，是一种完全不值得圣贤宣示主权的日常苦差。另一种看上去更为可信的说法是，他们可能根本就不认为，他们正在做的事除了在他们狭窄的经济规模内可能派上用场之外，还有任何更深刻的意义。不过他们确实提出并解决了大量问题，这些问题在他们被毁灭性的战争和逐渐来临的衰老压垮之前都没有呈现出任何实效。毕达哥拉斯享受着以其名字命名的定理的光荣，他似乎开创了知识产权的先河。今天，我们看到充满分歧的发明权要求，例如将琼斯-布朗-史密斯定理普遍推广为史密斯-布朗-琼斯，而这两者在发表后的时兴期最多不超过 6 个月。

在对毕达哥拉斯定理进行在现代数学和科学上有益的推广之前，需要用代数方式重新表述它。笛卡尔[7.2]无意间提供了重新表述的萌芽。现在在任何一本解析几何基础教材中，它都是最早的公式之一。下面给出的图形揭示了毕达哥拉斯和笛卡尔之间的本质区别。毕达哥拉斯是通过**长度和面积**思考的，笛卡尔**在一定程度上**也是这样思考的，因为笛卡尔在推导他含蓄地用于求（用坐标表达的）给定两点间**距离**的公式时，使用了毕达哥拉斯公式的几何形式。但这一公式一旦确立，他就再也没有必要援引任何几何图形了,因为距离的**形象化几何**已经变换成一种以**数字**表达的等价物。毫无疑问,笛卡尔没有像我们今天这样领会他所做的工作的全部意义。但他的后继人,包括高斯和黎曼在内,在与他相同的大方向上走得比他远得多,他们能够领会这些工作的全部意义。这一大方向就是把以图形表示的明显的几何位置重新表述与普遍化为其他形式,在这种形式下,形象化的直觉仅仅存在于用以表达普遍性的语言之中。

192

看看在图中第一象限[7.2]发生了什么就足够了。通过注意其他象限上的负数坐标,我们可以很清楚地看出,最后结果对于每个象限都是有效的。

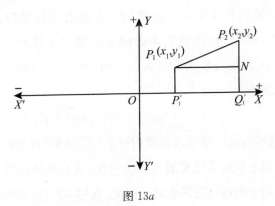

图 13a

令任意两点 P_1, P_2 的坐标为 (x_1, y_1) 和 (x_2, y_2)。图中 P_1P_1', P_2Q_1' 垂直于 XOX', P_1N 垂直于 P_2Q_1'。因此, P_1N, NP_2 的长度分别为 $x_2 - x_1$, $y_2 - y_1$。根据毕达哥拉斯定理,

$$(P_1P_2)^2 = (P_1N)^2 + (NP_2)^2;$$

因此,

$$(P_1P_2)^2 = (x_2 - x_1)^2 + (y_2 - y_1)^2;$$

或者，最后我们说，坐标分别为(x_1, y_1)和(x_2, y_2)的P_1, P_2两点间**距离P_1P_2的平方**是

$$(x_2 - x_1)^2 + (y_2 - y_1)^2。$$

193　　　一旦记住了前面有关多维空间[7.1]的文字，我们就能够看到，从笛卡尔有关坐标在欧几里得空间中分别为(x_1, y_1)和(x_2, y_2)的两点间距离平方的公式中可以直接得出一个推广。为什么不可以想象一个有两个以上维度的"欧几里得空间"，并大胆地定义在该空间内两点间的距离是笛卡尔公式的直接代数推广呢？如果这一推广满足已经在[8.9]中给出的有关"距离"的公设，它就会证明自身成立。让我们在普通的欧几里得**三维空间**即"立体空间"中，按照我们考虑的方式做一个试验。在这样的一个空间中，坐标分别为(x_1, y_1, z_1)和(x_2, y_2, z_2)的两点之间的距离的平方是

$$(x_2 - x_1)^2 + (y_2 - y_1)^2 + (z_2 - z_1)^2,$$

我们可以证明，这一结果满足我们原来在[8.9]中有关距离的抽象定义。任何愿意画出图来的人都会看出，我们在推出这一公式时曾两次借助于毕达哥拉斯定理。因此，我们还在使用形象化直觉。这种直觉在维度超过三个的时候就失效了。但是，我们的祖先用了大约200年才看到那些明显该做的事情，而我们绕过了他们，追随着现代数学家的脚步，**定义**了在n维欧几里得空间中两点$(x_1, x_2, \cdots, x_n)$，$(y_1, y_2, \cdots, y_n)$之间的距离的平方为

$$(x_1 - y_1)^2 + (x_2 - y_2)^2 + \cdots + (x_n - y_n)^2,$$

并证明这一定义满足我们之前在[8.9]中完全合理的距离公设。

（这一证明在某一步骤上要求操作不等式的一点小技巧，当前美国学校的代数课程中不讲授这一技巧，尽管它过去通常属于所谓高等代数的内容。）

我曾强调，以上所有这些都适用于**欧几里得**空间，这一空间最简单的例子是平面。在当前阶段，指出这样一个空间的**曲率**是**零**就足够了，也就是说，这个空间是"平"的。但是，在一个曲面上的"距离"又会有什么样的情况呢？就拿地球表面为例，在它上面的点的坐标是纬度和经度，这时两点间的距离是什么呢？我们现在无法使用粗陋的毕达哥拉斯定理了。因为纬度和经度不是沿着直线测量的，而是沿着圆弧测量的。我现在援引我在[3.3]中叙述过的有关测地线的事实，即在一个曲面上，两点间的距离是沿着表面上一条连结两点的**测地线**测量的，而对于球面来说，测地线就是大圆的弧。我不必在此叙述球面上相邻点之间距离的公式，但会指出，在这些距离公式中，除用于计算**平**的表面上的距离的毕达哥拉斯-笛卡尔公式中的那些**平方**项之外，还会出现**交叉乘积**项。这会导致在一个任意有限维空间中，任何"空间"（无论这一空间是"平"的或者是"弯曲"的）的"距离"都将普遍化，虽然这种影响并不是直接的。下面我将对此加以叙述。

194

10.2 从笛卡尔到黎曼

如同在艺术或者文学中一样，在数学中，一个时代的巨人可能是下一个时代的侏儒。但相反的情况同样时有发生。我们距离过去某些低调人物所在的时代越远，他们的形象就会变得越高大，我们想知道，为什么他们的同代人未能认识到其伟大之处。黎曼就是这样一个人物，他正当壮年时因病逝世，如果放在今天，医学或许可以让他多活许多年。如果黎曼能够多活一二十年，他所能成就的伟业是我们想象不到的。他已经完成的那些工作已令他跻身历史上第一流的数学家之列。一些数学物理学家和理论物理学家认为，就思想的广度与深度而言，黎曼甚至超过了他的老师高斯。他的成果只能填满一册不算大的书，但他的后继人认为，这一册书应该用黄金来装订。

在这里，我们对于黎曼的兴趣在于他 1854 年的那篇短小却惊人的论文：《有关几何基础的假设》。按照我们在美国的说法，这是他为博士学位撰写的论文，尽管他从来没有得到这个学位。黎曼向一群学术专家宣读了这篇论文，他的导师高斯担任主持。高斯对别人的研究成果热情不高，他是在距离去世不到一年时听到黎曼的论文演讲的。当涉及最高水准的成果时，高斯会表示赞赏，但很少在公开场合中进行。他曾私下里告诉朋友，听黎曼的演讲是他漫长的生命中最令人振奋的经历之一。高斯本人从 1827 年开始走的路，黎曼跟着走到了终点，因此高斯能够明白（即使听众中没有其他人明白）他的天才学生说的是什么，而且预见到它对于数学和物理类科学的重要性。

在数学上，能够持续很长时间的普遍化很少是从零起步的。通常会有一系列特殊的、稍微具体的问题出现，有远见的天才大师由此出发，产生宏大的综合。对于人来说，有母亲当然不是什么可耻的事情，因此，黎曼的伟大理论也不必为有一位祖母而感到羞愧，哪怕这位祖母是为地球表面绘制精确的地图这种实际问题。黎曼的成果远远超出了这个卑微的目的。他在完全明了自己所做工作的意义(我们很快就会说到这一点)的情况下,着手绘制整个物质宇宙的地图。为满足征税、航海和商业的要求而绘制陆地地图的问题与古埃及同龄,其真实年代或许更久远。终于有一天,人类接受了天文学家和航海家的证词,承认地球是圆的,而不是像《圣经》中说的那样是平的。从那一天起,绘制地图这一问题便开始有了深刻的数学意义。拉格朗日受到许多制图师和航海家的影响,而直接受拉格朗日的研究成果启发的高斯,于1827年出版了他关于曲面几何的经典著作。这或许就是黎曼的出发点。我们必须省略那些中间步骤,直接说黎曼的普遍化工作。我们因广义相对论而熟悉了他的这一工作,如今,它似乎成了另一件人们觉得早就应该被想到的事情了。但是如果高斯在风华正茂时忽略了它,那么,如今的普通数学家有多大可能性能理解那些对他们十年甚至一百年后的后继人来说极其重要的东西呢?

196

黎曼把 n 维流形作为自己的几何的关键理念。他的流形的"元素"不必然是数字。在这方面,他在某种程度上为我们提过的20世纪抽象几何做出了前期铺垫工作[8.9]。不过,要应用到物理学中,只要把流形中的元素考虑成笛卡尔式的有序实数集[7.2]就足够了。由于这个流形概念对于将黎曼的想法应用于当前的物理学具有基础性的意义,所以我必须完整地描述它,为此可能要重新详细说明一些我们已经熟悉的事情。

我们用字母 $x_1, x_2, \cdots, x_n, y_1, y_2, \cdots, y_n$ 来表示实数[4.2];n 是一个正整数,可以是任意大小。把 $x_1, x_2, \cdots, x_n$ 封闭在括号内,我们得到了 $(x_1, x_2, \cdots, x_n)$。在这里,我们的意思是,$x_1, x_2, \cdots, x_n$ 这些数字是按照确定的顺序排列的,即第一个数字是 x_1,第二个

是 x_2,…,第 n 个是 x_n。如果这个由 n 个数字组成的有序集合需要一个名字,我们可以称其为 **n 重数集**,或者叫 **n 元组**。这只不过是把笛卡尔的发明从二维或三维推广到了 n 维而已。

当且仅当 $x_1 = y_1, x_2 = y_2$,…,$x_n = y_n$ 时,我们称两个 n 元组 $(x_1, x_2, \cdots, x_n)$ 和 $(y_1, y_2, \cdots, y_n)$ **相等**,我们将其写作

$$(x_1, x_2, \cdots, x_n) = (y_1, y_2, \cdots, y_n)。$$

例如,我们可以用给定的数字 1,2,4 刚好构筑 6 个不相同的 3 元组:$(1,2,4)$,$(1,4,2)$,$(2,4,1)$,$(2,1,4)$,$(4,1,2)$ 和 $(4,2,1)$;但用 1,2,2 就只能构筑 3 个不相同的 3 元组:$(1,2,2)$,$(2,1,2)$ 和 $(2,2,1)$。这样定义的相等是等价关系[5.3]的一个例子。

在典型的 n 元组 $(x_1, x_2, \cdots, x_n)$ 中,我们让 $x_1, x_2, \cdots, x_n$ 中的每一个在预先给定的某个实数区间内变化。我们称所有通过这种方式从 $(x_1, x_2, \cdots, x_n)$ 中产生的各不相同的 n 元组的集合为 **n 维数流形**,或简称 **n 维流形**。我在[8.1]中说到克莱因的几何时已经大致描述过流形。现在我们必须更为准确地定义这一概念。如果正在变化中的 $x_1, x_2, \cdots, x_n$ 只取离散的[4.2]值(比如其中每一个都取遍集合中的所有整数),我们就称这一流形为**离散**的;如果 $x_1, x_2, \cdots, x_n$ 的变化是连续的[4.2],我们就称这一流形为**连续**的。如果 $x_1, x_2, \cdots, x_n$ 中每一个的取值区间都可以是整个实数系[4.2],就产生了一个 n 维连续流形。还存在着一个居中的可能性,即有些 x 的变化是连续的,而其他 x 的变化是离散性的。但是,我们总能把这样的流形拆成一个连续的流形和一个离散的流形,所以不需要单独讨论它。

对于大部分科学目的来说,前面有关 n 维流形的定义已经足

够普遍了。这并不是人们构筑的最普遍的或最有用的定义,从我
们前面在[8.9]中注意到的抽象空间来说,上述说法明显成立。

目前为止,我已经定义了 n 元组、n 元组的相等以及流形。如
果在两个流形中,其中一个流形的所有 n 元组都出现在另一个流
形中,而另一个流形中的所有 n 元组也都出现在第一个流形中,则
称这两个流形**相等**。于是我们有了相异流形的概念。当我们有了
一个特定的流形,我们可以对它做些什么呢? 可以把它**几何化**。
我们可以参照笛卡尔在他的二元组和三元组上所做的工作,并以
同样的方式用几何的语言讨论一个给定的 n 元组。我们在背弃了
直觉几何之后这么做似乎有欺骗之嫌,或许这真的就是欺骗,或许
仅仅是因为我们缺乏想象力而已。

我们要带进流形中的第一个几何概念是距离的概念,我们对
n 维的欧几里得流形完成了这一工作(已在[10.1]中解释过)。

接下来的概念也是通过与几何的类比想到的,但这一几何并
非欧几里得几何。我们已经在[10.1]中注意到,粗陋的毕达哥拉
斯定理在修正之后才能用于球面,因为在球面上,坐标距离是沿着
大圆弧测量的。为了把合理的可能性包括在内,任何距离公式向
数字流形的推广都必须提供在**某一点的邻域**上的变异性。适用于
这一点的数学学科叫**微分几何**。微分几何有好多种。例如,如果
一个三维空间内的表面上存在着隆起或者尖峰,我们就无法为相
隔**有限**(非零)距离的**任意**两点规定一项距离公式。所以,我们必
须定义表面上**相距足够近**的两点之间的距离,而且,如果我们能够
将定义公式化,使之对于**任何**这样的一对点都有效,那么我们就定
义了整个表面上的"距离"。所有这些都可以立即转用于 n 维流

199   形。现在,我们的流形并不必须是欧几里得的,或者说是"平"的,仅使用过去在[10.1]中给出的距离公式已经不够了。下面让我们继续讨论这一点。

我们从[10.1]中经过推广的毕达哥拉斯公式开始,这一推广是为定义 n 维欧几里得流形中两个 n 元组之间的距离的平方而进行的:

$$s^2 = (x_1 - y_1)^2 + (x_2 - y_2)^2 + \cdots + (x_n - y_n)^2 \text{。}$$

我们把它重新表述为适用于"邻近的" n 元组的公式,并检查新公式具有哪些新特性,最后再推广这些新特性,从而使经过推广的公式**不但适用于二维流形($n=2$)的特殊情况,也适用于普通三维空间内的任何表面**。通过检查球面、椭球面和其他我们熟悉的表面上的距离公式,我们可以确定最后一点已经完成。适用于后者的相关公式最先是通过蛮力发现的。

进一步推广我们在 $n=2$ 和 3 时获得的经验,我们现在可以表达 $(y_1, y_2, \cdots, y_n)$ 在 $(x_1, x_2, \cdots, x_n)$ 的邻域这一事实了。这仅仅说明,我们可以把数字 $y_1, y_2, \cdots, y_n$ 分别向 $x_1, x_2, \cdots, x_n$ 靠近到这样一个程度,使我们可以在后面的计算中将 $x_1 - y_1, x_2 - y_2, \cdots, x_n - y_n$ 之差高于二次的幂全都忽略不计。当然,这只不过是定义而已。如果需要更精细的话,我们或许应该保留小差 $x_1 - y_1, x_2 - y_2, \cdots, x_n - y_n$ 的三次、四次所有幂等。但人们也已证明,我们前面说过的"只保留一次与二次幂"的定义在用于科学时已经足够了。

对于 $(y_1, y_2, \cdots, y_n)$ 在 $(x_1, x_2, \cdots, x_n)$ 的邻域这种说法,另外一种或许更为简单的叙述方式是:

$$y_1 = x_1 + d_1, y_2 = x_2 + d_2, \cdots, y_n = x_n + d_n,$$

其中 $d_1, d_2, \cdots, d_n$ 是可正可负的数字。就我们的目的而言，它们的值很小，小到我们可以全部舍弃它们超过二次的幂。这就让我们得到了所需要的公式：

$$s^2 = d_1{}^2 + d_2{}^2 + \cdots + d_n{}^2 \text{。}$$

此处的 $s, d_1, d_2, \cdots, d_n$ 都小到了我们可以把它们超过二次的幂全部舍弃的程度。

对于表达 y_1 非常接近 x_1，y_2 非常接近 x_2 等这一事实，我们在此引进一种就刚才解释过的意义而言非常方便的简写。通读过相对论相关著作的读者会熟悉这种简写，它让我们的公式看上去更正统。我们可以把很小的数值 d_1 写成 $\mathrm{d}x_1$，因为这意味着它很"接近于" x_1；把 d_2 写成 $\mathrm{d}x_2$，如此等等。为了表达 s 现在相应地很小这一事实，我们把它写成 $\mathrm{d}s$。这里的 d 可以读作"……的微分"，但我们通常直接发出字母 d 和 x 的音而把它简单读作 dx。我们把 $\mathrm{d}x$ 称为 x 的微分，也可以这么称呼 $\mathrm{d}s$ 以及其他的 $\mathrm{d}x_n$。于是，前面述及的从 $(x_1, x_2, \cdots, x_n)$ 到它**邻域上**任意一点的距离的公式现在就可以写成

$$\mathrm{d}s^2 = \mathrm{d}x_1{}^2 + \mathrm{d}x_2{}^2 + \cdots + \mathrm{d}x_n{}^2 \text{,}$$

因为 $y_1 - x_1 = d_1, \cdots, y_n - x_n = d_n$。更为正式地，我们应该用 $(\mathrm{d}s)^2, \cdots, (\mathrm{d}x_1)^2$ 来表达 $\mathrm{d}s^2, \cdots, \mathrm{d}x_1{}^2$，但出于习惯和方便，人们还是认可比较简单的方式。任何熟悉微积分中"微分"概念的读者都会觉得这些似曾相识，但这里不需要引入本质上与话题无关的困难。

这个公式最重要的代数特征是很明显的：**它在微分** $\mathrm{d}s, \mathrm{d}x_1 \cdots,$ $\mathrm{d}x_n$ **中是二次的**。我们称上面对于 $\mathrm{d}s^2$ 的表达为**二次微分形式**。

为了直接进行推广，我们将用一般的二次微分形式来代替这

201 一特殊的二次微分形式。下面我写出一个四维($n=4$)的连续流形的完整形式：

$$ds^2 = g_{11} dx_1{}^2 + g_{22} dx_2{}^2 + g_{33} dx_3{}^2 + g_{44} dx_4{}^2 +$$
$$2g_{12} dx_1 dx_2 + 2g_{13} dx_1 dx_3 + 2g_{14} dx_1 dx_4 +$$
$$2g_{23} dx_2 dx_3 + 2g_{24} dx_2 dx_4 + 2g_{34} dx_3 dx_4 。$$

我们称这一形式是**二次**的，因为其中每一项，如 $g_{11} dx_1{}^2$，$2g_{14} dx_1 dx_4$ 等，都是微分 $dx_1, \cdots, dx_4$ 的**二次**形式。这具有**普遍性**，因为所有这样的项都包含在内。那些研读过有关广义相对论的著作的读者很熟悉这些。$g_{11}, \cdots, g_{34}$ 等表示的是变量 x_1, x_2, x_3 和 x_4 的任何函数[4.2]。无论 ds^2 的公式中的 n 取何数，在 n 维流形中相邻的 n 元组的距离的平方的公式与上述公式都完全类似。交叉乘积项的系数 2 并没有本质上的重要意义，可以去掉，但我们在引出公式与叙述公式时，出于代数方面的方便而予以保留。

流形内的测量以距离公式为基础。因此可以说，对于流形的"度量"，或者说对于流形的测量理论，是通过与流形有关的 ds^2 的二次微分形式得到的。这种度量的数学，以及这种流形的度量性质，是在函数 $g_{11}, \cdots, g_{34}$ 给定后完全确定了的，n 等于任何数时都是如此。由于我们可以随意选择这些函数，我们就有了无穷多种"几何"的基础。在广义相对论的情况中，人们有特定的原因来集中研究一套特定的 g。除了广义相对论及其类似情况，数学家们把这些函数当作整体进行研究。

黎曼第一个提出一种 n 维几何，它带有作为其度量的**一般二次微分形式**，因此人们以他的名字命名这种几何。在那篇重要论
202 文中，他指出了除二次形式以外的其他可能性，这些可能性现在广

泛存在于我们称为**黎曼几何**的学科中。每一个进一步的可能性都有着关于距离[8.9]的特有性质,但它们都还没有发展起来,或许是因为物理学还没有用到它们。尽管如此,即使最纯粹的纯几何学家也必须承认,只是在1916年广义相对论让黎曼几何成为热门之后,几何学家才在这一领域里写下了数不清的论文。当然,在相对论证明了黎曼几何在科学上的重要性之前,人们也零散地研究过它,真正的井喷直到1917年才开始。

我们必须描述一个在黎曼几何与普通几何类比时得到界定的概念,因为它在物理学中具有重要意义。这就是**曲率**。试图在多于二维的黎曼几何中让曲率形象化是没有多大好处的。作为广义相对论基础的四维黎曼几何中的曲率完全是一个纯粹的数学概念。它最早是因二维的形象化的类似情形的推广而被发明的。我无意暗示,在一张平整的纸上通过画图来展示四维流形的曲率是不可能的,因为这并不难做到。但这一类图解式表达全都非常令人困惑,而且,它们中任何一个所能告诉我们的不见得比我们从分析中得到的事情简单。

黎曼对于曲率的推广大致如下。假设我们通过直觉得出了一个概念,即某个表面(譬如一个流线型挡板)上的一部分要比另一部分"更弯曲"或者"不那么弯曲"。我们希望对此给出一个数学描述。我们可以在要测量曲率的点周围画一个小的闭合回路。设想在这个回路上的每一个点上都画一条垂直于表面的直线,也就是说,画垂直于每一点上的切面的直线。在任何方便的地方放上一个球体,它的半径为一个单位长度。在想象中,过这个球体的中心画与刚才描述的垂线平行的直线。这些平行线将在球面上切割出

203

一条曲线。由这条曲线所包围的小面积，是原有表面上的曲线所包围的小面积上隆起的一个像，并且是对这一小面积的总曲率大小的一个测量。还有其他估算曲率的方法，但刚才的这种方法在此已经够用了。

我们知道，对于一个普通的表面（二维流形）来说，其 ds^2 可由下式计算：

$$ds^2 = g_{11}dx_1{}^2 + 2g_{12}dx_1 dx_2 + g_{22}dx_2{}^2 \text{。}$$

而且我们发现，任何计算曲率大小的公式都完全可以用 g_{11}, g_{12}, g_{22} 来表达。完全按照从二维"空间"（流形）向 n 维"空间"推广的步骤进行，即通过形式推广，我们能够为 n 维流形构筑一个同样的"曲率"式的公式。这个公式只与定义了这个流形的度量有关。

这种形式上的数学推广能得到在物理学上很重要的事物，这似乎是一个奇迹，但却是事实。黎曼流形及其曲率的"几何"（抽象数学）经过了高度详尽的推演，整整一代人之后，爱因斯坦通过自己的相对论让它得到了物理学上的应用。没有这种几何，相对论——至少是广义相对论以及引力理论——的发现或许会被推迟一个世纪之久。一个像爱因斯坦这样具有敏锐的物理洞察力的人在关键时刻出现，这完全是运气。这或许会让某些野心勃勃、憧憬着科学声望的人想到，类似的征服行动无疑还在等待着纯数学尚未用尽且用之不尽的黄金对其进行资助。

10.3 从黎曼到爱因斯坦

黎曼用下面的话语作为他论文的结论。这些话语附带地包含了一个预言，而爱因斯坦正是这个预言的实现者。我在此引用克利福德 1873 年的译文：

> 或者是空间背后的现实情况必须由此形成一个离散流形，或者我们必须结合作用在流形上的力，来寻求它外部度量关系的根基。

> 要回答这些问题，只有从那些迄今一直被经验证明，而被牛顿假定为一个基础的现象概念开始，然后在这一概念中做出一系列由无法解释的事实所要求的改变。

他接着说，像他所做的这一类从一般概念开始的研究

> 对防止这种工作受到过于狭窄的眼界妨碍是有用处的，对防止有关事物相互关系的知识的发展受到不合理偏见的抑制也是有用处的。

> 这会让我们进入科学的另一个范畴，即物理学的范畴；而这一工作的对象今天尚不允许我们进入这一范畴。

克利福德 34 岁时因罹患与黎曼同样的疾病而去世。如果他能活下去，他或许会成为黎曼的一个有价值的后继人，因为他在 1870 年发表了一篇题为《试论物质的空间理论》的随笔，他在这篇文章中做出了与黎曼类似的预言，但内容更为详尽。由于他所说的话是为 20 世纪物理学的某些方面埋下的一个值得注意的伏笔，因此我引用如下：

黎曼告诉我们，由于存在着不同类型的线和表面，因此存在着不同类型的三维空间；而且，我们只有通过经验才能发现，我们生活于其中的空间到底属于这些不同类型的空间中的哪一种。尤其是，当范围限定在平整纸张的表面上所进行的实验时，平面几何的公理是正确的，不过我们也知道，纸张上确实有一些小的凸起与沟壑，而在这些凸起与沟壑（总曲率不为零）上，平面几何公理是无效的。

类似地，他又说：

尽管立体几何的公理在我们这一空间的有限区域内的实验范围内是有效的，但我们还没有得到足够的理由，用以得出它们在每一个非常小的区域内都有效的结论；而且，如果我们可以在解释物理现象方面得到任何帮助，我们或许可以找到足够的理由，从而得出结论：这些解释并非对空间的每一个小的区域都是有效的。[这些想法中有一些与高斯的相同。但克利福德对高斯的想法一无所知，因为高斯的这些想法直到两人都去世多年之后才发表。]

我希望在此指出一种方式，通过这种方式，可以把这些思索用于研究物理现象。事实上我认为：

（1）空间中的这些小的部分实际上**可以**与一个平均而言是平的表面上的小丘类比；也就是说，几何的一般定律对它们是无效的。

（2）这种弯曲或者变形的性质连续地从空间的一个区域

向另一个区域过渡,其方式与波相同。

　　(3) 这种曲率的改变真实地发生于这种物理现象中,我们称**这种物理现象为物质的运动**,无论这种物质是有重量的,或者是以太形式存在的。[他在 1870 年写下了这段文字,当时以太论还在流行。]

　　(4) 在物质世界中,除了这种(可能)服从连续性定律的变化之外,其他的一切都不会发生。

　　对于(1),在相对论中,空间的曲率度取决于物质的存在量。对于(2),我们想象的可能不是"波",而可能是物质向能量的转变,或者是方向相反的转变。但我们或许最好不要这样想。

　　连接黎曼几何与相对论的两条主要纽带,一为四维空间内**相邻点事件**之间的**时空间隔**,二为爱因斯坦的有关假设——这一间隔在事件的四坐标**连续**[4.2]变换下是不变的。B. 皮尔斯和 W. 詹姆斯(1842—1910)可能会说,为这一假设进行的辩护是实用主义的,因为该假设能够有效地说明问题。我先举一个例子来解释什么是时空间隔。如果从平凡琐事的角度看,这个例子很简单,从其他角度看则不然。有许多数学的、科学的或者哲学的论点加强了时空间隔这一重要物理学概念。但事实上,我知道这些论点没有一个是从更简单或者更接近直觉的角度来加强它的,在人们迄今为止得到的结论中有任何一条是根据直觉得来的。

　　人们可以想象的最简单的物理事件之一是两个质点的碰撞。为了避免不必要的复杂化,我将只考虑质点,即有质量而不存在体积与形状的点,而不考虑有大小的物体。为将碰撞的显著特性转移到数学符号中去，我在分析这种碰撞时特意指出，它发生于确定的地点和确定的时间。这就足够了。

　　为确定碰撞发生的地点与时间，必须要有某个标准的空间-时间参考系。简言之，这是一个带有空间与时间坐标的系统。就空间坐标来说，我们可以在任何地方选取三个相互垂直的轴，例如以某个房间内的北墙、东墙和地板相交于一点的三条直线为坐标轴。不妨把发生碰撞的地点对于这三条轴的坐标称为(x,y,z)。为确定发生碰撞的时间，我们可以在一个标准的钟表上读取读数，比如可以按秒计数。于是，如果这次碰撞发生在 12 点后 3.141 5秒，我们就可以令 $t=3.141\ 5$，而把 12 点视为时间的"零"点或**原点**。无论这次碰撞发生在何时何地，人们都可以通过测量其以英寸计算（以此为例）的(x,y,z)和以秒计算（以此为例）的 t 来确定其时空位置。这样一来，四元数(x,y,z,t)就可以成为这次碰撞的**时空坐标**。我们称这样的一次碰撞为一个**点事件**。

　　下面来考虑两次碰撞，但它们既不必发生在同一时间，也不必发生在同一地点。按照前面的做法，我们得到了这两个点事件的时空坐标(x_1,y_1,z_1,t_1)和(x_2,y_2,z_2,t_2)。这两个事件由一个**时空间隔**分开。应该如何测量这样的一个间隔呢？我不在此重复得出结论的论证，因为这些论据属于物理而非数学，但我会简短地复述一下这个简单又深刻的观察结果，论证正是以这个结果为基础展开的。

　　一个点事件的坐标(x,y,z,t)中的数字 x,y,z,t 并不具有任何物理意义，除非人们确定某个通过可执行的测量用实验确定它们的过程。但一切实验室测量最终都取决于比较测量仪器的一致性。于是,为了读取一个温度,我们必须观察汞柱最高点与温度计的分级刻度的哪一点对应。这取决于实验者的视力,而后者又取决于对光信号的接收。然而,人们假定光是以恒定速度在真空(即不存在或几乎不存在物质的空间)中传递的,速度所涉及的既有一般意义上的"空间"与"距离",也有"时间"。经过仔细推敲,人们便从以上叙述的事情中得出结论:实际上,测量所涉及的事物既包括空间又包括时间;而且,在对物理经验做出不矛盾的、从经验角度看有意义的描述时,不可能把空间与时间分割开来。

真空中的光速是一个常数,这个陈述是 1905 年的狭义相对论的基本假设之一。这一假设由实验和我不准备在此叙述的物理根据证明了其合理性。不妨以 c 表示这一常数速度。然后,按照我们在上一部分描述的那种含义,相邻的两个点事件之间的时空间隔 $\mathrm{d}s$ 可以按狭义相对论中的假定,以下式表达:

$$\mathrm{d}s^2 = \mathrm{d}x^2 + \mathrm{d}y^2 + \mathrm{d}z^2 - c^2\,\mathrm{d}t^2 \, 。$$

我同样不会在此叙述这一假定确立于其上的物理根据。我们在这里感兴趣的是后面要说到的数学。$\mathrm{d}s^2$ 的公式提供了狭义相对论的度量的时空。

如果将上面的 $\mathrm{d}s^2$ 公式与[10.1]中描述的四维(三个"空间"维度和一个"时间"维度)空间中相邻两点间的距离公式相比,我们就会很吃惊地发现,前者并不是后者的推广。为什么在一般公式中所有的 g 都应该是常数呢? 这样的问题毫无意义,但在某些数学家那里可能是例外,对他们来说,在任何给定方向上,普遍化有任何不完整都不能令人满意。在这里,这样的一个方向就是四个变量的二次微分形式。为什么不可以把物理的时空度量假定为普遍形式，然后用数学方法发展其推论呢？爱因斯坦最后就是这样做的，但他这样做的理由与前面所说的不同。他的目的似乎主要是科学意义上的，也有一部分美学原因，或许也包括一点点数学。纯数学家批评狭义相对论，因为它有悖于不变量的**一般**理念。他们是对的。这也是我们这里的兴趣点。

假定有两个观察者在描述同一个物理事件，这里不妨以两个质点的碰撞为例。每一个观察者都会按照**他自己的**时空坐标系统来描述这一事件。假定**这一事件不会**因任一个观察者的记录与描述方式而**发生改变**，我们发现，当**其中一位**观察者按照**另一位**观察者的时空坐标系来描述这一事件时，数学的描述一定会保留其形式。也就是说，一个自然界的非人类事件的数学方程一定对于所有时空坐标系保持不变，这一事件就是按照这些时空坐标系进行描述的。这里用"一定"或许太强硬了，更保险的做法是让前面的断言成为一个公设。的确，在量子理论中，对于某些小尺度的现象来说，与此相反的情况具有重要的意义，即：用物质仪器所进行的探索行动本身成为被观察的现象的一部分，把实验者与他所做的实验分割开来是不可能的。N. 玻尔（1885—［1962]）比较含混地探索了这种可能性，特别是它在生物实验上的重要性。但在相对论中，人们假定，按照我们所解释的意义，事件是不变的。

如果现在一个观察者使用另一个观察者的坐标系来构筑他的方程，他必须有按照另一个人的坐标来表达他自己的坐标的一些手段。用数学的语言来说，这两位观察者中的任意一位都需要一组方程，借此用另一个观察者的坐标表达他自己的坐标。这将用第二个人的 x', y', z', t' 来表达第一个人的 x, y, z, t，反之亦然。

当第一个人以 x', y', z', t' 来表达他自己的 x, y, z, t 时,他的以 x, y, z, t 为变量的方程一定会简约为以 x', y', z', t' 为变量的新方程,而且其形式与他原有的以 x, y, z, t 为变量的方程完全一样。对于第二个人来说,情况也完全类似。这就相当于要求描述自然现象的方程在时空坐标的所有变换下保持不变。那些无法满足这一不变性要求的方程就带有源于观察者的参考系的特异性,因此不是自然所固有的。

因此,以不变形式重写经典的数学物理方程便成了一个首要问题。这些是专业意义上的微分方程,我们将在后面[15.4]对它们进行解释,现在不必多费笔墨。这样的方程表达变化率(例如速度和加速度)之间的关系。对于狭义相对论来说,重写与其相关的公式很容易,因为它只在严格限制的形式下才对不变量有所要求,这种形式是,这些方程要对表达如下事实的所有变换保持不变:一个观察者相对于另一个观察者以**匀**速(即速度为常量)运动。为什么要单单挑出这样极为特殊的运动,给它们以特别的关照呢?特别关照这些运动,是狭义相对论的瑕疵之一。它的另一个瑕疵是,根据这一理论做出的某些预言与实验观察不符。最后一条瑕疵是致命的。爱因斯坦花了十年时间集中思考这个问题,才最终克服了这些困难。

这些困难足够棘手。乍看上去,它们似乎是无法克服的。因为,如果我们要求对自然现象的描述在参考系**加速**时保持不变,我们就是在要求消除某些**力**的作用。这是公然违抗经典牛顿动力学。

在爱因斯坦对这一问题发起攻击以前差不多二十年,他所需要的不变量普遍方程的数学机制就已经完全建立。这一数学机制主要源于黎曼在 1860 年以前的研究工作，研究报告在黎曼去世后才发表，是一篇有关热传导的科学论文，本来是黎曼为参加法国科学院举办的一次大奖赛而写（是哪位参赛者获得了这次大奖？其姓名早已为人们忘却）。我们现在称这一机制为**张量分析**，M. M. G. 里奇（1835—1925）和 T. 列维-奇维塔（1873—1941）在 1887 年让它有了高度的实用价值。

张量分析又称**张量计算**，直到 1905 年之前，甚至直到 1916 年之前，它还不算是数学物理学家装备精良的工具箱中的一个部分。但 1916 年问世的广义相对论，让它成了他们不可或缺的利器。幸运的是，爱因斯坦偶然遇到了苏黎世的一位几何学家 M. 格罗斯曼（1878—1936），后者对里奇和列维-奇维塔的工作有着透彻的理解。格罗斯曼教爱因斯坦学会了张量分析（掌握这一方法可不轻松），其余的工作就都由爱因斯坦完成了。这是在科学史上罕见的几项最为理想的合作之一。没有另一位合作伙伴，他们中间的任何一个人都未必能够达到自己的光辉顶峰。牛顿发明了微分学[15.1]来帮助自己分析运动，如果不是因为在有需要时数学家发明的张量分析已经就位，爱因斯坦自己去发明这个方法。但考虑到他所面临的这个问题极其复杂，这种可能性似乎可以排除。有一件事可以说明 20 世纪 20 年代以来科学和科学教育事业的迅猛发展：爱因斯坦花了好大努力才精通的张量分析，今天已经成了高水平的理工院校本科课程的常规部分。这一学科经过彻底的加强，以至于连一个 18 岁的大学生都可以消化而不需要反刍。当然，这并不能证明这个大学生的头脑或者胃要比当年的爱因斯坦更为强健。

在探索自然方面，数学本身很少有走得很远的例子。有关这一点，古代与当代大量纯数学家无数次尝试动笔揭开宇宙奥秘，其结果已经有所证明。当然特例也不是不存在，比如牛顿与爱因斯坦。在可以进行预测之前，人们必须提出用以联系数学和可观测的宇宙的假说。我们无法从自然中得到不变量，除非我们首先往自然中放入至少一种不变量。在牛顿动力学和狭义相对论之间的类比的指引下，爱因斯坦**假设**，ds^2 是一个不变量。此处，ds 是在物理学四维空间连续统中两个相邻点事件之间的时空间隔。也就是说，ds^2 在所有观察者的测量中都是一样的。他还**假设**这个 ds^2 可以通过[10.2]的一般公式得出。最后一步是经典力学和狭义相对论的直接推广。

我们已经指出，这一深奥的假定，即 ds^2 的不变性，是实用主义的。

爱因斯坦又一次得到了经典力学的类比的指引，特别是牛顿第一运动定律[13.3]的类比的指引，即每一个物体在没有使之改变状态的**强加的外力**存在的情况下，将保持静止或匀速**直线**运动。他**假设**，一个自由质点在广义相对论的时空连续统下的运动路径是空间的一条测地线[3.3]。进一步的合理假定推广了牛顿力学的状态，这为张量分析提供了足够多可掌控的素材。我们可以在此顺带叙述两个假定。其中第二个看上去足够合理，第一个从常识角度看可能让人觉得很震撼，但这只是因为老生常谈的道理用一层数学的外衣包装起来了。

第一个假定如下：出于物理学的原因，人们**假定**，光在时空连续统[4.2]中的运动途径使这一途径上有 $ds^2 = 0$。

第二个假定更接近日常经验。爱因斯坦有关电梯的假想能更形象地表达这个假定：某个正在自由下落的人感觉不到"地心引力"在他身体上的拉力。他没有"重量"，他口袋里的一切也都没有"重量"。牛顿力学中的重量是由地心吸力产生的。除了这个正在下落的人之外，世界上其他物体会有重量。例如，如果此人从电梯竖井中下落，他在下落过程中试图抓在手中的沉重的缆绳并没有因为他失重而失去重量。同样，如果承载着电梯的缆绳断了，电梯将因为加速向下运动而失去其重量，电梯里的乘客也都如此，直到他们撞上电梯竖井的底部为止。加在他们身上的"地心引力"被他们的坐标系（即电梯的墙壁和地板）的一个相等的向下的加速度破坏了。我们可以在这里叙述一件真实性存疑的逸事，它可以强化我们的论点。据说爱因斯坦看到一个木匠从脚手架上掉了下来。幸运的是，此人跌落到了一堆稻草上，结果毫发未伤。爱因斯坦向他冲了过去，问他下落时是否感觉到了某种拉他下坠的力。这人说"没有"。任何怀疑此断言的读者都可以从屋顶跳下去亲身检验。

如此看来，"力"，特别是"引力"，似乎与它们对于观察者的坐标系的加速效果等价。人们由此**假设**，任何存在于时空中**足够小的一个区域内**的引力与该区域的一个变换等价。"力"不出现在这种类型的物理学当中。

我们可以在此叙述一个进一步的**假定**：在远离一切物质的情况下，广义相对论的 ds^2（参见[9.1]）将会退化成狭义相对论的 ds^2。在不存在物质的情况下，严格地说，空间是"平的"。

我们注意到了描述物理现象的数学方程的不变性基本假定。我们也讨论了 ds^2 是不变的这一假定。这些都是物理学的假设,它们施加在时空流形的几何上,对这一时空流形的度量是二次微分形式[9.1]。根据所有这些,我们似乎可以合理地提出相反方向的建议,即**任何**通过 g[10.1]在 ds^2 中建立、以不变量形式出现并适合于某个特定问题的方程,都将是某种物理现象的数学表达。任何构筑在 g 之上的数学不变量也有类似的情况。人们可以通过这样的一个不变量来得到流形的曲率。当以物理方式进行解释时,人们可以通过这个不变量获得引力场的理论。根据这一理论,爱因斯坦建立了他最为惊人的预测。在说这些之前,我可以叙述这一数学方法的梗概。

214

对于所有对其变量的(分析的[4.2])变换在形式上保持不变的微分方程[15.4](即不变量;**协变式**是通常使用的专业术语)来说,张量分析是发现它们的合适方法。这些方程中的变量是四维时空流形中的一个"点"(或称四元组)的坐标。这个流形的度量给出了在该流形内的测量理论的特征。流形的黎曼几何[10.2]是通过张量分析发展起来的,人们依据物理学对它做了重新解释。在这整个过程中,几何的语言(有些人会说是几何的直觉)是指南。抽象几何提出了许多人们可以做的工作。人们对此进行了试验,然后用物理的直觉或经验再次确认。如果它们与实际发生的情况相当接近,人们就进一步完善这些工作。

物理几何的这种强大方法并非无所不能。我们很想得到一些看上去简单,却有着极大科学价值的问题的答案,但在现阶段,让数学家解答这些问题还过于艰难。在这些问题中,我们可以给出下面这个看上去很单纯的样本：如果我们让两个质点在引力场中自由活动，它们会如何表现？按照牛顿引力理论，这是一个开普勒问题，我们将在第十三章加以描述，现在只要用一两页纸就可以解出。根据爱因斯坦的引力理论寻找其答案的工作从 1922 年就开始了，但至今未果。其间人们提出了几种答案，但没有一种让人稍微感到满意。最有希望的尝试是列维-奇维塔在 1937 年做出的。它预言了一种对双子星运动产生的可观察的影响。然而，在对此进行观察之前，H. P. 罗伯逊(1903—[1961])在复杂的计算中发现了一个错误(1938 年)，导致人们放弃了整个尝试。这是一个真问题而不是人为制造的问题，富于雄心与天分的青年数学家可以对之发起进攻。

在我们转而叙述广义相对论已被证实的预测之前，我要就里奇和列维-奇维塔的张量分析为什么能成功加一点更专业的说明。不感兴趣的读者可以直接略过这段文字，进而阅读那些已经证实的预言。

对里奇和列维-奇维塔理论中的那种**张量**的变量做一次一般(分析的[4.2])变换，它能够把一个张量转变为另一个张量，后者的分量是原有张量的分量的**线性齐次函数**。与普通的向量一样，一个张量当且仅当它的每一个分量都消失时方才消失(即等于零)。从几何上说，上面所说的那种变换是一个一般的(分析的[4.2])坐标变换，此时可以像解释合适数量维空间中的坐标那样解释张量中的变量。因此，如果一个张量在一个坐标系中消失(即等于零)，它将在一切坐标系中消失。决定性的细节是它的齐次性。这就等于说，如果一个方程组可表达为一个张量的消失，它在方程组所有变量的一切分析变换下都将保持不变。但这恰恰是广义相对论的一个假设施加于一个方程组的条件。在这种条件下，这个方程组才是关于物理学或宇宙学中可观察事件系列的可接受的数学公式体系。

我现在简要陈述证明了的广义相对论的预言。应该公平地把这些成功的一部分荣誉归于数学，没有数学，这一切成功都不可能。其中有三个预言导致人们发现了在预言出现之前大家根本没有想到的新现象。同样引人注目的是，这些预言不仅仅是定性的，而且是定量的。它们是这样说的："寻找如此这般的效应，测量之，你将可以用某一数值表达测量的结果。"

根据牛顿的引力定律[13.3]，一个未受扰动的单一行星的轨道是一个椭圆，而太阳位于椭圆的一个焦点上。根据爱因斯坦的理论，这个轨道几乎是一个椭圆，但行星的路径在一个周期后并没有合拢。即在每一个公转周期后，行星的轨道都向近日方向有少许进动。这一进动量尽管很小，但在一个世纪内是容易测量的。爱因斯坦的理论预言，就水星来说，**除了按照牛顿理论计算得出的该行星因其他行星的扰动而产生的每个世纪 532 秒弧度的进动之外，还会发生 43 秒弧度的额外进动。观察**得到的数值是每个世纪总共 574 秒弧度的进动。爱因斯坦的修正量仅仅偏离观察结果 1 秒，远未超出观察的误差范围。

这个预言的一个引人注目的特点是，它是直接根据理论得来的，没有添加任何假定。在爱因斯坦之前，有许多人修补过牛顿的定律，特别进行了解释上述偏差的尝试。修正牛顿定律，从而解释

216

单一的偏差并不困难。我们将在说海王星的时候读到伟大的数学天文学家 U. J. J. 勒韦耶(1811—1877)的事迹。牛顿的太阳系理论的瑕疵如此明显,勒韦耶非常自信能在水星问题上重复自己在海王星上的成功。他计算了在水星和太阳之间出现另一个行星的可能性,甚至在开始搜索这一行星之前就为它想好了名字——伏尔甘①。直到 1949 年 6 月,人们只观察到了几个可能是伏尔甘的迷路的小行星。1949 年用帕洛马尔山天文台 48 英寸施密特相机望远镜拍摄了一批早期照片,其中之一显示了一个小行星,它位于伏尔甘应该出现但未曾出现的位置上,小得可怜,直径只有 0.9 英里。人们应该称它为珀里斐忒斯②。这个小土疙瘩完全不是获得属于伏尔甘的荣耀的首选。它的运行轨道表明它不是那个可疑的行星。这样看来,勒韦耶是有些过于自信了。

第二个预言与光有关。如果光有质量,它应该在接近一个质量庞大的物体譬如太阳时发生偏转。如果光是微粒,则可以根据牛顿理论算出其偏转量。爱因斯坦的广义相对论只对光做出了前面说过的其路径的 ds 的假定,除此之外没有对光的本质进行任何其他假定。这一理论预言,当光掠过太阳时出现的偏转应该为牛顿理论预测的 **2 倍**。在几次日食期间进行的精密观察证实了广义相对论做出的预言。

第三个预言也与光有关。根据广义相对论,从一个质量庞大的物体发出的光的谱线应该以可计算的数值发生红移,数值大小

---

　① 伏尔甘是 Vulcan 的音译,是罗马神话中的火神。——译者注
　② 珀里斐忒斯是希腊神话中拦路抢劫的大盗,被忒修斯所杀。——译者注

取决于物体的质量。这一点已经通过太阳得到了确证，但更为辉煌的确证得自天狼星的质量庞大的伴星。

这一理论（加上一些额外假说）的第四个推论与螺旋星云①的退行有关，但该推论直到 1950 年还在研究之中，因此不在这里讨论。另外的三个推论可以用任何数学物理学理论加以预测。即使这一理论可能在下个星期就被人抛弃，它还是会在引导科学迈向可观察的宇宙更开阔的未知前景方面做出自己的贡献。例如，我们没有叙述的第四个推论已经启发了许多实测天文学方面的研究。帕洛马尔山天文台的 200 英寸海尔天文望远镜已于 1948 年 6 月 3 日在受邀前往参观的公众面前首次亮相，我们似乎可以寄希望于它，看它能否提供一些与"正在膨胀的宇宙"的假说有关的信息。这一富于想象力的假说来源于相对论宇宙学。有关天文学的报纸和通俗书籍中对它做出了众多精彩的描述，我们没有必要在此重复其内容了。

听到他人不得不谈论那些我们认为使生活变得较易忍受的事情，总是很有意思的，虽然有时也令人沮丧。在一次晚宴上，精明的主人把一些愿意畅谈自己政见的人安排在一起就座。他们发生了争吵，当饭桌上平静下来的时候，有人谈起了科学。很快，有关科学事物的意见分歧就变得一团混乱，不亚于刚刚发生的政治性争吵。在争执最为激烈的时候，一位前法官朝一位著名律师投下了重磅炸弹，该律师曾多次把官司打到了美国联邦最高法院：

---

① 今称"旋涡星系"。——译者注

"什么？你竟然不知道，牛顿的万有引力定律已经被取代了，已经确信无疑地走下历史舞台了?!"

"是吗？真的吗?"那位律师呆呆地问道，"什么时候的事儿?"

"嗯，从1916年起。"

"简直不可思议！这种事我从来都没有错过。"

需要一颗原子弹或者一场潜在的瘟疫才能让我们的好市民相信，抽象数学、理论物理和生物实验室中不被人注意的普通实验不只让有梦想的教授们感兴趣。时至今日，数学家、物理学家、生物学家和细菌学家很少有梦想了。但他们有时候会做噩梦——在打盹的时候，他们眼前或许会出现信奉各种信条的救世者们如何利用他们的发现的画面。

作为本章结尾的一个合适的补充，我在此叙述一位伟人的疑惑。在所有仍然在世的天文学家中，就是他以一己之力把我们关于宇宙的知识扩大到了人们几乎无法想象的境界。某位对社会充满玫瑰色幻想的乐观主义者向他保证，对于当前人类所有紧迫的生存问题，包括如何供应充足的粮食，"科学"都能够找出答案，他听到后说："是的，科学会找到问题的答案。但人类会如何对待这些答案呢?"

第十一章 数学的女王

11.1 一个任性的范畴

在上一章中主要是仆人在说话,现在轮到女王出面了。她将谈论她最喜爱的范畴——数字。

让我再重复一次:高斯曾经为数论加冕,使之成为数学的女王。高斯生活在 1777—1855 年。在 19 世纪与 20 世纪,不止一条深邃、宽阔的数学进展之河起源于他深刻的创新思想。在高等算术或称数论中,他的工作在今天与在 1801 年同样至关重要。在 1801 年,他发表了《算术研究》。这部名著中的一些创见(例如同余的概念[5.3]),其意义甚至比他所预言的还要深远。他对几何也有同样重大的贡献,黎曼[10.3]对此进行了推广,从而为 20 世纪现代物理的出现准备了条件。高斯也对他那个时代的科学做出了突出的贡献,尤其是电磁学和天文学。因此,他的观点受到了所有数学家和一些科学家的尊重。

如同对于古希腊数学家一样,算术对于高斯来说主要是关于整数性质的研究。我们或许还记得,古希腊人使用了另一个词来表示计算及其在商业中的应用。作为贵族和奴隶主的古希腊数学家似乎有些轻视这种实用的算术。他们称之为"计算术"，这个名字在数理逻辑和数学基础的一个现代学派的算术运算中保留了下来。然而，用拉普拉斯的话来说，没有女王做这份饱受歧视的苦力活，连伟大古希腊最超然的天文学也无法在其"世界的体系"中走多远。

与1920年以来的所有数学领域一样，算术发现取得了广泛而深入的进展。但是，这个领域的进展与其他领域的进展有个重要的差别。几何、分析和代数各自有一个或多个有利位置，由此可概览整个领域，算术中却没有这样的制高点。

古希腊数学家没有留下任何现代人无法解决的几何难题。不过对于诸如"完全数"等一类古希腊人在算术上留下的小难题，我们至今还一筹莫展。例如，给定一条法则，用以找出那些由小于自身的因数相加而成的数字，例如6＝1＋2＋3，并证明或者证伪任何奇数都没有这样的性质。我们称这样的数字为"完全数"。6之后的下一个完全数是28。我们后面还会见到这些数字。若算术搞不定这样的小儿科事物，称它为它那个领域内的女主人，就是它不应得的恭维。

数论是数学领域最后一块未开化的辽阔大陆。它分裂为数不清的国家，它们自身都足够富饶，但对其他国家的福祉多少有些漠不关心，也不见睿智的中央政府的痕迹。如果一位年少有为的亚历山大大帝横空出世，要找一个新世界征服，则这个新世界非数论莫属。算术还没有找到它的笛卡尔，更不要说它的牛顿了。

为了不使这种评价看上去过分悲观，让我们牢牢记住：有几个算术的王国自高斯的时代起分别取得了长足的进步,尤其是自 1914 年以来,现代分析[4.2]在让高斯的后继人 100 多年强攻不破的数论顽垒问题上得到运用。在数论领域确实有两三件可与几何界成绩相比的光辉成果,然而,并没有哪一项进步影响了整个发展进程。这或许是这个领域本身的性质所致。

高斯曾经赞美过的整数性质中的神秘的和谐,这些显著的进步中有一项揭示了某些和谐的一个来源。这就是库默尔、戴德金和克罗内克在代数数理论上的创造。如果说,库默尔的理想数的发明可以与非欧几何相比,那么戴德金在代数数理论上的创造也如此。该创造是现代抽象代数的一些思想的来源,这一点我们已经在[5.6]中注意到了。另一个惊人的进步,是自 20 世纪头 10 年早期开始的数字的分析理论的光辉发展。在那些过去遗留的、现已被成功解决的个别问题中,我们可以说一说 18 世纪的 E. 华林(1734—1798)提出的问题和 C. 哥德巴赫(1690—1764)提出的猜想。华林的问题我们以后还会碰到。另一个非常有趣的结果是对某些数是超越数的证明,以及对许多这种数的构建。我们将在不久后指出所有这些事物的本质。在我们给出下面的引文和一份算术业余爱好者的笔记之后,我们的预备工作就算完成了。高斯在 1849 年写道:

数论为我们呈现了一座宝库,其中有趣的真理取之不竭。这些真理并非是孤立的,它们相互间存在着最紧密的联系,而且随着相继取得的每一个进步,我们不断发现这些真理之间存在着人们完全没有预料到的新的接触点。算术理论的很大一部分从某种奇特的性质中获取了更多的迷人之处，我们可以通过引入重要命题轻而易举地看到这一奇特特性。这些命题带有简洁明了的印记，但它却深深地掩藏着这种印记，不肯轻易展示，只有经过人们许多次无效的努力之后，这种印记才会现出本相。即使在那个时候，它也只能通过某种沉闷的人工过程得到，更为简单的证明方法却长时间不为我们所知。

L. E. 迪克森（1874—［1954］）在为他 1929 年出版的《数论导论》一书所写的序言中说：

> 数论是 20 世纪许多一流数学家和成千上万业余数学爱好者喜爱的研究课题。在最近的研究与较早的研究的比较中，前者占据了上风。将来的发现将远超过去的发现。

除了其他事情之外，我还从过去 2500 年的历史积淀下形成的庞大的结果集合中选取了几个问题，它们对业余爱好者仍然有着吸引力。这些问题三言两语就可以叙述清楚，但这种简洁完全不能说明其困难程度。事实上，我们似乎可以这样说：深深地吸引业余爱好者的，恰恰是一些让职业数学家绞尽脑汁却不得其法的最困难的问题。有时善于观察的业余爱好者会注意到数字的某个有趣的性质，而职业数学家却忽略了这个问题。职业数学家于是就有了困扰他们的新问题，这些问题有时可以让他们花上 100 年甚至更长的时间。

11.2　费马数和梅森数

作为数学的一门独立学科，数论开始于 P. S.（德·）费马（1601—1665）。费马是法官和国会议员，业余消遣是数学。他是作为业余爱好者闯入数学领域的，但后来成为大师中的大师。他是解析几何和分析的创始人之一[第十五章]，但为世人铭记却主要是因为在数论上的工作。他是一个天生的算术学家。在对自然数 $1, 2, 3, \cdots$ 的内在性质的深刻洞察方面是否有人能与他媲美，这是值得怀疑的；至今无人超过他的洞察力，这点是可以肯定的。我们应该记住，当费马进行他最伟大的工作时，他还没有掌握简洁且有创造性的代数符号学，他手中只有这种知识的笨拙的替代品。在今天的学校里，初学者只要几个星期就可以学完这些知识。费马有些最深刻的发现是通过语言推理得出的，其中不包含符号，或者只包含极少量的符号，大部分符号也只是单词的缩写。如果一个没有耐心的数学或科学或工程学的学生为自己不得不投入精力学习代数符号学而感到恼火，那么真该让他禁用代数符号学习一个星期，看看情况会如何。

费马、帕斯卡和其他 17 世纪初的法国数学家有一个共同的朋友——M. 梅森神父（1588—1648）。梅森的作用有点像邮局，为他的朋友们转交数学和科学方面的往来信件。梅森本人也是一位业余爱好者。他虽然死去了，但他的生命因以他的姓氏命名的数字而在算术中延续。有些历史学家猜想，这些著名的神秘数字的发现者其实是费马。但这不太可能，因为梅森没有理由剽窃自己朋友的想法。

224

用 F_n 表示的费马数的定义如下：

$$F_n = 2^{2^n} + 1, n = 1, 2, 3, \cdots。$$

那么 F_4 就等于 $2^{16} + 1$，$F_6 = 2^{64} + 1$；于是，

$$F_1 = 5, F_2 = 17, F_3 = 257, F_4 = 65\ 537，$$

这四个数都已经被证实为素数。下一个费马数是一个相当大的数字：

$$F_5 = 4\ 294\ 967\ 297。$$

费马研究这些数字的原因是，他希望能够发现一个有关整数 n 的公式，这一公式在 $n = 1, 2, 3, \cdots$ 时的结果全都是素数。他错误地认为 F_n 就是这样一个公式，但又坦然承认，他无法证明对于一切 n 来说，F_n 都是素数。这在历史上有重要意义，因为费马曾经多次陈述他获得的结果，但并没有说出他是如何得到它们的，也没有说这些结果是否已得到证明，尽管他说过或者暗示过他有证明。除了一个我们以后会说到的非常著名的例外，他提出的所有定理都得到了证明。他在有关 F_n 的问题上弄错了，但可以根据这个确定无疑的错误判断推知，他知道他什么时候做出了证明，什么时候没有做出证明。

欧拉在 1732 年分解了 F_5：

$$F_5 = 641 \times 6\ 700\ 417。$$

下一个 F_n 是 F_6，这个数字实在太长，这里写不下。但人们也在 1880 年证明，它不是素数，其分解形式为：

$$F_6 = 274\ 177 \times 67\ 280\ 421\ 310\ 721。$$

后来人们证明，当 $n = 7, 8, 9, 11, 12, 18, 23, 36, 38, 73$ 时，F_n 也不是

素数。

通过几个关于印刷术的合理假定，再加上一点普通算术的方法，并在方便的时候辅以对数，读者可以确信，如果写出 F_{73} 的完整形式，世界上所有图书馆都装不下它。人们迄今发现的最后一个素数 F_n 是 F_4，而一些大胆的猜测者已经推测，没有其他的素数 F_n 存在。证明或证伪只有有限个素数 F_n 现在仍然是一个有待解决的问题。如果确实存在着无穷多个素数 F_n，或许可以用令人信服的简单方法加以证明，就像我们在[1.3]中所说的欧几里得对有无穷多个素数 $2,3,5,7,11,13,\cdots$ 的证明方法一样。朝着这个相同的方向，第一流的算术学家 F. M. G. 爱森斯坦（1823—1852）在 1844 年提出一个问题，在级数

$$2^2+1, 2^{2^2}+1, 2^{2^{2^2}}+1, \cdots$$

上存在着无穷多个素数。无疑他对此进行了证明。看上去这是一个天才业余爱好者可以解决的问题。如果有谁问，为什么我没有去解决这个问题，我的回答是，我既不是业余爱好者也不是天才。在此我顺带复述那段可能出自高斯的不寻常宣言："在历史上只有三位划时代的数学家：阿基米德、牛顿和爱森斯坦。"

正如高斯在他对数论的颂词中所说的那样[11.1]，费马数为人们提供了一个（在数论和数学的其他分支之间）"完全没有预料到的新的接触点"。他或许一直想着他 18 岁时做出的那项决定了他命运的绝妙发现：他将把自己的天才贡献给数学而不是语言和逻辑，尽管他在后两门学问上也拥有罕见的天赋。我们称只用直尺和圆规的几何作图法为欧几里得作图法，称一个各边相等、各角也相等的多边形为正多边形。至公元前 350 年，古希腊人已经知

道了有 $4,8,16,\cdots$ 条边以及 3 条边(等边三角形)和 5 条边(正五边形)的正多边形的欧几里得作图法。由此出发,很容易作出带有 $2^c\times3,2^c\times5,2^c\times3\times5$ 条边的正多边形,此处 c 为任意正整数。这些古希腊人实际上告诉了人们应该如何作出这些图形。到此为止,他们没有继续向前跨出一步。年轻的高斯证明,如果 N 是 2^c 或 2^c 乘以不同的费马素数 F_n 之间的乘积,则可以用欧几里得作图法画出有 N 条边的正多边形。N 的这种形式是进行欧几里得作图的充分必要条件。如果 F_4 真的是最后一个费马素数,这是很有意思的,因为知道某个问题确实已经得到了解决总是很令人满意。正 17 边形和正 257 边形的简单欧几里得作图法已经到位,一位非常勤奋的代数学家①把他大部分的生命和论文篇幅贡献给了 F_4 正多边形,即带有 65 537 条边的正多边形的作图尝试。这一折磨人的劳动尚未完成,但它所有的结果都被一所德国大学的图书馆虔诚地保存了起来。受到错误引导的热情还能走得更远吗? 情况经常如此。

在一个没什么根据的传说中,高斯的墓碑上镌刻着他对正 17 边形的作图法。这件事有可能是真的,因为据说高斯有一次提起,根据西塞罗的说法,阿基米德的墓碑上刻着球体体积和表面积的图解,于是他也希望有一个类似的纪念物。如果他要求得到一座带有 65 537 条边的正多边形的作图的纪念物,他的遗嘱执行人或许必须复制一座大金字塔,或者一座超大金字塔规模的建筑。当然这不过是夸张而已。至今还没有什么人蠢到如此固执的地步,

---

① 即德国数学家约翰·古斯塔夫·赫尔梅斯。——译者注

真的去进行 65 537 条边的正多边形的尺规作图。令人高兴的是，正 4 294 967 297 边形不可能用欧几里得作图法作出。

梅森数 M_p 和费马数同样有名。这些数的定义是

$$M_p = 2^p - 1, \ p = 2, 3, 5, 7, 11, 13, \cdots, 257, \cdots,$$

此处 p 是素数。梅森于 1644 年断言，能使 M_p 成为素数的 p 只有

$$p = 2, 3, 5, 7, 13, 17, 19, 31, 67, 127, 257。$$

〔如果 p 是合数，则 $2^p - 1$ 可以立即分解为其因数的乘积。例如，$2^6 - 1 = (2^3 + 1)(2^3 - 1)$，如此等等。〕小于 257 的其他素数还有 44 个。因此，按照梅森的说法，对于所有这些素数来说，M_p 都不是素数。弄清楚梅森做出这一断言的根据将会是一件非常有趣的事情。他不大可能只是在进行大概的猜测。他是一个诚实的人，而且不蠢。但无论如何，他错得实在离谱。人们在 19 世纪 80 年代发现了他的第一个错误，当时有人证明，M_{61} 是一个素数。但有些人依然相信神秘的梅森神父真的明白自己的论点，他们对这个证明不屑一顾。这大概只是某位粗心的打字员弄错了而已，61 其实是 67 之误，他们如此解释道。但在 1903 年，F. N. 科尔（1861—1927）证明了 M_{67} 不是素数。

在所有 20 世纪头 50 年的美国数学家全部离世之前，我愿意在这里保留一段短短的历史记录。当我 1911 年问科尔，他花了多长时间破解 M_{67} 时，他回答说："三年中所有的星期天。"这一点很有趣，但并不是我要说的历史。1903 年 10 月，在纽约举行的美国数学学会会议上安排了科尔的一篇论文，标题很不显眼：《论大数的因数分解》。当会议主席提请他宣读论文的时候，一贯沉默寡言的科尔走上讲台，一言不发地用粉笔在黑板上算出 2 的 67 次方

228

然后他仔细地从结果上减去 1，又走到黑板一块空白前，接着开始用竖式乘法计算

$$193\ 707\ 721 \times 761\ 838\ 257\ 287。$$

这两个计算结果相符。梅森的猜想（如果这确实是他的猜想的话）就此消失在数学神话的墓葬之中。在美国数学学会历史记录上，这是第一次也是唯一的一次，出席大会的全体人员为这篇呈献在他们面前的论文热烈鼓掌。科尔走回自己的座位，从头到尾没有说过一个字。也没有人向他提出任何问题。

229　　　另一个关键的素数 p 是 257。据梅森所言，这是他的素数 M_p 中最大的一个。D. N. 莱默（1867—1938）编制了 1000 万以内数字的因数表，在完备性与精确性方面创造了一个前无古人后无来者的纪录。他的儿子 D. H. 莱默（1905—[1991]）则于 1931 年证明，M_{257} 不是素数，尽管他用的方法无法将这个数字分解成两个因数的乘积。1932 年秋天，作为 D. H. 莱默的朋友，我和他的其他朋友们一起，在帕萨迪纳见证了他寻找大数字因数用的电子机器的一次测试。这是关于大脑加上机器功效的一次激动人心的演示，其中特别强调的还是大脑。如果读者想要了解这一集会的形象论述，可以参阅 D. H. 莱默的文章《搜索数论中的大猎物》（《数学手稿》，第 1 卷，第 229—235 页，1932 年）。就在本书写作期间，我听闻在英格兰的曼彻斯特，人们正用一台电子计算机检测梅森数。①

---

　　① 写了上面的文字之后，这台机器已经检测到了 p 略大于 400 情况下的梅森猜想。人们没有发现下一个梅森素数。（截至 2018 年 12 月，已知的梅森素数共有 51 个。其中最大的 p 为 82589933。——译者注）

可能有人希望进一步探讨这个问题,所以我在此叙述一条用于检测 M_p 素数性的准则,即经 D. H. 莱默大大改进的 E. 卢卡斯(1842—1891)准则。在级数

$$S_1=4, S_2=14, S_3=194, \cdots, S_{t+1}^2=S_t^2-2, \cdots$$

中,第一项后的每一项都等于前一项的平方减 2,即

$$S_2=4^2-2=14, S_3=14^2-2=194, S_4=194^2-2=27\,634, \cdots,$$

以此类推。这一级数各项的大小增长得极为迅速,这一点读者再往下计算几项就可以确认。这一准则是:如果 p 是一个大于 2 的素数,当且仅当 M_p 可以整除级数的第 $(p-1)$ 项,则梅森数 $M_p=2^p-1$ 为素数。任何想把这一准则应用于 M_{257} 的人都会很快看清楚,如果有某种机械的帮助,做这项工作就会容易得多。当然,人们并没有真正算出这个级数的各项,即使现有的最大的计算机也无法给出计算 M_{257} 所需的结果。数论提供的捷径让这一准则有了用武之地。

在讲过卢卡斯准则之后,我可以在这里告诉大家,卢卡斯也是一个伟大的业余爱好者。之所以这样说,是因为他虽然精通他那个时代的许多高等数学,却不以当时流行的工作为职业,为的就是要自由地发展他的算术直觉。他的著作《数论》(第一部分,1891)(遗憾的是只有第一部分)是一本让业余爱好者和水平不很高的数学工作者着迷的数论著作。人们应该搜集他广泛发表的零星著作,筛选他未曾发表的手稿并予以编辑出版。[1]

230

---

① 一些年以前,卢卡斯的手稿标价 3 万美元出售。终其一生,卢卡斯都没有过那么多钱。

我们很快就要说到费马令人头疼的"最后定理"了，那时我们会注意到这个定理与费马数和梅森数之间的奇妙联系。我现在引用 D. H. 莱默发表在《美国数学学会会刊》（第 53 卷，第 167 页，1947 年）上的话，以结束有关梅森的陈述，令其永垂不朽。此处的 M_p 定义同前，为 2^p-1，其中 p 为素数。

（1）对于以下素数 p，M_p 为素数：

$$2,3,5,7,13,17,19,31,61,89,107,127。$$

（2）对于以下素数 p，M_p 不是素数，而且人们已经成功地将其完全分解为因数的乘积：

$$11,23,29,37,41,43,47,53,59,67,71,73,79,113。$$

（3）对于以下素数 p，M_p 不是素数，而且人们已经成功地找到了它们的两个或更多的因数：

$$151,163,173,179,181,223,233,239,251。$$

231

（4）对于以下素数 p，M_p 不是素数，但人们只成功地找到了它们的一个因数：

$$83,97,131,167,191,197,211,229。$$

（5）对于以下素数 p，M_p 不是素数，但人们没有找到它们的任何因数：

$$101,103,109,137,139,149,157,199,241,257。$$

在莱默的总结（6）中，当素数 $p=193$ 和 $p=227$ 时情况未定。H. S. 尤勒（1872—[1956]）在 1948 年解决了这两个数字的问题，它们都不是素数。因此，梅森的最后成绩是 5 个错误，即他错误地包括了 67 和 257，但同时也错误地排除了 61,89 和 107。不知梅森认为他有多了解他所谈论的话题呢？人们足足用了 304 年才纠正了梅森的错误。

从(3)(4)(5)可知,有关梅森灾难人们还有不少事情要做。现代计算机或许可以做到这一点,但还是需要人类大脑的谦虚的协助。

11.3 素数点滴

(有理)素数 2,3,5,7,11,13,17,19,23,…是(基本)数论的乘法方面的建筑砖石,这与算术基本定理的推论有关。该定理是:如果一个正整数可以写成素数的乘积的形式,则这种形式在本质上是唯一的。"本质上"指的是,如果两种素数因数的乘积之间的差别仅仅在于其因数排列顺序上的不同,则认为这两种乘积并无差别。例如,

$$105 = 3 \times 5 \times 7 = 5 \times 7 \times 3,$$

如此等等。这一定理可以通过数学归纳法并加上一点简单却需要专门技能的独创性来证明。E. 策梅洛(1871—[1953])于 1912 年做出了这样的一个证明,并于 1934 年发表了他的成果。其他人纷纷效仿他的方法。我们将在全书即将结束时再次提及策梅洛。

在较早的素数定理中,我们可以特别提一下费马的定理,首先是因为它本身就被算术学家视为珍宝,其次是因为它是费马运用自己所谓"无穷递降法"证明的。[①] 任何一个可以写成 $4n+1$ 形式的素数都可以用唯一一种方式写成两个平方数的和,例如 $5=1+4,13=4+9,17=1+16,29=4+25,101=1+100$。而且我们马上

232

---

① 实际上,这种方法是欧几里得第一个使用的。

就会看到，任何 $4n+3$ 形式的数都不可能写成两个平方数的和。以递降法进行的证明中，人们首先假定存在着一个可以写成同样形式的较小的素数，但却不遵守以上定理。逐步下降，我们最后会得到"5 不遵守这一定理"的结论。但 $5=1+4=1^2+2^2$。这一矛盾证明该定理成立。递降法在可以使用的时候是绝对可靠的，但找到至关重要的递降步骤通常是很困难的。

数论的基石之一是费马于 1640 年发现的"小"定理，或"更小"定理。这一定理的内容是：如果 n 是一个不能被素数 p 整除的任意整数，则 $n^{p-1}-1$ 可以被 p 整除。这个定理几乎与所有其他定理一样，都是传承自过去的数学，被以各种方式进行扩充和推广，决非微不足道之物。由于该定理的简单证明可以很容易地在大学代数和其他地方找到，我不拟在此给出证明。任何学习现代代数的学生都会知道这个定理的重要性。

我们之前说过，费马试图找到一个只给出素数的公式。一个很类似的问题是为素数性找到一个标准。这个标准是由 J. 威尔逊（1741—1793）在 1770 年前成功发现的。他指出，当且仅当

$$1+2\times3\times4\times\cdots\times(n-1)$$

233　可以被 n 整除时，n 为素数。对于 6 来说，上式为 $1+120=121$，121 不能被 6 整除，因此 6 不是素数。而对于 $n=7$ 来说，$1+720=721$，721 可以被 7 整除，因此 7 是素数。遗憾的是，威尔逊的绝对标准对稍微大一点的数字就不适用，比如说 101。对此读者可以自行尝试。

梅森数与我们在[11.1]中说到的所谓完全数之间存在着一种有趣的联系。完全数是由毕达哥拉斯学派引入算术的，他们赋予

这些数一些略荒谬的神秘主义意义。如果用 $S(n)$ 表示 n 的所有因数,包括 1 和 n 本身,则当 $S(n)=2n$ 时我们称 n 是一个完全数。这显然与之前[11.1]中的定义相符。例如,6 是一个完全数,因为 1,2,3,6 是 6 的所有因数,而它们的和是 12,或者说 2×6。对于 28 也有同样的情况:1,2,4,7,14,28 是它所有的因数,它们的和是 56,或者说 2×28。欧几里得和欧拉两人分别独立证明了,对于一个偶数,当且仅当它可以写成 $2^c(2^{c+1}-1)$ 的形式时,该偶数为完全数,此处 $2^{c+1}-1$ 是素数。因此,每一个梅森素数都对应着一个偶完全数。但奇完全数的情况又如何呢?是否也存在着类似的对应?一直到大约 2300 年后的 1950 年,这一问题都无人能解。不过已经有了一些进展,例如西尔维斯特就证明了以下命题:如果一个奇完全数存在,则它必定至少有 6 个相异的素因子。在 1947 年及之后,人们又证明了一些否定性结果,但我不拟在此叙述这些结果,因为它们距离这一问题的解决还有一段漫长的道路。

无论是业余爱好者还是专业数学工作者,每一个人要问的有关素数的第一个问题都可能是:"不超过某一个事先给定的数字——比如说 10 亿,或者说 x——的素数有多少个?"一个更容易理解的问题是:究竟有多少个不大于 x 的素数?更准确地说,如果用 $P(x)$ 表示不超过 x 的素数的数目,那么,是否存在着一个 x 的函数,不妨说 $L(x)$,当 x 趋近于无穷即变得无穷大时,$P(x)/L(x)$ 的值越来越接近于 1?如果这个函数存在,我们就说 $P(x)$ 渐近于 $L(x)$。J. 阿达马(1865—[1963])和 C. 德拉 V. 普桑(1866—[1962])于 1896 年几乎同时独立证明了 $P(x)$ 渐近于 $x/\ln x$。这就是所谓"素数定理"。这一定理的证明是精细数学分析的一曲

234

凯歌。对最初证明进行的大量修正，产生了许多主要让该领域的专家有兴趣的文献。然后，A. 塞尔伯格（当代［1917—2007］）于 1949 年发表了一份相当令人意外的基础证明。"基础"并不意味着"容易"。所谓基础是从专业的意义上说的。这一证明或许可以简化。

另外一个有关素数的著名定理是 P. G. L. 狄利克雷（1805—1859）的定理，这一定理的内容是：在任何算术级数

$$an+b, \, n=0, 1, 2, 3, \cdots$$

（此处 a, b 为没有大于 1 的公因数的正整数）中，都存在着无穷多个素数。例如，存在着无穷多个形如 $6n+1$ 的素数。狄利克雷于 1837 年用艰深的分析证明了这一定理。他的证明是现代解析数论的真正开端。人们在解析数论中应用连续性的数学即分析［4.2］来解决有关离散型［4.2］的整数范畴的问题。A. 塞尔伯格于 1949 年发表了对狄利克雷的这一定理的一项"基础"证明，这也是非常出人意料的。

可能更难的问题看上去似乎很简单：形如 n^2+1 的素数是否有无穷多？几乎每个人都能想出这类问题，谁也没法在这样的顽垒上打开一个缺口，更遑论彻底攻破了。如今，声名卓著的数学家很少会发表自己未经证实的猜想。一些更富有浪漫精神的算术学家过去常设想，以前的鲁莽猜想者拥有某种已"失传"的神秘方法，这种方法能让他们发现当代数学家无法触及的真理。梅森的灾难［11.2］让某些领域的人对猜想失去了兴趣，但并非人人如此。

一个众所周知的猜想是由哥德巴赫在 1742 年提出的。他在只有极少数字证据存在的情况下断言，任何大于 2 的偶数都是两

个素数之和,例如 30＝13＋17。在 1937 年以前,这一猜想的证实尚未取得决定性的进展,直到 I. M. 维诺格拉多夫(当代[1891—1983])1937 年证明,任何"足够大"的奇数都是三个奇素数之和。从理论上说,现代计算机可以在合理的时间内合上"大"这个字所暗示的有限的缺口,而且毫无疑问会这样,除非哥德巴赫猜想在维诺格拉多夫的定理过时之前就已经被破解。

　　上面提到的素数定理属于我们称为解析数论的学科。这一学科的结构庞大而又复杂,主要构筑于 20 世纪,它的主要研究内容是,当我们考虑涉及某数字类的**近似计算**而非准确计算的问题时,决定其计算结果的误差的**序**(相对大小)。这方面的研究带头人是哈代、E. 兰道(1877—1938)和 J. E. 李特尔伍德(1885—[1977])。**序函数**是解析(离散的)数论的一个重要副产品,我们现在叙述这个简单又极其有用的概念,它在有关分析的术论著中如今已成了老生常谈。应用数学的许多领域(包括统计力学)在进行足够准确的近似计算时,序函数已经是不可或缺的了,其中准确的结果有时非人力可得,即便在计算机的帮助下也如此。这种意义上的序(即误差大小或近似程度)的理论源自 1892 年的数论问题,与物理学之间没有明显的联系。尤其是,"O"函数是由 P. 巴赫曼(1837—1920)在他 1892 年的著作《解析数论》一书中首先引入的。物理学家 R. H. 福勒(1889—1944)曾经告诉我,他在剑桥大学师从哈代学习解析数论时得到了近似计算的不寻常技巧,并在他 1929 年出版的《统计力学》一书中展示这一点。

　　这项工作的更为广泛的意义是,它融合现代分析和现代数论,形成了一个研究数论的强大方法。

236

11.4　丢番图分析

正如本部分的标题所暗示的那样,数论这一庞大领域可以追溯到亚历山大城的丢番图,他是这个学科已知最早的大师,也是与欧拉、拉格朗日和高斯并列的最伟大的大师之一。丢番图分析处理的是有两个或两个以上未知数的单个方程或方程组的整数解或有理数解(即普通分数[4.2])问题。

对方程的解提出的限制是困难的来源。例如,对于初等代数中的方程 $2x+3y=5$ 中的 y,求解可得 $y=\dfrac{5-2x}{3}$,此处 x 可以是任何数字。但如果只允许 x,y 的正整数解,问题就不那么简单了。这一特定的方程可以用"检查法"求解:$x=1$,$y=1$ 是其特解。如果 t 是任意整数,$x=1+3t$,$y=1-2t$ 是其通解。如果要求的是正整数解,则 t 必须为零。但是,读者也会赞同,像

$$173x+201y+257z=11\ 001$$

这样的方程是很难用检查法解出的。

一次丢番图方程组有完整的理论。这是无数算术学家在大约 15 个世纪中努力的结晶。这项工作从古代印度人开始,但本质上直至 19 世纪 60 年代才由 H. J. S. 史密斯(1826—1883)结束。人们对于高于一次的方程的普遍性解法知之甚少,设计可用的标准来区分可解与不可解的丢番图方程,不单是数论中悬而未决的未解问题,也确实如希尔伯特于 1902 年所强调的那样,是整个纯数学领域的未解问题。代数方程中的相应问题即便无法具体解决,至少可以通过伽罗瓦理论[9.8]及其现代发展接近。

为将本章的篇幅保持在合理的范围之内,我必须略去许多有趣的内容,仅选取丢番图问题中最为著名的一个,即费马大约于1637 年提出的问题。费马有一本 C. G. 巴切特(1581—1638)版的丢番图的《算术》,他习惯把一些发现写在这本书的空白处。以下是他在这本书上写的被人永远铭记的"最后定理"。我在此引用 V. 桑福德(当代[1891—1971])翻译的费马著作《数学资料汇编》(麦克劳希尔出版社,1929),原文是拉丁文。

> 把一个立方数分解成另外两个立方数,或者把一个四次方数分成另外两个四次方数,甚至由此推广到把一个高于二次的任何次幂分解成两个同次幂的和,都是不可能的。我确定曾经为此找到了一个绝妙的证明,但书页的空白处太窄,写不下来。

三百多年的光阴转瞬即逝,历史上最伟大的一些数学家为证明方程

$$x^n + y^n = z^n$$

在 n 大于 2 的情况下没有非零整数解做出了努力,但这些努力都没能给丢番图著作上的空白处补上这个定理的完整证明。$n=2$ 这一例外情况是必不可少的,我们在提到古代巴比伦[10.1]时已经注意到了这一点。许多满怀希望去破解最后定理的攻关者,都在证明这一方程在所有 n 大于 1 的情况下不可能[1]时碰得头破

238

---

[1]　原文如此,不知原文为何没有去掉 $n=2$ 的特例。——译者注

血流。

我可否顺便在这里请求，读过这一部分并认为自己可以证明的读者不要把证明寄给我？我曾经检查过远远超过一百份荒谬的证明，我认为我已经为此尽了绵薄之力。许多年前，有一份证明让我困惑了三个星期之久。我感觉到明理有问题，却找不出问题所在。在走投无路的情况下，我把该证明的手稿拿到了我教三角学的一个班级里，让一位非常聪明的女孩检查。结果她只花了半个小时就找出了症结。这并不像听上去那样令人尴尬。C. L. F. 林德曼（1852—1939）曾于 1882 年证明了 π 是超越数（我们不久就要谈论这个问题），并由此永垂不朽。但他在去世前不久自费发表了一份很长的所谓证明，其中的致命错误几乎在论证刚刚开始的时候就出现了。每个考虑证明该定理的人或许会有兴趣听一听希尔伯特 1920 年的一段话，当时有人问他是否尝试过证明这个定理，他说："在开始证明之前我应该先花三年的时间集中学习，但我没有那么多时间浪费在一件可能会失败的事情上。"

费马留下了一份将 n 降为 4 时的证明，欧拉在 1770 年证明了 $n=3$ 的情况，但没有完成，后来由其他人补足。因为 $x^{mn}=(x^m)^n$（y^{mn}, z^{mn} 也一样），现在足可证明，当 n 是大于 3 的奇素数时定理成立。迄今为止对普遍证明进行的所有尝试都必须区分两种情况：n 无法整除 x,y,z 中任何一个数，n 可以整除其中的一个数。第二种情况看上去要比第一种情况困难得多。对于第一种情况，J. B. 罗瑟（1907—[1989]）于 1940 年证明，该定理对所有不大于 41 000 000的奇素数成立。1941 年，D. H. 莱默和 E. 莱默（1906—[2007]）更进一步，把上限提高到了 253 747 889。对于第二种可能性,截至 1950 年的极限是 H. S. 范迪弗(1882—[1973])的 607。读者若想了解截至 1946 年的情况总结,可阅读范迪弗发表在《美国数学月刊》上的文章(第 53 卷,第 555—578 页,1946 年)。这位算术学家是自库默尔以来对费马最后定理研究得最深刻的人。

我们可以在此叙述三个特别的结果,因为它们与费马感兴趣的问题之间存在着发人深省的联系。A. 韦伊费列治(当代[1884—1954])在 1909 年证明,如果在上述第一种情况下存在着 x, y 与 z 的解,则素数 n 必须满足 $2^{n-1}-1$ 可以被 n^2 整除这个条件。在一切小于 2000 的 n 中唯一符合条件的是 1093。1909 年以后,人们发现了许多与此类似的标准。从韦伊费列治的标准出发,E. 戈特沙尔克(当代)于 1938 年推导出,在第一种情况下,如果 n 是一个费马素数 $2^{2a}+1$,或者是一个梅森素数 2^b-1,则方程无解。这是历史给我们的提示吗? 或者说,这难道不是历史给我们的提示吗?

最后,H. 卡普费雷尔(1888—[1984])于 1933 年证明了一个令人吃惊的结果,即,如果方程

$$z^3 - y^2 = 3^3 \times 2^{2n-2} \times x^{2n}$$

存在有理整数解 x, y, z,且其中任何两个都没有大于 1 的公因数,这与费马方程

$$u^n - v^n = w^n$$

存在着一个等价解。

11.5 代数数

迄今为止,费马最后定理对数学的最大贡献,是它对代数数理论的促进。正如我们在[5.6]中指出的,这一理论是近世代数中一

240 些有影响的概念(例如理想)产生的原因。这些概念反过来又对现代数学物理产生了影响。

我们称普通算术中的正整数、负整数和零为有理整数，与代数整数相区别。后者的定义如下：

令 a_0，a_1，a_2，$\cdots$，a_{n-1}，a_n 为 $n+1$ 个给定的有理整数，其中 a_0 不为零，且不是所有数都有大于 1 的公因数。从由高斯于 1799 年首次证明的代数基本定理我们知道，方程

$$a_0x^n + a_1x^{n-1} + \cdots + a_{n-1}x + a_n = 0$$

刚好有 n 个根。也就是说，刚好存在着 n 个实数或复数(不妨令其为 $x_1, x_2, \cdots, x_n$)，用其中任何一个代入原方程取代 x 的位置，都可使方程的左边等于零。我们可以注意到，要解这个方程，并不需要创造超出复数范围的数。如果 $n=2$，我们得到的就是熟悉的事实，即二次方程刚好有两个解。为清晰起见，我在此重复：在现在的讨论中，a_0，a_1，a_2，$\cdots$，a_n 是有理整数，且 a_0 不为零。我们称方程的 n 个解 $x_1, x_2, \cdots, x_n$ 为代数数。如果 a_0 为 1，则称这些代数数为代数整数，它们是有理整数的推广，这一点我们很快就会在后面看到。例如，$3x^2 + 5x + 7 = 0$ 的两个根是代数数，$x^2 + 5x + 7 = 0$ 的两个根是代数整数。

一个有理整数，譬如 n，也是一个代数整数，因为它是方程 $x - n = 0$ 的根，因此满足普遍的定义。但一个代数整数不一定是有理数。例如，$x^2 + x + 5 = 0$ 的两个根都不是有理数[4.2]，尽管根据定义，它们都是代数整数。在对代数数和代数整数的研究中，我们

241 找到了另一个体现出普遍化倾向的例子，可凭这种倾向区分现代数学。

省去技术细节和精细加工,我将给出一些理念,说明有理整数和不是有理整数的代数整数之间的根本区别。首先我们必须知道,什么是一个代数数域。尽管可能会有重复(见[5.7]),但为了清楚起见,我还是需要叙述一些基本定义。

如果以下方程

$$a_0x^n + a_1x^{n-1} + \cdots + a_n = 0$$

(其中系数 $a_0, a_1, \cdots, a_n$ 是有理数[4.2])的左边无法被分解为两个系数都是有理数的因式,我们即称这一方程为 n 次不可约方程。

现在考虑某个如上所述的 n 次不可约方程的所有表达。第一步,考虑这个方程的一个特殊根,并对其进行加、减、乘、除(不包括以零为除数)等运算。不妨说我们选定的根为 r。作为所得结果的一些样品,我们给出 $r+r$ 或者说 $2r$,r/r 或者说 1,$r \times r$ 或者说 r^2,然后有 $2r^2$ 等,总数无穷多。显然,根据过去的定义[3.1],所有这样的表达的集合是一个域。我们称这样一个域为通过 r 生成的 n 次代数数域。可以证明,由 r 生成的这个域中的任何一个元素都可以表达为 r 的多项式,其次数不超过 $n-1$,此处 n 是以 r 为其一个根的不可约方程的次数。这个域将包括代数数和代数整数。刚刚我们稍微跑题说了一下有理整数,但下面我们要仔细考虑的是这些代数整数。

有理素数是 $2, 3, 5, 7, 11, 13, 17, 19, 23, 29, \cdots$,即那些大于 1 且只有 1 及其本身为因数的整数。我在此复述(有理)算术的基本定理:一个大于 1 的有理整数或者是素数,或者可以写成其素因数的乘积,其形式在本质上是唯一的[11.3]。这一定理广为人知,甚至某些教科学的作者声称它是"不证自明"的,这也是数学中

242

的"显而易见"的危险性的重要实例。任何不抄袭书本就能证明这一定理的人都有成为真正数学家的潜质。我曾在[11.3]中叙述过策梅洛的证明。

素数在代数数中的定义与在普通算术中的完全一样。但很遗憾，那项"不证自明"的定理——每个代数域中的每个整数，都可以以本质上唯一的形式写成其素因数的乘积——在此处不能成立。随着基础的消失，整个上层建筑也随之土崩瓦解。

人们不必为匆忙得出这样一个"显而易见"却错误的结论而感到过分羞愧。在 19 世纪，不止一个一流数学家犯了同样的错误，其中就有柯西，但他很快就自己叫停了。在某些代数数域中，一个代数整数的素因数可以以多于一种的形式构筑这个代数整数。这是一个混乱的局面，想要恢复正常秩序，必须通过高水平天才的发现。

代数数的理论起源于库默尔证明费马最后定理的尝试[11.4]。大约在 1845 年，他认为自己已经成功了。他的朋友狄利克雷指出了证明中的错误。库默尔在证明中假定那项"显而易见的"但并非永远正确的定理是正确的，即对于代数整数来说，其素因数乘积的方式也是唯一的。他开始着手从算术建立自身的混乱中重建秩序，并在 1847 年发表了他在与费马的断言有联系的特殊域中重建算术基本定律的论文。人们通常认为，这一成绩比证明费马定理具有更重大的意义。为在他的域中重建素因数乘积的唯一性，库默尔创造了全新的数字，他把这种数字称为理想。

1871 年，戴德金用一种更简单的、可应用于任何代数数域的整数的方法，做了与库默尔类似的工作。由此，有理算术才真正得到了推广,因为根据前面的定义,有理整数是由 1 产生的域中的代数整数。

戴德金的"理想"取代数,成为 19 世纪一个值得纪念的里程碑。我记得数学中从来没有过这样的情况,即为看到表面的复杂性和混乱的事实背后隐藏的一般模式,需要这种强大的洞察力;所看到的事物也没有这样炫目的简洁性。我在这里说的,是与代数有关[5.6]的理想。只要对戴德金的理想定义做几处文字修改,它就可以适用于任何事先给定次的代数数域。

人们研究的第一个超越有理数域的代数数域是通过 $i^2+1=0$ 的一个根生成的。在这个域中,整数的形式是 $a+bi$,此处 a,b 是有理数。人们称它们为高斯整数,因为这些数是高斯在 1828—1832 年引入的。算术基本定理对这些数有效,用来找出两个数字的最大公约数[5.5]的所谓欧几里得算法也适用,但当然得是经过修改的普遍形式。我在此叙述这些事情的核心内容,为一个于 1947 年得到证明的令人吃惊的定理做准备。如果我们让一个正有理整数被另一个正有理整数除,例如 12 被 5 除,这里最小的正余数是 2,小于除数 5。如何从这件事推广到高斯整数呢?说一个复数小于另一个复数是毫无意义的,因为我们无法在数轴上安排复数。但如果可以用唯一一个实数[4.2]与复数 $a+bi$[4.2]"相关联",我们或许就有继续进行研究的希望。

正如在数论中经常出现的情况一样,要看清什么是应该做的事,即便不需要天才,也需要异乎寻常的洞察力。根据定义,$a+bi$ 的共轭复数是 $a-bi$。它们的乘积是 a^2+b^2,我们称它是这两个复数的模。高斯证明,在一个高斯整数除以另一个高斯整数时,可以

244

使余数的模总小于除数的模，这与有理算术中的情况完全一样。从这一点出发，我们可以证明，算术基本定理[11.3]对于高斯整数有效。由 $i^2+1=0$ 定义的域是二次的，因为定义它的方程是二次的；这个域也是虚的，因为该方程的根不是实数；最后，这个域是欧几里得的，因为根据我们刚刚给出的结果，求最大公约数的欧几里得算法对于这个域中的整数有效。欧几里得算法在多少个二次域中是有效的呢？这个问题很有难度。K. 因凯里（当代[1908—1997]）于 1947 年给出了答案，根据他的证明，这样的域刚好有 22种。在数论中，一个多年来悬而未决的问题一次性得到解决，这是非常令人满意的结果。

11.6　超越数

对此我们稍作停留肯定就足够了。我们称一个不是代数数的数为超越数。换种方式陈述就是：一个超越数不能做系数为有理数的方程的根。只是到了 1844 年，才由刘维尔证明了超越数的存在。尽管一个个地找到超越数非常不易，它的总数却无穷多于代数数。这个令数学家大感震惊的事实是由 G. 康托尔（1845—1918）第一个证明的。

一个非常著名的超越数是 π，即圆周率。在准确到 7 位小数的情况下，$\pi=3.141\ 592\ 6\cdots$，1874 年有人把它的精确度计算到了 707 位小数，[①]尽管这种精确度似乎没有什么用处。我们已经

---

① 在我写下这段文字之后，一台新计算机（ENIAC）费时大约 70 小时，把 π 值的精确度计算到了 2035 位小数。这样的计算如果用手工进行，可能需要正常人辛苦工作一生。

在[11.4]中从侧面提到过林德曼,他于 1882 年用埃尔米特在 1873 年发明的方法,证明了 π 的超越性,从而摧毁了企图化方成圆的人们的最后一丝希望,尽管许多人直到现在都不知道,早在好多个世纪前,古代希伯来人 π＝3 的数值就已经将他们打翻在地了。

1900 年,希尔伯特强调了当时悬而未决的一个问题,即证明 $2^{\sqrt{2}}$ 是否是超越数。现代数学发展之迅猛从以下事实可见一斑:R. 库斯明(当代[1891—1949])在 1930 年证明了一整套总数为无穷多的数字为超越数,其中一个就是希尔伯特所强调的。他的证明相对简单。之后,A. 格尔丰德(当代[1906—1968])又证明另一个更具包容性的定理,即 a^b 是超越数,只要 a 是任意非零非 1 的代数数,b 是任意无理代数数即可。他的证明十分不易。

11.7 华林猜想

费马曾经证明,每一个有理整数都是四个有理整数(不排除 0)的平方的和。例如,

$$10＝0^2＋0^2＋1^2＋3^2,$$
$$293＝2^2＋8^2＋9^2＋12^2,$$

如此等等。华林于 1770 年猜测,每一个有理整数都是一个固定数量 N 的有理整数的 n 次幂之和,其中 n 是任意给定的正整数,N 完全取决于 n。对于 $n＝3$,所需要的 N 是 9;对于 $n＝4$,现在已知,所需要的 N 不超过 21。

1909 年,通过极为精巧的推理,希尔伯特证明了华林猜想。但他的证明没有指出所需要的 n 次幂的个数。如同希尔伯特的大

部分工作一样，他的这个证明属于"存在性"的。有些讽刺意味的是，存在性定理的逻辑是 20 世纪 30 年代迫使希尔伯特放弃证明数学分析一致性的尝试的原因之一，他的尝试本来看上去很有希望成功。我将在本书最后一章再次讨论这一问题。

1919 年，哈代应用现代分析的强大工具，对上述定理做出了更加深刻的证明，这个证明所蕴含的精神可以运用于许多极为困难的数论问题。这个进展将两个相隔很远的数学领域联系了起来，因此意义重大。这两个领域一个是探讨不可数的或连续的数据的分析，另一个是探讨可数的或离散的数据的数论[4.2]。

最后，从 1923 年起，维诺格拉多夫的研究使这些问题中的一些可以用相对基本的方法解决。部分地从维诺格拉多夫的结果出发，迪克森和 S. S. 皮莱（当代[1901—1950]）几乎同时解决了整个华林猜想问题，只有某些特别顽固的问题除外，而这些问题也在 1943 年由 I. M. 尼文（1915—[1999]）出手解决。对于 19 世纪 40 年代的数学家来说，征服这样的问题似乎是几百年后才会发生的事情。这些事情不过是数学整体进步中的一个插曲，尽管是相当辉煌的插曲。我叙述这个插曲的原因是，它是数学的国际主义的一个典型事例。一个由英格兰人提出的猜想，在一个英格兰人、一个德国人、一个俄罗斯人、一个印度人、一个美国得克萨斯州人和一个加拿大裔美国人的共同努力下得到了彻底的解决。数学中不存在民族偏见。

华林问题属于加性数论范畴，这一范畴要求人们把某个特定域内的数字表达为另一个特定域内数字的和。例如，如果每一个域中的所有数字都是非负整数，我们的问题是，有多少种方法可以把任何给定的整数表达为一些整数的和。这个问题看上去没有什么价值，但它并不像看上去那样没有实用意义。它本身以及它更简单的变种对于统计力学和气体动力学很有用处。欧拉于 1741 年开创了分割的理论。它的现代理论可以分为两个主要部分：代数部分和分析部分。后者在 20 世纪 20 年代与 30 年代得到了详细阐述，以促进实际的数字计算。人们也在这一领域中利用先进又艰深的数学分析来寻找并找到了渐近公式。

11.8　女王的奴隶的女王

我的一些非数学家朋友很率直地要求我加入一个有关现代计算机起源的段落。这里是加入这一段落的恰当地方，因为女王的女王奴役了几个恶魔式的存在，为她做一些不得不做的苦力活。这些神奇事物对于卑微的人类智力大有裨益。我能够就此发表的言论极为有限，其原因有二：我从来都讨厌机器；我能理解的唯一的机器是一架手推车，我对它的理解也不完善。

不算我们的十个手指和几乎算不上机器的算盘，第一台有确切记载的计算机器是帕斯卡发明的，完成于 1642 年，也就是牛顿出生的那一年。考虑到计算机器可能会对牛顿悬而未决的三体问题[8.8]及其推广做些什么，它的确让人浮想联翩。帕斯卡用轮子和棘齿组成的机器的优点是，它们能够自动进行十进制的计算。对于我们这个机器时代的正常年轻人来说，完全没有必要进一步描述。帕斯卡没有生活在轮子套着轮子运转的无休止的嗡嗡声中，他认为必须手把手地指导他"亲爱的读者"在齿轮系统的基本奥秘中遨游。当年让数学天才帕斯卡费尽力气的东西，今天对于任何 12 岁的孩子来说都是易于理解的玩具，只需要半美元就可以买到。任何有 25 万美元可供挥霍的人，都可以买一台经过改进的机型，在闲暇之时任意玩耍。

帕斯卡的装置适用于加法。大约在 1671 年，莱布尼茨发明了一台适用性更广的机器，据他说，能够"计数与做加法、减法、乘法和除法"。但这并不是莱布尼茨对现代计算机的主要贡献。尽管他兴趣广泛，有着稀奇古怪的神学观点，但他在计算机器上多少还是做了一些努力的。他的主要贡献是，他意识到了二进制计数法或二进制观念在计算技术上相对于十进制的优越性。

或许，最早观察到代表整数的最简单也最自然的方法的人不是莱布尼茨，而是古代中国人。这种表达方法是 2 的各次幂的和，每一个幂项的系数是 0 或者 1，而不是 10 的各次幂的和，每一个幂项的系数是零或小于 10 的正整数。事实上，这些中国人猜到了或者证明了费马的"更小"定理[11.3]的特例，即 $2^{p-1}-1$ 当 p 是素数时可以被 p 整除。这一点可以从以二进制对整数的表达式上推导出。但他们出错的地方是，他们认为，这是 p 是素数的充分条件。某台为军事目的设计的现代计算机的第一批纯数学任务之一，就是全面修正古代中国人的错误。这当然是在这台计算机"不上班"的时候进行的。这台机器在几个小时内就完成了"人工"需要几年才能完成的计算。

现在给出一个有关两种不同进位制的例子。在十进制中，2456 意味着 $(2×10^3)+(4×10^2)+(5×10)+6$。在二进制中，不可能有 2456 这样的数位系列存在，因为在每个数位上出现的必须是 0 或者 1。要在二进制中表示 2456，我们必须找到不大于 2456

的 2 的最高幂。这个最高幂是 2^{11}，且 $2456=2^{11}+408$。然后我们继续以同样的方式处理余下的 408，以此类推：$408=2^8+152$；$152=2^7+24$；$24=2^4+2^3$；于是，在二进制中，

$$2456=2^{11}+2^8+2^7+2^4+2^3=100\ 110\ 011\ 000。$$

人们已经找出了在任意进制之间转换数字的简便而常规的方法。在 19 世纪 90 年代，有些学校里的代数教程中包括了介绍数字进制的简短章节。这些章节后来消失了，因为它们看上去没有用。今天，二进制计算是隐藏在一种有效的"数位"计算机背后的数学基础。这些机器依赖于简单的计数。二进制或许也是宇宙创生的终极秘密。因为在二进制算法中，用 0 和 1 就足以表达任何整数，这一事实让莱布尼茨确信，上帝从虚无（0）中创造了宇宙（1）。莱布尼茨不但是一位伟大的数学家，也是一位伟大的哲学家。然而，他混淆了"虚无"和"0"，这对于一位数学家和逻辑学家来说是一个引人注目的壮举。

在帕斯卡和莱布尼茨的时代与我们的时代之间，还出了另外一位值得一提的先驱，即 C. 巴贝奇（1792—1871），他发明了第一台真正意义上的现代计算机器。跟德·摩根一样，巴贝奇也是一个不墨守成规的英国人。他很不在乎他那个时代的风尚。他年轻的时候，几个自以为是的年轻人在 1815 年创办了剑桥大学分析协会，他就是那些年轻人中的一个。当时在剑桥大学，对牛顿的爱国主义偶像崇拜使英国数学家落后于他们在欧洲大陆的竞争者长达一百年。该协会让英国数学起死回生，至少让它出现了生命的迹象，直到它几乎成功地因历史上最让人头昏脑涨的考试制度而自杀。该制度的恼人程度或许仅次于汉语。巴贝奇的"分析引擎"能

够用表格列出任意函数的数值并打印出结果。这台机器只建造了一部分。这个项目是英国政府出资赞助的，因为这台机器有用于海军的可能性。机器的实际花费远远高于原来的预想，于是政府拒绝继续支持，不过一个科学委员会表示支持该项目。我曾读过一份东西，上面说政府在把这台"引擎"交付肯幸顿博物馆托管之前在它身上花费了 10 万英镑，但这令人难以相信。尽管委员会的报告对此持肯定态度，但当时的工作母机的精确度能否达到完成这台机器的要求是很值得怀疑的。

　　我不拟描述一台数位计算机，部分出于我前面说过的原因，部分是因为就在我写下这些文字的时候，人们正在高速、不停地设计与制造不断改进的新机型。像通常一样，商业竞争刺激了发明。与实际生产中必须解决的物理学与工程学问题相比，作为计算机基础的数学是足够简单的。电子学是（或者曾经是?）应用于设计的最有效的科学之一。我已经在[5.2]中指出了二值逻辑、开关电路、"是或不是"以及二进制机械之间的联系。

　　某些现代计算机有一个与它们所有的直系前辈不同的特点。它们很善于模仿人类记忆，但这种模仿并不完美。数字通过这种或那种精巧的装置得以储存以备不时之需，机器能够"记住"它们并自动把它们输入计算过程。电子管接收并保留数字以备后用。
251　但像人类的记忆一样，电子记忆也是有限的。如何改进机器的记忆而不减慢其速度，这个问题尚未彻底解决（在我写下这段文字时）。类似的问题也出在各种类型的信息的传送上。除非爱因斯坦弄错了，否则就有一个任何机器都不可能超越的速度限制。光速是所有能够运动的事物的速度上限。

我将只描述另外一种机器，即"模拟计算机"。如果这种计算机有一种基础数学，它可能就是运动学或者拓扑学。模拟计算机较早的例子是计算尺、求积仪、微分分析机和潮汐推算机。模拟机与数字计算机不同，它们不是计数器。

那些想获得更多相关信息的读者可以参阅分别发表在《科学美国人》1949 年 4 月刊和 7 月刊的两篇文章，其一为 H. M. 戴维斯（当代）的《数学机器》，其二为 W. 韦弗（1894—[1978]）的《交流的数学》。尽管其中的内容非常有趣，让人印象深刻，但我看不出有迹象表明机器已经废黜了我们的女王。完全用头脑思考的数学家或许既不需要女王，也不需要机器。

第十二章　抽象与预测

12.1　从麦克斯韦到雷达

现在又是仆人出来说几句的时候了。就像人们在评论非洲的时候说的那样,分析领域"总是会爆出一些新东西"。这个辽阔的领域包含着一切与连续变化的量相关的问题[4.2,6.2]。因此它对于自然科学的重要性不言而喻,因为"万物皆流"这句话显然是真理。一成不变只是假象,而分析让我们得以牢牢地把握连续变化的规律。

从柯西所在的 19 世纪 30 年代一直到 20 世纪的好多年中,分析的发展是史无前例的。今天它的范围已经如此广阔,可能没有哪位数学家能够精通两个以上的分支。微分几何是通过研究微小邻域上(如同我们已经在[10.2,10.3]中描述的弯曲空间上的距离公式)的构形和结构来研究几何曲线、曲面等的学科。如果我们看似合理地把微分几何的现代发展也归入分析,情况则尤其如此。最后一位能够综观他那个时代的分析的整个领域的人,是具有全能头脑的庞加莱。他能够做到这一点,主要是因为在他那个时代,分析的许多广大领域是他自己创造的。实际上,这位杰出的天才几乎在数学的每一个领域都留下了深深的印记。

在这些令人眼花缭乱的进展中,想要找到一种占据统治地位的观点,并由此纵览整个无涯疆界的所有重要扩展却并不容易。在各个方向上出现的临时边界正在迅速向前推进,往往只在转眼之间,这些边界便消失在地平线上,而且,人们还完全看不到这种现象有减弱的趋势。

尽管如此,我们还是必须关注一两个数学进展的总方向。我们或许可以说,从 19 世纪 70 年代至 20 世纪 40 年代,主要的数学活动有三,分别是:人们大量发明与利用函数的新品种,其多样化程度几乎令人不可思议;普遍化工作持续开展;人们对分析借以立足的基础进行尖锐的批评。

自 19 世纪 60 年代以来,证明的严格性的标准不断在提高。早期令人满意的证明受到仔细审查,时常被发现并不可靠,并按照当时的标准重新得到确立。在这方面,人们已经不再追求终极性,因为这显然是无法达到的。可以借用 E. H. 摩尔(1862—1932)的话来说明我们所能说的一切:"今天的证明按今天的标准就够了。"①

另一种倾向无疑会持续下去,这种倾向表现在 19 世纪 60 年代至 20 世纪 40 年代这整段时期内。只要数学的某个分支发生了重大的进步,分析便会立即抓住其中心理念,并迅速加以吸收。于是,在或多或少自愿的情况下,群、不变量、大部分的几何,以及数

---

① 这句话的英文原文是"Sufficient unto the day is the rigor thereof",摩尔化用了《新约·马太福音》6:34 中的"Sufficient unto the day is the evel thereof",即"一天的难处一天当就够了"。——译者注

论和现代抽象代数的一部分，都相继变成了分析借鉴与融合的对象。另一方面，无论在什么地方，只要人们发现有可能把分析的技巧运用于其他范畴，无论是单纯的数学范畴还是科学范畴，那里就肯定会出现迅速的进步。我们在数论中看到了一个例子。

254　　我们对数学推理的奇特威力的欣赏，超过了对分析中其他部分的欣赏。这种力量至少可以部分追溯到这一事实：数学并不把孤立的或者个别的工具指向某个问题，而是把精细并富有穿透力的整个思维链组合成新的、紧密融合在一起的推理引擎。这一引擎经常表达为单一的符号，人们一次性研究出这种符号的运算规律，然后把它们**作为单元**应用于正在研究的问题。这有点像一支纪律严明的军队在统一号令下向前行进。号令三军的将军并不过分关心军中的细节，这些细节由各个不同的支队长官负责应付。仅仅是单个武器就会在组成它的各个部分中发展出无可怀疑的威力，它作为一个单元运行，整体的成就将远远地超过各个部分取得的成就之和。未知的可能性会自动出现。不等新武器的设计者意识到这些可能性，他便已经完成了他连做梦都没有想到的征服行动。

这种奇特威力的例子可以说俯拾皆是。我们已经在得到证明的广义相对论的预言中看到了一个。下一章还有一个著名的例子，另有两个例子我们马上就会看到。在每一个例子中，胜利都不是由数学单独赢得的。在物理问题可以由数学加以公式化之前，伟大科学家的洞察力或直觉在任何情况下都必不可少。但如果没有数学分析，这些进步中的任何一项都不完成，过去的情况自然如此。把科学问题转化为数学符号的能力似乎与创造解决问题的数学的天才同样稀有。

　　我现在的例子可以回溯到 1864 年。那一年，麦克斯韦 (1831—1879)已经把 M. 法拉第(1791—1867)在电磁学上的一些辉煌的实验发现转化为一套微分方程，也已经充实了这套方程，使之与自己的物理假说相互融合。他正在根据数学分析的标准过程进一步操作这套方程。

　　就在这时候，其中一个数学物理基本方程表达了这样一个事实：在给定情况下，任何满足这一方程的事物都会以波的形式在整个空间中传播。而且，这个方程指出了这种波的传播速度。

　　通过操作他的电磁学方程，麦克斯韦从中得到了数学物理的波动方程。这些方程指出，波的传播速度是光速。（我们将在[17.4]中描述这些方程。）他没有写下他是否因从数学获知的事情而感到吃惊。不管怎么说，他继续尽情地利用他的发现。他证明了电磁扰动必须以波的形式在空间传播。而且，他从速度进入方程的方式出发，得出结论说光也是一种电磁扰动。我们将在第十七章中再次讨论这个问题。

　　这是 1864 年发生的事情。麦克斯韦于 1879 年去世。1888 年，H. 赫兹(1857—1894)在麦克斯韦有关"无线"电磁波的直接启示下，在前辈们的数学的指引下，开始通过实验生成麦克斯韦方程指出的那种波，并测定其速度。正是由于他的成功，才有了今天整个无线电、收音机、电视机产业，所有这些，都起源于区区几页纸的数学分析。但我们必须再次强调，如果没有麦克斯韦**建立方程**的非凡技巧和物理直觉，数学无法走得很远。另一方面，赫兹可能永远也不会开始他的实验。

我们现在还没有看到故事的结局。

下面我引用 L. A. 杜布里奇（当代［1901—1993］）的话。他在
二战期间是麻省理工学院的辐射实验室的负责人，远距离无线电
导航系统（Loran）就是在该实验室中发明、发展的，雷达的发展也
是在那里取得了巨大进步。

　　麦克斯韦的深奥理论和赫兹的关键实验至今还以几十种
意想不到的方式产生着成果……Loran 在航海史上第一次展
现了让航海者不必把星星作为唯一的导航标准的可能性。
［1949 年］在全世界的主要海洋航线上已经覆盖了一系列无
线电信号，合适的接收装置几乎立即能把它们转化成航海的
"方位"，无论白天黑夜，无论天气好坏。

　　Loran 利用的，是无线电波总是以已知的固定速度传播
这个简单事实。由此，如果三座位置合适的同步发射台同时
发出一束尖锐的脉冲信号，这些信号抵达某艘船只的时间间
隔便取决于这艘船的位置，也就是它与这三座发射台的相对
距离。因此，通过比较第一束信号和其他两束信号到达的时
间间隔，我们就可以准确地确定这艘船的位置……

　　现在让我们暂时转向无线电波在航海中的另一项应
用——人们以"雷达"这一合成词命名的技术。如果说，Loran
的目的是替代星星为我们指明目标的经度和纬度，人们设计
的雷达则是用以替代人类的眼睛来"看到"周围的事物，这些
事物包括近地物体、附近的船只、未经标记的礁石甚至是正在
抵近的风暴。

　　雷达确实是一只"神奇的眼睛"。它的操作原理很简单。一道定向发出的短波无线电脉冲束能够扫描人们希望它扫描的区域。脉冲束在物体上的反射可以显示在显示器屏幕上，这就为人们关心的给定区域提供了一张准确的地图。

　　安放在船只上的雷达显示器屏幕为引航员展示了一幅临近海岸线的地图，这使他无论在黑暗中或是在迷雾中都始终能够沿着海岸引导船只航行，甚至可以让它驶进港口。附近的船只与其他障碍物可以清晰地展现在屏幕上，它们在黑暗中或者迷雾中发生碰撞的可能性大大减小。最终，人们可以把雷达灯塔架设在岸上或者海面下的礁石上，这就可以更清晰、更准确地实现一般的灯塔或者水道指示灯的主要功能，而大雾天气时也能和晴天一样可见。那些由于重重迷雾笼罩而让港口无法进出的日子再也不会出现了。

　　杜布里奇说的是无线电波在航海上的应用。但只要在他的评论中增加明显的几条，他说的内容就同样适用于航空。一般地说，导弹也是麦克斯韦电磁波的一项应用。我们永远不应该忘记，如果没有雷达，二战的结果就不会是"英格兰永存"，而可能是"德意志永存"了。正是雷达，使德国对英国的空中轰炸失利。

　　这里我个人的一段回忆或许会让读者感兴趣。在希特勒大举发动战争之前，美国海军派出了一支科学家代表团，前去告知某个科学研究所的科学家们海军希望他们能够提供些什么。率领代表团的海军上将准确地描述了我们今天称为雷达的那种装置的性能。这是在他希望得到的装备名单中名列前茅的物品。他说，这件物品在与日本不可避免的冲突中会非常有用。尽管英国已经发明了那种最后将发展成为雷达的东西，在场的人似乎没有一个听说过它，或者承认他们听说过。但还是有人向这位海军上将保证，如果有足够的时间，他们会为将军提供他想要的东西。

我的第二个例子来自化学，或者说来自原子物理。这件事的意义可以与 D. I. 门捷列夫(1834—1907)在 19 世纪 70 年代发现的解释化学元素性质的周期律相提并论。我们注意到，基本上可以算是一种纯数学活动的量子理论在 1927 年预测，化学实验室中常见的氢并非**一种元素**，而是**两种元素**的混合物。人们通过实验寻找这两种预测中的元素，最后发现了正氢和仲氢。

看到了这两个数学预测的例子之后，我们或许会像哲学家那样提出一个问题：在大师的引导下，数学的这种预言能力的来源是什么呢？虽说神秘主义获得了预料之外的胜利，但数学告诉我们的，仅仅是我们以某种方式放进假定中的东西，除此之外别无他物，而我们就是依靠这些假定让所有精巧的数学工具工作的。那这一点是怎么做到的呢？我可以在这里顺便说一下，著名的生物学家 T. H. 赫胥黎(1825—1895)，号称"达尔文的斗牛犬"①，曾在 19 世纪 70 年代有些粗鲁地提出了这个问题，并因此激怒了西尔维斯特，令后者为数学的光荣做了一番更为华丽的辩词。尽管言辞浮夸，西尔维斯特还是赢得了这场学术辩论。当时人们确信，从二加二到矩阵，数学不过是可能毫无用处的代数的不切实际的

---

① 因其对达尔文进化论的强烈推崇与提倡而得名。——译者注

装饰。

有些人认为，正是人的科学洞察力首先构筑了符合某一特定物理状况的方程，对所有事物做出了解释。持续地观测自然并把它作为一个整体来看待，这类天真的凝视者凭直觉知道哪些东西可以忽略，而且在忽略了它们之后，他对真实情况的数学简化也不会变成一幅奇怪的漫画。就这样，他跨出了关键的第一步——把问题理想化，之后就可以利用数学把问题重新描绘为人们可以理解的图像。由于他保留了一切对于他的目的来说至关重要的东西，数学那难以改变的保真度将为他呈现同样真实的结论，这些结论将再次如实刻画出真实情况的各个方面。这些方面他已经感觉到了，但没有有意识地理解。

无论对此有什么样的解释，如我们所见，历史就是如此，具有数学想象力的科学家经常发现未知的物理现象。数学至少在某种程度上帮助了科学。另一方面，无可辩驳的事实是，某些数学理论优美的对称和简洁让它们得以在科学中保留。有时候人们本应抛弃某些理论，为它们无法容纳的更多更新的知识腾出位置，但出于上面的原因，它们依然在很长时间里占据着原有的地位。在下一章说到托勒密派和哥白尼派对太阳系形态描述的争论时，我们会提到这方面的经典历史例证。但从整体上说，有利的方面似乎远远超过了不利的方面。

12.2 两种方法

人们习惯把数学称为科学，而且按照实证主义哲学家 I. A. M. F. X. 孔德（1798—1857）的观点，数学应该放在科学分类的首位。只要我们记得数学和物理类或生物类科学之间的根本区别，把数学称为一门科学就没有什么害处。然而，在试图揭开科学发现中数学预言的神秘面纱之前，我们必须看到数学方法和严格的科学方法之间的某些差别。问题本身极为简单，但其深刻程度丝毫不减。

"不抽象的东西就不算数学"，我们或许可以把这句话当作区别数学和其他精确研究学科的试金石。一门科学有它"实在"的内容，至少人们这样宣称。以电磁学为例，它是人们从有关电和磁的现象中得到的信息的有组织的整体，这些现象"实际"发生在人类经验中。只要不对其过分严格地审查，天文学也是对有关天体的"事实"进行的系统积累，这些天上的物体被认为是我们的"感性知觉"之外的"存在"。

在形而上学家问一位物理学家，他认为"物质""运动""外部世界""事实"这些陈腐的术语有何价值之前，物理学家能够清楚理解他身边的宇宙。但在形而上学家提出了这样的问题以后，他的视野或许就开始模糊了。如果他只是一个平庸的科学人，只对与他的学科相关的哲学略有兴趣，无论他有什么样的疑惑，他可能都会把这些疑惑放到一边，继续自己的工作，相信他所研究的科学确实有一些超出想象的内容，即使他本人无法准确地说出这些内容是什么。大多数有创造力的科学家都同意，在哲学上能引起真正的巨大兴趣的认识论的疑问现在还不是科学需要考虑的主要问题。

但在数学上的情况则截然不同。很少有经过现代训练的数学家认为，他们的学科中包含的东西多于他们自己放进去的东西——赫胥黎就是这样指出的。在数学世界以外的人们看来，数学就像一个在梦中想象而一醒来就忘记的游戏一样空虚。在数学中除了游戏的规则以外别无他物，而这些规则是由游戏者随意制定的。这只不过是所谓的公设法[2.2]。一个数学家可以是瞎子、聋子、哑巴、瘫痪者（但不能没有大脑），只要他外部世界的经验对他的游戏有意义即可。

我们可以从小孩子做老师布置的数学作业时的痛苦中看到数学方法和科学方法之间的差别。任何一个人，如果他在大脑像 P. 魏尔兰①的绿色核桃一样没有成熟的幼年时期学过初等几何，都会想起自己曾经长期经历的痛苦。通过从硬纸板上剪下正方形、长方形和圆，并对它们进行几何测量与称重这一类愚蠢的练习，他勉为其难地去"重新发现"计算这些图形的面积的简单得要命的"规则"，以此让老师舒心。作为剪刀和天平的体操，这些折磨对于学校的物理实验室的神秘感或许是一个绝妙的开端。但作为对数学特别是对几何的介绍，这种做法是愚蠢的、不合适的、没有实际意义的、无关紧要的。

无可否认，科学家所理解的实验是文明的进步及其可能的毁灭的一种不可缺少的附属品。但即使是这种实验的永恒存在也无法告诉任何人数学意味着什么。如果某人要学会在数学的大海中游泳，并有理性地进行推理，那么他迟早必须一头扎进纯抽象的冰冷海水中，这就是学习游泳必须做的。正常孩子的伤亡事故只有

261

---

① Paul Verlaine（1844—1896），法国诗人，象征主义派别的早期领导人。——译者注

在野心过强的教育者过早进行指导时才会发生，这时孩子们或者会直接溺水，或者他们终其一生都对所有冷静的思考存有畏惧之心。**数学的精髓是从我们称为公设的、清楚陈述的假定开始的演绎推理。**我们在[2.2]中说到公设法时，这层意义便隐含其中了。要看到这种方法与应用数学之间的联系，就必须更仔细地观察，把它与非数学家可能更愿意接受的东西进行比较。

假设我们对几何一无所知。比较明智的做法是，找一套可用的规则来测量土地和城市的长方形地段。我们可以先用纸剪成模型来做实验。通过足够多的实验我们或许可以得出结论：在某些观察的误差许可范围内，长方形的面积可以不必先切成小块正方形进行测量，而是通过长乘以宽得出。这会给我们一种**统计**"定律"，这种有关长方形的定律与广泛应用于从核物理到生物学和社会学上的"定律"完全是同一种类型，其中普遍的原理是模糊或不充分的。

科学上的一切测量从本质上说都具有统计的性质。如人类所知，一根实验室中的铁棒永远不会刚好 3 英尺长。我们说它的长度是 3 英尺，其中带有 $\pm 0.000\,01$ 英尺的"概然误差"。这个结论是在使用物理仪器进行大量连续测量之后得到的，不是通过数学推理得到的。通过类似的方式，我们能够以令人满意的精确度预测，对于一组事先给定的问题，一个数量很大的受试群体中有多大百分比的个体能够答对 80% 的问题。我们不需要事先明白什么

262 是"智力"，除非我们可以测量某种被命名为"智力"的东西。我们的预测是建立在以往数以千计类似测试的结果的基础上的。正如我们发现，所有以相同方式制造的铁棒都在某个很小的误差范围

内具有相同的长度,受测人类群体同样会符合某个相当确定的模式,尽管我们对于该群体内每一个个体的情况一无所知。我们称用这种方式得到的测量结果为数据,我们可以对这些数据应用数学推理。一种有关测量的令人苦恼的形而上学随着相对论和量子理论一起出现了,或许在我们彻底了解我们自己、测量过程和被测事物之间的三角关系之后,我们才能应付形而上学的其他部分。

随着数学的进入,刚刚描述的过程发生了逆转。为简单起见,假设长期与土地和城市小片地段打交道的经验让我们想到了长方形面积等于"长乘以宽"这一规则。在把该规则作为终极经验接受之前,我们会像泰勒斯那样问:这是不是一些更简单的规则的推论呢? 由此,我们开始设置初等几何公设。这些公设非常简单,欧几里得和其他人会认为它们是"自明"的、"真实"的,并在某种直觉意义上将其认定为终极真理。例如,那条"同等于第三量的两个量相等"的公设就被认为是"自明为真"的。人们已经可以构造不太丰富的一致性体系,在这种体系中,这个公设或者被否定,或者不被注意。另一个公设是:两条直线永远不能包围一个空间。我们看到它在地球表面上发生了错误。与观察者的经验更为接近的是几何的第三个公设:通过任意两个固定点可以且只可以画一条直线。这一公设也在地球表面上出了差错。

回想起将一条"直线"定义为"两点间的最短距离"会发生什么可能会让读者感到很好笑。根据这个定义,一个球体表面上的"直线"将是大圆的弧,即表面的测地线[3.2],而从常识的角度出发,"直"就意味着"测地的"。在球面上,这两个"自明的真理"都不是真的。但是,有人可能会提出反对意见,认为直线是画在平面上的，而不是在球面上的。那么，"最短距离"或者"测地"的定义有什么错呢？定义没错，错误之处可能在于它是经验升华的产物，当时聪明的人类相信地球是平的。从词源学上看，"几何"的意思是"大地的测量"。但"测地"与几何一样，在词源学上指涉的也是地球，这从希腊语中的 geodesic 指的是测量"大地"这一点就可以看出。

最后一点似乎可以证实一个理论，即：所有初等几何倚为基础的大约二十来个公设都是对一般经验的抽象。根据这一理论，几何是物理的一个分支。几何和力学中的其他寻常概念（例如"刚体"）支持上面的理论。像刚体这样的物体可以在空间中自由移动，而不改变任何边长或者角度。我们注意到，欧几里得在他使用叠加的时候默认了这一点。"共同经验"的理论令人满意地说明了几何的起源，但是人们还不认为它能有效地描述现代数学数百个公设系统是如何形成的。如果"经验"在此是可信的，它应该是经过高度抽象的经验，简言之，这是对由数学家的好奇心激起的抽象的质询。

264
在确立了公设之后，几何便不再与物质世界中的物理经验为伍，而是顺着它自己的道路独立向前发展了。除了我们熟悉的演绎推理法则之外，人们再也没有向这个学科注入任何东西。某些人也将这些法则归于"共同经验"之列，但我们不需要对此进行讨论。我们在讨论符号逻辑[5.2]的时候看到了这类法则中的一些，这种认识在这里已经足够了。

沿着这条新道路还没有走多久，意外就开始接二连三地发生。"自明"的公设开始爆破成为许多意想不到的美丽或神奇的定理。

公设如烟火般壮丽的绽放可能会让人有一种不舒服的感觉,好像我们在沿途的某个地方受到了狡猾的欺骗,把炸药误认为生活必需品。可能我们确实受了蒙骗。事实上,哲学家 A. 叔本华(1788—1860)激烈地反对毕达哥拉斯定理[10.1]。他宣称,证明就像捕鼠器那样具有欺骗性,太容易的假定诱使他进入其中。通过叔本华的数学我们可以发现,他就是我们今天所谓的直觉主义者。

这种从数学那里白白获取某些东西的感觉促使我们回到物理经验。假设毕达哥拉斯定理的真实性从来没有被人怀疑过,直到几何学家通过他们的简单公设把它推导出来。这个几何推论非常令人惊讶,以至于它的发现者怀疑它是否与物理经验一致。为了消除疑虑,他们很可能切割了数不清的蜂蜡模型。他们得到了令人困惑的发现,即演绎推理的成果与物理经验的成果并无明显不同。几何学家由日常观察物(体现在他们的公设中)的最简单的轮廓图开始,他们惊讶地发现,他们最初的粗略描述包含他们从没想过的现象。**同样的事情在科学中一再发生,从牛顿的引力理论到量子力学再到相对论**。物理类科学中的所谓"定律"(更准确地说是公设),经数学推理检验后让科学家大为吃惊,因为它们揭示了未知的世界。我们刚刚在[12.1]中看到了麦克斯韦预言的例子。

当然,到目前为止,毕达哥拉斯定理没有这样的历史。事实上,没有人知道这个定理是怎么被发现的。一般认为,这一定理是通过观察特例而推断出来的,尤其是组成直角的两条边相等的情况,这在砖面人行道的原始设计上非常引人注目。从这些特例出发，早期几何学家猜到了这个定理的一般形式，然后才开始证明。就这样，他们不得不发明自己的几何公设系统。这是一种历史学理论。

对于本书的目的来说，这个定理的真实历史并不重要。然而，那份虚构的草图确实刻画了数学的科学应用的主要特征。

首先，日常的观察或者科学的经验得到升华，成了抽象。在这一过程中，只有被认为最具特色的观察才能保留。这里起决定作用的是人们的判断、品味和意见。然后，人们对这些保留下来的抽象部分运用数学推理。理性在这里占据统治地位。接着，对由这种推理得出的数学定理进行去抽象化或具体化，这个过程与一开始对观察数据进行抽象的过程相反。在这个阶段，人为失误造成的影响是最为严重的。最后，人们把经过具体化的定理与未经修饰的自然或者实验结果比较。偏见与自我相信的意愿通常发生在这一步。如果在这样一个过于人性化的过程之后，数学预测的东西与实际发现的东西仍然有着良好的吻合，这个过程就会在同一个大学科的其他现象上重复进行。

在预测被视为新理论的结果时，这样一条抽象、演绎推理、具体化、再抽象……的链条无法承受 100 次以上的试验，这是科学史上无可争议的结论。大多数情况下，在远不到 100 次试验时链条就已经断裂。当一条长链断裂的时候，人们可以把它接续起来，或者抛弃它。后者是更为保险的做法。一个经典的例子是风靡一时的光以太理论。经过 19 世纪的多次修正之后，人们最终在 20 世纪初把它当作谬见抛弃。

但断裂的长链并非每次都被彻底抛弃。出于某些原因，长链的部分片段还可以跟原来一样有用。一个当前的例子是，牛顿的引力理论对几乎所有相对不太精细的观察来说都足够了。从牛顿的时代到爱因斯坦的时代，人们一直将牛顿理论应用于这些观察。对于这些观察，人们保留旧有的理论并使用之。定量地说，它对于在"时空"[10.3]中带有适当限制的区域内所进行的观察给出了足够接近的描述。定性地说，爱因斯坦的理论与牛顿的理论具有根本的不同，在这方面牛顿的理论被替代了。另一个曾被接受后来又被抛弃的描述的例子，我们可以说一说热学的燃素说，但这一理论没有因为它近似的正确而得到有条件的保留。电的双流体理论①也被抛弃了，因为它无法与观察的结果吻合；光的弹性固体理论也如此，尽管它是一个罕见的优美数学结构；如此等等。若有比过去这些伟大的、在各自时代成果累累的数学体系的名字更永恒的事物，作为可观察宇宙的可接受的描述得以保留下来，那现代科学中几乎见不到它的身影了。不过，并非每一件事情都随风而逝了。最初为发展理论而设计的大量有用的数学坚持了下来。与此形成对照的是，那些以它们为基础建立的理论如今或者被人修改得面目全非，或者被弃而不用，因为在持续进步的科学中，它们已经不再适用了。

　　对一个相当近的历史事例的简单描绘可能对我们很有启发。在对太阳系行星的运行做出了超出商业（如航海、编制历书、绘制潮汐表等）需要的详细程度的描述之后，某些动力天文学家便开始

267

---

　　①　将电分为玻璃电及琥珀电两种，二者相遇时会抵消，由法国人查尔斯·杜菲于1734年提出。——译者注

对恒星宇宙进行严肃的探索。怎样才能阐明大簇大簇数以亿万计的恒星（如我们所在的银河星系中所包含的恒星）的那些复杂而不可捉摸的运动呢？通过牛顿动力学进行直接探索是完全不可能的。甚至在今天，也没有一种有效的数学方法，让我们可以按照牛顿的距离平方反比定律完全描述三个相互吸引的天体的运动。既然如此，谈何亿万？

　　这是一个很长的故事。在故事的结尾，人们想要谱写的史诗变成了一幕滑稽剧。因此，我打算只指出一次探索中的总策略。出于很容易想到的原因，我这里不去描述实际问题，而代之以一个高度理想化的完美状态。数学家们不把大批天体考虑为体积庞大（天体或许通常如此）的物体，而是（仅仅在想象中）把它们看成大小相等的质点云。简言之，他们把星系理想化成了一种理想气体。庞大的恒星成了这一假设的气体中的分子。

268　　在运用这种设想时，他们对于观测到的气体行为和数学上的气体行为，即气体动力学理论，已经具备了许多知识。对于统计力学和数学概率论的专家来说，气体的存在似乎确实只是为了满足他们对计算的渴望。这一大批动力学数学现在全部同时出动，就像对准理想气体星系的一轮齐射。有许多问题应该被简化，因为它们中的数学成分似乎过多。其中一个问题是："这个星系是一个稳定的结构，还是会在空间分散开来，不再作为一个具有内在相干性的整体存在呢？"对此的回答我不记得了，但确实无足轻重。我们需要观察的，只是那条关于抽象、演绎推理、具体化这一过程的长链，而且下一步应该注意的是，长链的最后那几个链环是怎样铸成的。

人类不可能确认对银河系所进行的计算的精确度。宇宙的时钟是以数百万年为单位在走动的，在银河系进入中午以前，我们的种族就已经消失。但银河系只不过是亿万星系中的一个。其他星系的残迹就像泡沫，可能在深不可测的宇宙中依稀可见。我们可以利用这些永恒的遗弃物来确认。

我们能否发现这些宇宙残迹也无关紧要。自从这一宏伟的探索不幸流产，宇宙之梦就经过了更改，超出了任何数学和天文学的新知识和更加强有力的研究方法所能够接触的范围。然而，这一过程的大致情况还是相当典型的。科学探索以观察开始，经过数学走向新的观察，以此对科学假说进行暂时的证实或否定。科学中一切神奇预测都遵循这一过程。

12.3　一种解释

我们还没有解释刚刚描述过的抽象和普遍化为什么会起作用。只有语义学者才可能有足够的勇气发出下面的怀疑：这个问题是真的有意义，还是像"为什么美丽是六边形的"那样，只不过是毫无内容的词语拼凑？似乎没有什么绝对有效的规则，用以决定一个合乎问句语法形式的句子是有意义的还是胡言乱语。

为什么我们希望预测未知的现象？人们尝试过多种回答。这些回答可以在柏拉图、康德再到贝克莱和克利福德这些哲学家的体系中找到。在这些哲学家之后，20世纪的怀特海和罗素也对这个问题做出了回答。明确的答案或许并不明显，但它们的根据是实在的。在所有的解释中，最简单也最不令人满意的可能是克利福德基于"精神素材"的解释。如果从泥土到形而上学的每一件事物都是精神的表现,则证明物质与数学符号的同一性就不会遇到很大的困难。有些人对这类理论提出了反对意见,认为这些理论把人类的自负说得太夸张,其实人类并没有那么自负。还有人反对说,各种各样的理想主义迟早都会扯入"普遍精神"。贝克莱在他的标志性学说中就是这样做的,其目的是想说,只有人类先知才有能力在梦中梦见未来的情景。怀特海认为,贝克莱的观点无可辩驳。人们有时污名化这些反对者,称之为实利主义者。反对者们宣称,毫不含糊地反对一切与科学研究格格不入的理论是科学的职责。按照这些坚定的怀疑主义者的说法,今天"普遍精神"在科学中极度需要的东西,正是从奥卡姆的威廉(约1285—1349)的剃刀下侥幸逃脱的那些。奥卡姆剃刀定理是说:"如果没有必要,不要增加实体。"

270　最近有一位著名哲学家举行了一次演讲,他在演讲中详细说明了用以解释科学预测的六种不同理论。我听了这次演讲,但没有听懂。据演讲者说还有许多其他理论。没有人向他提出不同意见。听众中有专业哲学家。在演讲之后进行的讨论中,人们热烈辩论了哲学家的63种不同意见的对与错。在一位数学物理学家提出反对意见之后,讨论戛然而止。他说:所有人不过是用不同的话语讲述同一件事情。先不说全部哲学家,即使是他们之中的任意两位,就有可能对任何事情取得一致意见。这种可能性让他们大为震惊,于是全都不再说什么了。

对我们来说甚为幸运的是,我们不必在唯物主义者和唯心主义者中选择支持任何一方。我们还有另外一条更简单的出路。这或许只是胆小的逃避,但为了避免与形而上学发生令人不快的纠纷，我会利用这个让人高兴的机会。

透过感官那结了霜的窗户向外看去，如果愿意的话，我们或许可以说，我们接受的是我们称为"外部宇宙"或者"真实世界"的存在给我们留下的印象。但没有必要说如此神秘的东西，至少现在没有必要。只要记住，某些科学哲学家满足于从作为"真实"的感官印象本身出发考虑问题，而不去寻求他们不太熟悉又难辨真伪的东西，这就足够了。爱因斯坦就是这样的人物，他在 1936 年似乎满足于确定真实世界与感官印象的同一性，其他人则认为后者是另一个更深奥的"真实世界"。尽管阻挡这条路的公认的困难和阻挡了其他路的困难一样巨大，我们毕竟还是可以看到，抽象数学是怎样抓住了与"感官印象"相同一的真实世界的。我们认为这种"感官印象"实际上是我们自身的一部分。

爱丁顿因其对物理学、天体物理学和科学哲学的贡献而闻名于世。1935 年，他提出了这种普遍型理论的一个极端例子。爱丁顿的科学信念让一些持传统观念的同事感到震惊。他说："我相信，所有通常可以归类为基本定律的自然定律都可以通过认识论方面的考虑完全得到预测。"这一不寻常的信条中隐含的哲学与物理学在他去世后出版的《基本理论》(1946 年)中得到了详细的阐述。对此有兴趣的读者可以在 E. T. 惠特克(1873—1956)的文章中找到相关说明(《数学公报》[伦敦]，第 29 卷，第 137—144 页，1945 年)。

一旦接受了"感官印象"和"真实世界"的同一性，我们就可以很容易地，或许是过分容易地说明所有其他问题。第一步是把感官印象系统化为纯抽象概念。通过某种直觉的简单化方式，我们假定这些纯抽象概念遵循一种类似于感官印象的结构的思维模式。从这种系统化出发，我们继续致力于减少假定的数量，从这些假定出发，整个抽象思维模式通过演绎推理的方法得以生成。经过检查，我们或许可以证明，这些数目较小的假定有其自己的模式或结构。如果是这样，我们就重复这一过程，而第一批假定又从一批包括更少的更简单的假定中生成。我们持续进行这一抽象过程，直到无法继续下去为止，其理想状态是从单一的一条宏大假定开始推导我们构筑的一切。几乎用不着说，我们在科学中还没有得到过这种理想状况，尽管几千年来其完美的功能在神话中已经是老生常谈了。

　　在走向理想的道路上每前进一步，我们都会退得离感官证据越来越远。简言之，我们从感觉上升到了非感觉，而根据逻辑实证主义者的说法，我们还会从这里上升到胡言乱语。与此同时，我们设计了越来越经得起数学推理检验的模式。抽象一经到了所能达到的最后层次，我们就逆转这一过程，将最后结果与现实世界，即我们的感官印象加以比较。

第十三章 从基齐库斯到海王星

13.1 一条皇家之路

现在让我们回到很久以前,看一看古希腊人发现的数学化科学的最简单源泉之一。他们毫不怀疑自己的发现可能具有重大的科学意义。

如下令人沮丧的评论来自亚历山大大帝(公元前356—前323)的老师、希腊数学家梅内克缪斯:"不存在学习几何的皇家之路。"亚历山大曾不耐烦地命令梅内克缪斯删减他的证明。梅内克缪斯无法强迫自己冲动的弟子,尽管他可能很不愿意,但无论如何他还是成功地铺设了另一条皇家之路。这是一条通往数学天文学的真正起点的笔直大道,因此它也通往分析力学和数学物理的真正起点。没有这位不太著名的希腊几何学家这项纯粹为数学做出的发明,人们无法想象物理类科学(特别是数学物理和理论天文学)是否还会沿着它们从16世纪起就遵循的方向前进。

有关梅内克缪斯的生平,除了他尚存疑的生卒年份(公元前375—前325年),以及他在无可比拟的欧多克索斯(公元前408—

前 355，积分学的先驱）之后继任基齐库斯的数学研讨班主任（这是传统的说法，亦无实据）之外，人们几乎一无所知。对于科学来说，远比梅内克缪斯的生平琐事更重要的是一个值得纪念的事实：他发明了圆锥曲线。正是这些曲线的简单几何，开启了动力天文学。

我们很容易让圆锥曲线形象化。想象一个以圆 B 为底的圆锥。这个圆锥的表面可以如图 14 那样通过顶点 V 向两个方向无限延伸。我们称从 V 开始一上一下延伸的圆锥的两个部分为**叶**；通过定点 V 且垂直于 B 的直线 AVA' 为**轴**；任何如直线 G 一样，通过 V 点并在圆锥表面上的直线为**母线**（见图 14）。平面与一个或两个叶相交形成的交线为**圆锥曲线**，或简称**锥线**。根据这一定义，我们很容易看出，圆锥曲线共有 7 种。

第（1）（2）（3）三种曲线，平面通过定点 V。

（1）如果平面通过 V 但不与圆锥面的其他部分相交，这样形成的圆锥曲线是一个**点**。

（2）如果平面通过 V 且与圆锥表面相切，这样形成的圆锥曲线是一条**直线**（或者说是一对重合的直线）。

（3）如果平面通过 V 点，并与 B 在不同的点上相交，这样形成的

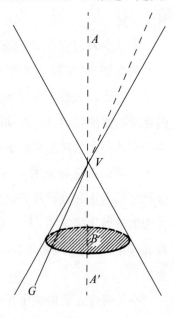

图 14

圆锥曲线是**两条相交的直线**(见图 15)。

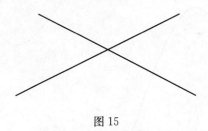

图 15

在(4)(5)(6)三种情况下,平面不通过 V 点。

(4) 如果平面与轴垂直相交,这样形成的圆锥曲线是一个**圆**(见图 16)。

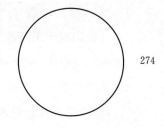

(5) 如果平面不与轴平行,也不与母线平行,这样形成的圆锥曲线就是一个**椭圆**(见图 17)。

(6) 如果平面与一条母线平行,这样形成的圆锥曲线是一条**抛物线**(见图 18)。

图 16

(7) 如果平面与轴平行,这样形成的圆锥曲线是一个**双曲线**(见图 19)。

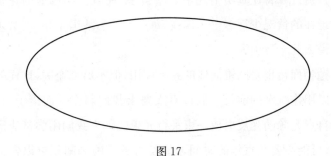

图 17

274

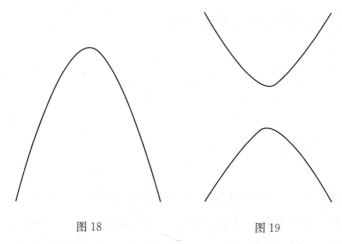

图 18   图 19

我们对于头两种情况不感兴趣。但要注意,可以把作为圆锥曲线的点看作一个半径为零的圆,把作为圆锥曲线的直线看作退化了的两条相交直线——这时这两条直线重合。就下面的内容来说,椭圆是最有意思的圆锥曲线,尽管抛物线也有十分有用的性质,其中的两个性质可以在此顺带说明。

一条抛物线近似于一个球、一颗子弹或者一枚火箭弹在空气中运动的轨迹。如果空气对这些物体没有阻力,其运动轨迹就恰好是一个抛物线。因此,如果战争发生在真空中(能这样当然最好),弹道计算将比真实情况下简单得多,而且使用枪炮的花费也要比现在的情况少得多——现在,每杀死一名敌国士兵,就必须耗费纳税人几十万美元。

抛物面镜也是圆锥曲线的一项应用,但不那么血腥,这样的镜子可以用作汽车的前灯。假设有人要求我们制作一面镜子,它能把来自点光源的光反射成一束平行光束。如果我们用尝试法进行设计,可能需要几百年的时间才能发现数学顷刻间就可以告诉我们的事情:确实有一种镜子可以满足要求,即反射面呈抛物面的镜子。而且根据计算,我们可以指出,要想得到平行光束,点光源必须放在唯一的位置上,即我们所说的抛物线的**焦点**。

276

现在让我们讨论椭圆。它很快就要在数学天文学上承担引导者的角色。我们必须定义它的**焦点**。如果要画一个椭圆,首先可以把一根线绑到两根固定在画图板上的大头钉上(不妨分别称它们所在的位置为 F 和 F'),并用铅笔尖 P 让这根线绷紧,随后用 P 描出在这种限制情况下可以画出的曲线。这样就画出了一个椭圆。

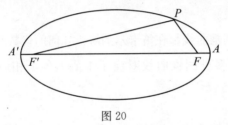

图 20

令连结 F 与 F' 两点的直线与椭圆相交于点 A 与 A'。我们称线段 AA' 为椭圆的**长轴**,F 与 F' 都是椭圆的**焦点**。从画曲线的方法上可以清楚地看出,PF 与 PF' 这两条线段的和是一个常数,即点 P 在椭圆上任意位置上,这两条线段的和都相同,等于 AA'。(参阅[7.4]和[10.1],那里有做出椭圆的笛卡尔方程的足够数据。)

如果焦点 F 和 F' 移动至重合,则椭圆退化成一个圆。因此,在某种意义上说,椭圆是圆的**普遍化**。这一点在历史上有一定的重要性,因为较早时期的希腊天文学家选择了过于简单的圆作为天体几何的关键元素,但实际上,椭圆与更为精细的观察更相符。

282 数学：科学的女王和仆人

277 我们也有兴趣顺便在此记下一笔：至少有一部分追随柏拉图（公元前 430—前 349）的早期天文学家，因为圆具有所谓理想的完美性而特别喜爱它，却完全没有想到，作为一个自命不凡的浑圆图形，圆简直就是几何中平凡无奇的象征。乍看上去，圆无疑有某种吸引人的简洁，但仔细看看椭圆，哪怕最具神秘主义色彩的天文学家都会承认，圆的那种完美的简洁与一个白痴的空洞微笑差不了多少。与椭圆能够告诉我们的信息相比，圆实在没表达什么东西。或许，我们自己在物质宇宙中对宇宙简洁性的追求就是这种圆的同一种性质：这是我们自己不够复杂的智力在一个无限复杂的外部世界上的投影。

所有的圆锥曲线都在笛卡尔的解析几何的代数观点下得到了统一[7.2]。多种圆锥曲线对应于本质上各不相同的二元二次方程。

13.2 开普勒的信念

阿波罗尼奥斯（公元前 260？—前 200？）是历史上一位伟大的几何学家。通过包括他在内的一大批希腊数学家的努力，圆锥曲线的几何在希腊学术界未衰败时就得到了细致的研究。正如我们所见，没有任何证据表明某位希腊数学家想过人们有一天会证实圆锥曲线在太阳系的动力学中具有至高无上的重要意义。真正的情况恐怕正相反，否则托勒密（公元 2 世纪）或许会受到启发，不用圆而用椭圆作为行星轨道几何的一个线索。有时候人们说，希腊人构想过所有行星围绕太阳旋转的哥白尼式的太阳系图像，但他们又忘记了。

在作为几何研究领袖的希腊衰败之后，睿智的异教徒接受了圆锥曲线的知识，并把这些知识传播到了基督教的欧洲，其中穆斯林曾发挥了显著的作用。在这整个漫长的噩梦中，对太阳系的托勒密式的描述（一个又一个的周期，一个接一个的本轮，其中的复杂性让人无法忍受）像神一样在沉思默想。我不需要描述托勒密的杰作。它还有历史价值，除此之外，人们很幸运地不必再理会这个学说。托勒密的理论是人类在摸索着去触碰他看不到的东西时犯下的一个重要错误。我们也必须补充，它是创造性的数学思维的一次重要胜利。如果这种说法看上去自相矛盾，我们可以想想另一个领域中富于想象力的思想家 J. 弥尔顿（1608—1674）的《失乐园》和但丁（1265—1321）的《神曲》。这两部著作都在它们所处的时代都被认为是对神的真相的揭示。那两个时代已经结束了，但这两部杰作的生命因其诗意得到存续。托勒密体系的不朽元素是其中的几何。

对于知识的进步来说遗憾的是，以地球为万物中心的托勒密理论完全可以解释人们观察到的行星的运行。这是它值得诅咒的卓越之处。不仅如此，如果经过创造性的修订，这一理论甚至可能符合某些新的观察结果。若不是更为简单的太阳系日心图像向哥白尼透露了自己的秘密，我们或许还会把托勒密对太阳系的描述赞美为人类智慧最辉煌的成就之一。或许它真的是，但哥白尼的发现将它扫进了历史的垃圾堆。

我们现在对物理类科学理论的迅速过时已习以为常了，所以很难想象，N. 哥白尼（1473—1543）提出的基本定律——所有行星都围绕太阳旋转——所引起的可怕喧嚣。或许哥白尼本人也没有

279 预见到，在他 1543 年临死前第一次发表有关天体运行的科学论文后，他的这项成果激起了狂暴而愤怒的争论。他比他的后继人伽利略(1564—1642)更为谨慎，只在遥望死神的微笑时才发表了自己的成果，因而免除了许多尴尬。

各色顽固知识分子，从人道主义者、神学家到天文学家和数学家，纷纷在权威的大旗之下会集。与 20 世纪精于世故的知识分子不同的是，这些 16 世纪的圣人似乎喜爱复杂胜于简洁。他们根本无法容忍非常直接的日心学说。托勒密的理论体系或许在哥白尼去世的那一天就走进了坟墓，但它的中国版本却经过防腐处理，并辅以新的传动装置得以保留，在其死后的几十年中以机械的外貌持续存在。① 当爱因斯坦用另一种理论代替了牛顿引力定律的时候，也出现了缺乏头脑者拥护传统的大旗的情况。诚然，爱因斯坦逃脱了被囚禁于集中营的命运，然而我们完全可以从他过去的合作者和一国同胞的行径中看出，在他们眼中，爱因斯坦的理论和哥白尼的一样，都是不值一提的。

在哥白尼之后，向着理性的天体力学迈出一大步的人是天文学家第谷·布拉赫(1546—1601)。可能勤勉的第谷过分痴迷于自己的观察而没有时间进行数学分析，也可能他不具备合适的头脑去综合分析自己海量的数据，从而得出简洁明了的几何图像。总之，他记录下来的行星运行数据的精确度之高，在他以前的年代少有人能企及，这些数据迫切需要一位数学解释者。这些行星是在

---

① 此处指明末及清代西方传教士将当时的天文学体系传入中国，并在国内形成自己的体系之事；机械当指 1673 年南怀仁监制的象限仪、天球仪等仪器。——译者注

圆形轨道上围绕太阳旋转的吗？人们需要用一种不那么平庸的曲线来描绘它们的轨道吗？找出答案这一历史使命，落到了做过第谷助手的 J. 开普勒（1571—1630）的肩上。

作为一个极有天赋的数学家、一个令人敬畏的劳动者、一个一流的天文学家和一个不屈不挠的诚恳知识分子，开普勒能够对堆积如山的数据进行筛选，随后不停地计算，只有在得到当时能够得到的最精确的结果时才满足。他是取得成功的不二人选。开普勒没有为贫困、失败、家庭悲剧和迫害所吓倒，而是在获取数学的和谐与自然的完美的神秘信念鼓舞下独立坚持。15 年如一日，开普勒最终找到了他一直苦苦追求的简洁规律。

开普勒所完成的事业是科学史上最令人震惊的算术占卜学成就之一。他的劳动为他赢得了三大发现，它们可以跻身人类有史以来最宏伟的经验发现之列。这三大发现就是**开普勒定律**：所有行星围绕太阳运行的轨道都是椭圆，太阳位于椭圆的一个焦点上；太阳与任何一颗行星的连线在相同的时间内扫过的面积相等；行星的公转周期的平方与它们的轨道长轴的立方成正比。这些都是他通过普通的算术推断出来的，没有利用任何特殊算法。

大家对开普勒的划时代发现都很熟悉，因此我没有必要在此多花时间，只是请大家注意一个与此相关的有趣的矛盾。是什么让开普勒如同奴隶般劳动了 15 年之久？他的动机十分荒唐。他除了笃信数学的完美性，也全心全意地相信占星术。这完全无损于他的名声。因为占星术之于开普勒那个时代的科学家，就像今天的量子理论、相对论或者核物理之于今天的理论物理学家，在科学和数学方面都是受人尊重的学问。今天人们把占星术视为胡言乱语，在16世纪并非如此。曾经有许多人试图证明开普勒并不真的相信占星术，他进行这方面的实践只是为了帮助自己谋生。然而根据有历史记录的证据，真实情况显然与此相反。

281 今天的科学人士之所以相信自己，相信他们有关宇宙的数学和谐，是因为受到了某种精神的激励。我们有什么理由认为支撑开普勒的占星术和无意义的神秘主义比这种精神激励更荒谬呢？如果激励我们的精神力量在一两个世纪后被证明为荒诞不经，这并不能说明它们在今天毫无价值。没有信仰的精神会颓唐，至于这种必要的信仰是来自布娃娃脸上浮现的沉思，还是出于对荒谬可笑的信条的坚持，这中间连一个基本粒子的差别都没有。它们实际产生的效果是相同的：一种关于宇宙的辉煌的普遍化——任何低于这一目标的成果都不会使终极真理的不懈追求者感到满意——以及为人类的悲剧性命运哀悼的必然的悲哀结果。

这一类普遍化经常追随托勒密的脚步，这对于科学理论特别是数学物理的想象性创造的直接人文内涵并没有任何重要性。只有当我们把数学神秘主义推演到极致，并追随开普勒进入永恒真理的领域时，我们才会真的让自己和我们的后继人进入一个完全是自作自受的泡沫破裂状态。

比赛一次又一次地以平稳的步伐进行。直觉的一次闪光让强有力的运动员公平地冲向胜利的终点。在竞赛中超越了竞争者，具有忍耐精神并对自己充满信念的人最终获胜。对于竞赛的一次准确的统计表明，人们看好的获胜者从来都没有哪怕接近胜利，而竞赛必须重新开始。在此期间，知识宝库中塞满了成堆非正式记录,部分观众虔诚信奉其中的一些东西,从占星术一直到最新的数学物理中昙花一现的探险。这些人沉溺于迷信,而一些还算机警的观众早就抛弃了这些迷信。

　　现在可以再一次发问,如果第谷或者其他人能够为开普勒提供更为准确的观察数据,他是否还能够发现他的三大定律?几乎可以肯定地回答"不能"。开普勒的发现与他所拥有的观察数据具有令人赞叹的吻合,这是一个事实。但同样的一个事实是,开普勒的计算无法达到现代天文学所要求的精度。复杂的天体上发生的任何事情都没有简单到能够**准确地**与开普勒的算术相吻合的程度。一个不像开普勒那样诚实的研究者可能很容易说服自己和整个世界,这几条定律确实符合自开普勒那个时代以来我们拥有的更为准确的观察数据,但开普勒不会这样做。他会想尽办法,试图说明在他那条应该是完美无瑕的椭圆形轨道上叠加的细微的不正常之处(它们是由于所有行星产生的扰动而产生的),并有可能会在临死前绝望地放弃这一问题。因为事实上,没有任何一个被观察到的行星围绕太阳公转的轨道是一个完美的椭圆,它的轨道总是略微有一点变形。椭圆轨道只是在一级近似情况下的极为接近的近似,它并不完全符合观察到的数据。如果开普勒能够利用一台现代计算机,情况又会如何?我相信,他永远也不会冒险去建立他的定律。

　　所有这些都没有任何轻视开普勒的辉煌成就的意思。我指出这些,只是为了说明走向另一次伟大胜利的道路,也是为了强调,没有任何科学观察的数据会与它们的数学表达完全一致。当人们削减实验结果让它符合公式与方程时总会丢掉一些东西。这些被

282

扔掉的东西,无论多少,经常与保留在数学表达中的东西具有同样重要的科学意义。事实证明,在某些幸运的情况下,被遗弃的部分经人重新发展和分析,展现出了比保留下来的东西更重大的科学价值。这种情况可以与重新开发已被废弃的金矿的尾矿类比。当人们发现了更经济的生产程序或者黄金价格上扬,这一冒险行动就能够赢利。被开普勒忽略之物的情况也是如此。在开普勒之后,同样的情况还有人们发现的水星近日点在牛顿引力理论预言的数字和实际观察到的数据之间的微小偏差[10.3]。

科学史建议我们不要过分看重我们对宇宙所做的数学普遍化。但它也鼓励我们去预期一级近似对进一步精化自然的可观察量的价值。开普勒辉煌的近似计算就有这样的作用。

在结束对开普勒的介绍之前,我们可能会问,如果他不具备经过希腊人深化的圆锥曲线的几何知识,他还能不能发现他的定律。对这一问题的回答不像回答有关更精确的观察数据的问题时那样直接。我们至少可以想到,在椭圆没有出现的情况下,一个像开普勒那样有耐心的人将受到他对精确性的热情驱使,自行发明椭圆。确实,为了分析运动最为微妙之处,牛顿发明了微积分,这一步比发明椭圆困难得多。

13.3　计算加上洞察力

在发现三大定律的过程中,开普勒挥汗如雨地进行了尝试法的苦役,但任何这类苦役都无法体现数学方法的完整威力。在与未知物进行的下一场更为艰难的遭遇战中,数学部分地展现了自己隐藏的力量。

在能够从较简单的东西中推导出开普勒定律之前，人们必须首先发明一种有关连续[4.2]变化的数学。这就是我们在第十五章中要讨论的微分学，牛顿和莱布尼茨在 17 世纪使之进入实用阶段。同时，人们也必须发现运动的经验定律，并用一种适合数学推理的方式予以陈述。伽利略和牛顿共同完成了这一工作。最后，尽管这并不一定是逻辑上的要求，但"力"的概念必须加以澄清，特别是在物体之间，如太阳和行星之间的**吸引力**的概念。这一工作是由牛顿的万有引力定律完成的。有了这些一定程度上是经验的定律，人们就准备好将太阳系理想化为一张反映真实状况的地图。这张地图足够抽象，可以用数学方法加以探索。

我们可以在此叙述上面说到的定律。首先是运动三定律：

(1) 任何物体在没有强加的外力作用使之改变状态的情况下，将保持其静止状态或做匀速直线运动。

(2) 运动的变化率与物体所受的外力成正比，且这一改变沿着外力所指的方向。

(3) 作用力与反作用力大小相等，方向相反。

第一个定律定义了**惯性**，第二个（其中的"运动"指的是动量，或"质量乘以速度"，质量与速度都以适当单位表达）引进了**变化率**的直觉概念。后者或许是数学对天文学和物理类科学做出的最重要的贡献。对什么是变化率的解释必须推迟到第十五章进行。现在只要有有关变化率的常识性概念就足够了。

牛顿的万有引力定律听上去更具数学意味：

(4) 宇宙中的任何两个质点相互之间都存在着吸引力，其大小与这两个质点的质量的乘积成正比，与它们之间的距离的平方

成反比。

由此，如果这两个质点的质量分别为 m 与 M，d 是这两个质点之间的距离，则它们之间的吸引力可以表达为

$$k \times \frac{m \times M}{d^2},$$

其中 k 是仅仅取决于质量、距离和力所用的单位的常数。如果距离**增加一倍**，则吸引力将是原来的**四分之一**；如果距离**增加两倍**，则吸引力将减少到原来的**九分之一**；以此类推。

一个人即便只记得数学中的算术，也会认为一个质点受到另一个质点吸引的路线取决于这两个质点之间的引力定律是合理的。如果这种吸引力是按照牛顿定律中与距离的平方成反比的定律作用的，则其路线跟按照与距离的立方或者四次方或者五次方……成反比的定律作用时的路线没有多少相似之处。同样，下面的问题显然值得人们给出一个准确的答案："如果人们观察到一个天体，譬如一颗彗星，正沿着某条已知的确定轨道运动，而且它接近太阳的路线具有几何特征，那么，在太阳和这个天体之间的哪一种引力定律将说明这条路线？"

1684 年 8 月，有人问了牛顿一个类似的问题。几个月以来，天文学家 E. 哈雷（1656—1742）和牛顿的另外几个朋友一直以如下的准确方式讨论这个问题：如果一个物体受到使其向某个固定点的方向运动的引力，而且这一引力的强度与距离的平方成反比，那么这一物体的运动轨迹是什么？牛顿立刻回答："是一个椭圆。""你怎么知道？"哈雷问他。"哦，我计算过。"这就是不朽的《数学原理》（《自然哲学的数学原理》，1687 年）的由来，这本书是牛顿后来

为哈雷写成的,书中包括了有关运动学的完整论述。

286

在牛顿完全解决了这一难题之后,该难题回答了以直接形式与逆形式提出的问题,并一举说明了开普勒的三项定律。这三个定律是从简单的万有引力定律推导而来的。"逆"回答证明,如果运动路径是一个椭圆,则引力定律即为牛顿定律。

我们一定知道,《数学原理》中使用的综合方法几乎就是希腊的方法,其中带有严格的欧几里得式证明,但那并不是牛顿用来得出结果的方法。不过我们也确信无疑地知道,他在探索中是把自己发明的微积分作为一种比综合方法穿透力强大无数倍的工具来使用的。当时,微积分[第十四和第十五章]是一种奇特又敏感的新奇事物,牛顿明智地以同代人熟悉的经典几何方式重写了他的发现。今天,在动力学课本上,用微积分的方法从牛顿的引力定律推导开普勒的定律只需要一两页的篇幅。在牛顿的时代,这是巨人才能完成的一项任务。我们似乎确实在某些事情上取得了进步,其中包括科学教育。

与开普勒过于流畅的定律相比,牛顿定律所包含的东西要广大得多。与微积分结合之后,它让人们有可能解释本应是完美的椭圆轨道上观察到的不规则现象。很清楚,如果牛顿定律确实是普适的,那么太阳系中的所有行星一定都会相互干扰,这使它们偏离了真正的椭圆轨道;当太阳系内只有一个行星,而且太阳和行星都是完美的均质球体的时候,它会按照这一椭圆轨道运行。由于太阳的质量远远超过行星的质量,人们观察到的不正常现象很轻微,但它们还是十分重要的。我们很快就会看到一个壮观的例子,这个例子向我们表明,在过分简单的数学完美表达与人们观察到

287

的顽固事实之间存在着细小但令人尴尬的偏差，仔细注意这些偏差具有十分重要的意义。牛顿本人首创了有关摄动的研究，它能扩大我们有关太阳系的知识，而且人们已证明，它在 20 世纪更为困难的原子结构领域也有用武之地。

13.4　又见数学预测

　　在我们的皇家之路的这个简短故事中，下一个插曲以已过不惑之年的牛顿开始，由刚届弱冠的一位年轻男子结束。因为唯一的一条主路是从梅内克缪斯的基齐库斯到 J. C. 亚当斯（1819—1892）的剑桥，我们只能不加探索地穿过许多诱人的公路（它们的分支发展成了数学推理的其他伟大王国），而把一个世纪的无限工作浓缩成短暂的一瞬。在道路的终点，我们将看到一个典型的例子，也是最著名的例子，即数学在被应用于一个经大师抽象的自然时的预测能力。牛顿的万有引力定律是这样的抽象，从微积分发展起来的数学分析[6.2]的方法引出了牛顿定律隐藏的内容。

　　甚至在今天，尽管我们尽力观察，却无法找到任何一种物理类科学的普遍化的例子，它能够像牛顿定律那样，把如此庞大繁多的分散现象统一成一个前后一致的整体。乍看上去，我们可能会认为，自 20 世纪头 10 年以来，有些相对近期的普遍化范围可与牛顿普遍化工作鼎盛时期的广度相比，但只要稍微多想一下就会知道，这不过是错觉。以数学形式存在于牛顿定律中的万有引力不但将两千年（甚至超过两千年）以来零散的天文学知识全部总结到了一起，而且还筛选、简化了这些知识。在两个多世纪的时间里，它在物理类科学的所有领域不啻于一盏指路明灯；它让人们心中总存

有一丝希望之光，即机械哲学可以简化与统一感官材料。　288

　　让我们看看牛顿的万有引力定律（或者说公设）到底成就了些什么吧。《美国数学月刊》（第 49 卷，第 561—562 页，1942 年）刊载了一篇纪念牛顿诞辰 300 周年的文章，我从中转述其壮举。

　　根据开普勒第一与第二定律以及他自己的三项运动定律，牛顿推导出，每一个行星都受到一个朝向太阳的中心力的吸引，这个力的强度随着两个天体之间的距离的平方呈反比变化。根据他的第三定律，他推导出，所有行星都受到类似的吸引，其强度取决于太阳的质量。

　　几乎是这些一般性结论带来的必然结果，牛顿证明了如何根据地球的质量计算太阳的质量：任何行星的公转年的长度和它与太阳之间的距离就是足够的数据。用类似的方法可以计算任何带有卫星的行星的质量。引力可以解释苹果为什么会落下来，我们可以证明，正是同样的引力让月球持续在自己的轨道上运行。如果这些推导的目的在于把有关"质量""引力"和"力"的事实与根据这些事实所做的预测相联系，那么，没有必要再定义这些概念了，等价于文字叙述的数学表达已经足够了。于是，形而上学的争辩也不再必要，它们真正的功能已经直接完成了。

　　牛顿从他的定律中推导出来的一系列值得纪念的结论只不过刚刚开始。牛顿的引力理论可以解释潮汐现象。通过这一理论，人们可以由太阳的质量计算出日潮的高度；作为逆运算，人们可以由大潮与小潮观测高度计算出月潮，并由此得到月球质量的估计值。根据关于受引力作用的旋转物体的牛顿动力学，人们推算出，　289
地球并不像自古以来认为的那样是一个球体，而是一个扁椭球，并由此计算了它在两极的扁率。反过来，从任意行星的扁率出发，其自转日的长度被证明是可以计算的。另一个根据地球极地扁率和向心力推导出来且易于证明的预测，是一个物体的重量随纬度发生的变化。在赤道地区，太阳和月球对于地球的吸引力有所增加，来自其他行星的吸引力也与此类似。人们已证明，这种现象以可以计算的大小干扰了地球的自转轴，因此有可能出现"极移"现象和分点岁差。在这些问题和其他问题上，牛顿开创了行星摄动的计算理论。

至于许多年来一直唤起人们（无论是野蛮人或者是文明人）的迷信的恐惧的彗星，人们证明它们是太阳系中遵守规律的成员。它们与让人感到亲切的行星的主要差别是，它们的质量较小，轨道离心率相对高。（彗尾要在许久之后才得到解释，而彗星的可能组成在牛顿去世多年后依然是一个谜。）另外，人们有可能高度准确地预测一些彗星的回归日期。这种迷信的破解任何有文化的人都可以理解。在从牛顿万有引力假说推出的所有结论中，对一颗彗星回归日期的准确预测是最广为人知的。然而，从科学的角度看，这完全无法与牛顿在月球运动问题上的艰难思考相提并论。这个问题有无数让人们永远记住它的理由，其中一个是它独一无二的特征：牛顿承认这个问题让他感到很头痛。

290　月球运动问题是呈现在我们面前的三体问题的一个特例。月球的轨道受到地球和太阳吸引力的摄动作用，也在较小的程度上受到其他行星的吸引力的摄动作用。这些摄动造成了月球轨道的不规则性，其中有些被古希腊人甚至有可能被巴比伦人观察到了。在牛顿把它们作为万有引力的结果推导出来并发现其他两个未被观察到的现象之前，无人能解释这些不规则之处。按照历史的顺序，从喜帕恰斯（公元前 2 世纪）到与牛顿同时代的 J. 弗拉姆斯蒂德（1646—1719），这些不规则现象先后被称为中心差、出差、二均差、周年差，交点退行、倾角变化、拱点进动（牛顿的计算只是观测值的一半），以及远地点均差与交点均差、牛顿的发现。正是在这一点上，牛顿的引力论与 20 世纪的科学发生了最为直接的接触。直到今天，三体运动依旧在源源不断地产生新的数学方法和经过改良的天文物理学观察。

牛顿定律本身极为简洁，可以与它相比的只有现代科学的另一个强有力的普遍化方程，即能量守恒定律。后一定律断言，宇宙中所有能量的总数保持恒定。例如，电能可以被转化为热能与光能，电能看上去消散了，但实际上总能量没有任何损失。人们可以恰当地声称，这一伟大的普遍化（自从相对论诞生以来受到了根本性的修订）与牛顿所做的普遍化一脉相承。

一些科学哲学家和科学史学家会把达尔文进化论与牛顿的万有引力理论比肩，认为达尔文在生命科学上的成就与牛顿在物理科学上的成就同样璀璨。其他人声称，与达尔文的成绩相比，牛顿的成就需要更为深刻的洞察力。两人的理论都随着科学的进程有所修订，但都没有失去它们的重要意义。它们是人类对于世界的理性理解跨出的最大的一步，人类就是在这样的世界中"活动、生活与存在"。牛顿与达尔文所成就的伟业影响了世界上每一个角落的文明人类，这一点不因他们的政治观点或者宗教信仰而有所改变。犹太人、基督徒、穆斯林、佛教徒、无神论者、共和党人、民主党人、共产党人、社会主义者、和平主义者和军国主义者，他们都会

291

同意牛顿的定律在广大的领域内仍然有效而且有用，即使他们为维护各自的非科学信仰而相互残杀。科学并没有声称自己是永恒的真理或绝对正确，但科学的对手这样声称。科学在某些方面是非人性的，这或许正是它能够减轻人类的痛苦、缓和人类的愚昧的奥秘。

至于在牛顿和达尔文之间，相比于万有引力的理论，进化论似乎具有更深刻的意义，即使那些从未听说过达尔文这个名字的人也如此相信。我们或许忘记了，与不久前达尔文的人类进化说发生的情况一样，在传统的虔诚观点看来，牛顿的天体力学也曾是一种讨厌的存在。人们已经忘记了有关天体力学的争论，而那些有关进化的争论却言犹在耳。学习科学的学生有时会受到所谓科学与宗教的冲突这类事情的干扰。有关这一冲突，我听到的最妥当的解决办法是一位耶稣会教授给出的。他曾讲授有关亿万年来的古生物的知识。一个不安的学生对课程内容与《创世记》有所抵牾表达了异议。"今天是星期二，"这位教授提醒他，"星期二我们学习科学。神学课将在星期四的同一时间开讲。"我将继续讲星期二该讲的内容。

在牛顿之后的一百年间，一大批数学大师，包括欧拉、拉格朗日和拉普拉斯，都把牛顿的万有引力定律当作他们探索星空的唯一指南。他们发现，几乎在所有地方，理论与实际观察都完全一致。牛顿的后继者使用的数学工具并不是《数学原理》中的工具，而是适应性更好的分析，这是从微分学与积分学那里进化而来的，后两者在首次亮相时还很粗糙。

并不是所有伟大数学家都相信牛顿定律是真正的普遍原理。

例如,欧拉就怀疑,一个如此基础的东西是否真有可能说明月球的运动所形成的简单情况。我这里所说的"简单",指的是对于未受指导的直觉而言的简单。月球的运动向我们提出了整个天体动力学中最复杂的问题。这是一个"三体问题"[12.3],三个物体是太阳、地球和月球,它们遵循牛顿的引力定律相互吸引。其中涉及的数学问题非常难,以至于欧拉那个时代的分析学家可能都认为,牛顿有关平方反比的定律对此并不适用。牛顿定律以开普勒式的简洁彻底解决了相互吸引的二体问题。当两个以上的物体按照牛顿的万有引力定律互相吸引时,我再一次重复,即使在今天,也还不存在对它们的运动完全准确的描述。人们运用逐次逼近法以得到对运动更为准确的描述,这些描述足以满足实际需要,比如航海天文历运算中要求解决的问题。如人们所知,现代计算机可以指明数学应该抓住哪些事实,但没有一台机器有可能解决普遍的数学问题。

　　怀疑牛顿定律的普遍性和充分性的人包括 G. B. 艾里(1801—1892),他长期在牛顿的祖国——英国——担任皇家天文学家①。艾里的怀疑是绝对正当的,对于一个科学人士来说也值得称赞,尽管这些怀疑建立在对其中涉及的真正困难的错误理解上。有些年轻人朝气蓬勃,想要努力发现他们相信自己可以发现的现象。任何怀疑论者都无权因为自己不信任而习惯性地把这种不信任强加到朝气蓬勃的年轻人身上。许多学术保守主义的遗老遗少都对年轻的亚当斯的计算(我们很快就会说到这个问题)持那种官方的无

293

---

　　①　英国授予他皇家格林尼治天文台台长的头衔。——译者注

所谓态度，其中艾里该负最大的责任。亚当斯做出了整个辉煌的数学科学史上最辉煌的数学预测之一，并勇敢地以此支持牛顿的理论。由于本书没有足够的篇幅，我无法列举那些剥夺了亚当斯独一无二的"第一人"荣誉的那些死气沉沉的官方记载。我在此呈献这一小段文字，作为他主要阻碍者的总体较合适的悼文，随后我们便转而讨论亚当斯的工作。

1781年3月13日，W.赫歇尔（1738—1822）用他的望远镜发现了太阳系大家庭的一个新成员，即后来被命名为天王星的行星。此前曾有人试图以英国国王乔治三世（1738—1820，于1760年登基）的名字为它命名，但让人高兴的是这一企图流产了。如果英国保守派人士想让乔治不朽，他们应该称这颗行星为美国，或者至少称它为波士顿。[①] 新发现的行星为人们提供了一个检验牛顿定律的绝好机会。

没过多久，天王星轨道的计算值与观测值之间发生了严重的偏差。这些偏差之大，单靠假设计算误差或望远镜瑕疵已经无法解释了。牛顿的假说根本就与观察到的事实不符。

但人类是理论化的动物，他们把天王星运动上古怪的不规则归咎于某个更遥远的未被发现的行星所造成的摄动。这个按照牛顿平方反比引力定律吸引天王星的假设行星可以解释一切，当然，前提是有这样一个行星的存在，而且它的质量和轨道符合正确的数学特征，只有这样，才能够准确地造成实际观察中出现的天王星

---

① 英国国王乔治三世在位期间，美国独立战争爆发，乔治在镇压美国独立失败之前长期采取铁血政策，因此作者有此讽刺之语；称该行星为波士顿或因1773年发生的波士顿倾茶事件。——译者注

轨道的反常现象。

从数学上说，这个问题是一个极为困难的逆运算。要计算一个**已知**行星对于天王星的影响已经十分困难了，但这种计算不会给计算者造成不可克服的困难。但如果已知的是古怪的运动，要利用数学分析的方法剖析行星外的不确定空间，从中发现未被观察到的产生摄动力的天体的质量以及它在任何特定日期会出现的地点，这一工作就困难得多了。

到了 19 世纪 40 年代初，许多天文学家相信，这样一颗天王星外行星是存在的。1846 年 9 月 10 日，赫歇尔做出了一项历史性的预测："我们看到了这颗假想中的行星，就像 C. 哥伦布（1451—1506）在西班牙海岸上看到了美洲一样。我们能够感觉到它的运动，它正沿着我们的分析中幽远的路线摇摆，其真实程度几乎不亚于我们亲眼所见。"

赫歇尔所指的分析就是现代数学，当时它已被应用于牛顿的定律。从数学上说，天王星的问题是这样的：已知它的摄动，发现导致这些摄动的未知行星的质量与轨道。简言之，就是要发现太阳系大家庭中尚未被观测到的成员，它造成了太阳系内本应和谐的牛顿交响乐中无可争议的不和谐。

我们无法运用比喻手法让一个未见过类似尝试的人弄清楚这个问题的困难程度。或许可以用"大海捞针"来形容，但我们不知道这片大海是否存在；即便大海确实存在，我们也不知道在哪个洋区，或者海里是不是真有一根针等着人们去捞。

大约在赫歇尔做出预测的 11 个月前，年轻的亚当斯向皇家天文学家先生寄出了对尚未发现的行星的质量和轨道的数字估算结果。而且，亚当斯计算了可以在什么时候、在哪里用望远镜观测使天王星产生摄动的假设行星。随后发生的事件证明，他的计算在一定的精确度范围内是正确的。如果亚当斯告诉皇家天文学家在不超过三个半月球大的区域内观察，那么人们就可以发现那颗行星。但当时的亚当斯不过是一个年仅 24 岁的小人物。作为剑桥大学三一学院的本科生，他在考试结束后决心向天王星问题发起进攻。1843 年 1 月他以最优异的成绩获得了学位，然后立即开始了这项任务。

与此同时，在法国，一位经验老到的数学天文学家勒韦耶也在研究天王星的摄动，试图找到产生摄动力的天体的位置并对它进行估算。他也成功了。亚当斯和勒韦耶都在完全不知道对方在做些什么的情况下独立地进行了自己的工作。

勒韦耶在他的朋友们中是较为幸运的。"等着，不要去看"这个在大约 70 年后因英国首相 H. H. 阿斯奎斯（1852—1928）的决定而在第一次世界大战期间名垂千古的政策①让英国天文学家推迟了对这颗行星的寻找，这种情形一直持续到勒韦耶更活跃的欧洲大陆的朋友们在天空中确定了可疑天体的位置。这一位置非常接近于亚当斯和勒韦耶两人让负责观测的天文学家把他们的望远镜指向的区域。

就这样，通过将纯粹的数学分析应用于伟大的物理假说，人们发现了海王星，并就此结束了一首史诗的一个光辉篇章。这一篇

---

① 阿斯奎斯曾因他当时对爱尔兰采取的"等着，看看"（Wait and see）政策而备受批评。——译者注

章由梅内克缪斯开始,由开普勒继续,由牛顿大大加速并一直带往高潮,尽管当时的人们还无法预言这一高潮。

　　　　那里耸立着

　　　　牛顿的雕像,手拿棱镜,面容肃穆,

　　　　这大理石所标志的头脑,

　　　　永远孤独地航行在陌生的思想海洋。

　　　　　　　　　　　　　——W. 华兹华斯(1770—1850)

　　　　于是我感到,我就像遥望星空的观象家,

　　　　一颗新星此刻映入眼帘;

　　　　或者像坚毅的科尔特斯①,以他鹰隼般的目光

　　　　注视着太平洋,他所有的手下

　　　　怀着不安的揣测看向彼此,

　　　　站在达连湾的高峰上沉默。

　　　　　　　　　　　　　——J. 济慈(1795—1821)

---

　　① 济慈这里指的是巴尔博厄。(巴尔博厄应该是 Vasco Núñez de Balboa[约 1475—1519]。他是一位西班牙探险家,曾在 1513 年跨越巴拿马地峡到达太平洋。——译者注)

第十四章　两类图像

14.1　科学中的连续性

描述物质世界的尝试在两个概念之间振荡：**连续性与离散性**。我们曾在[4.2]大致看了这两个概念，现在必须对它们进行更详细的探讨。为清楚起见，我再详加说明一些已经描述过的东西。

对于我们的感官而言，运动是**连续**的。一颗子弹在它的弹道上不是从一点向另一点颠簸着前进的，而是平稳地运行，在运动中没有间断，直到它达到弹着点。我们更熟悉的一个连续性的概念性图像是一条直线上的所有点。

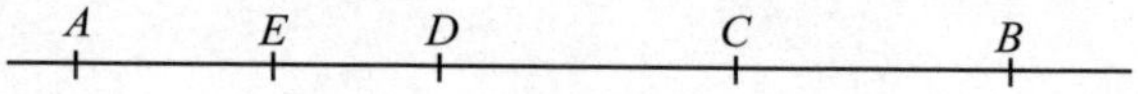

$$A \quad\quad E \quad\quad D \quad\quad\quad C \quad\quad\quad B$$

图 21

想象这样一条直线上的任意一条有限线段。当我们沿着这条线段用铅笔从 A 描到 B 时，我们会有某种模糊的想象，铅笔描绘的路线经过了线段上的"每一个点"，完全没有间歇或者中断。现在，假设在 A 与 B 之间任取一点，记之为 C。在 A 与 C 之间再选一点 D，在 A 与 D 之间又选一点 $E\cdots$以此类推，就这样"无限"地选下去。然后，在这每一条较短的线段 $AE, ED, DC, CB, \cdots$上面我们都可以这样选下去,从而得到更短的线段;而在每一条更短的线段上又可以重复上述过程,这样继续下去,可以"无限"进行。也就是说,无论一条直线上的两点间距离有多近,我们总能在直线上想象出另外一点,这一点的位置在上述两点之间。**在直线上某一给定的一边,譬如在其右边,并不存在着一个与它直接相连的点:**在给定点的右边,直线上不存在一个我们可以称其为"下一个"点的点。

如果这看上去不太符合常识,那我也无可奈何,因为"连续"的概念,或者说"不存在下一个"的概念并不简单,不属于常识。事实上,这是对一种理想状态的极为微妙的概念抽象,本质上不能用"现实世界"或者"知觉"领域中的感觉经验或实验性认识来把握。尽管如此,连续这一高度精细的概念与直觉并不矛盾。

实际上,我们确实把运动设想成一个连续的图像,也确实习惯认为,溪流中的水本身是连续的。我们很快就会看到数学分析是如何处理这一问题的。然而,如果我们接受朴素的原子论,把水分解成水分子,我们就不再认为水是"连续"流体的"连续"的光滑流动,而把它描述为一大群离散[4.2]粒子的运动。其中的每一个粒子都在连续运动。把水分解成个体粒子并不是说我们**完全**抛弃了连续这个概念。最后,我们必须理解单个粒子的连续运动,如果能够做到这一点,其他一切就只不过是重复而已。

假设我们对连续运动有明确的直觉理解,譬如一颗正在加速的子弹的连续运动,那么我们很容易明白数学是怎样适应于人们对运动的描述的。下面讲到的一些东西会在我们说到微积分[第十五章]时再次出现。这对于数学在自然中的应用有着如此根本的重要性，因此值得重复，我为此向读者致歉。

299 我们可以把一个连续运动的粒子的连续位置映射或者说关联到实数系内某个适当区段的实数上。实数系也是一个纯粹概念性的构造，无法使其完全"实现"，也就是说，无法进行实验上的或者视觉上的展示。

我将请读者在这里参考我们在[4.2]中是如何描述实数系的。或许这种描述看上去太平凡无奇了。如果是这样，这只是因为我们小时候就已经对它司空见惯了。但它对于我们四百年前的祖先来说一点也不简单。他们不会认为它有任何意义。从某种意义上说，接下来这个描述颠倒了我们对实数系的直觉，即使对于专家级的数学家来说，它也不算简单，也不是平凡无奇。事实上，这是连续的数学[4.2,6.2]中的一个基本公设。我将分几步说明这一问题，试图揭示这个作用广泛的人为假定。数学在自然中的大部分应用都建立在这个假定的基础上。

首先，如我们所见，在一条已经有整数…，−3，−2，−1，0，1，2，3，…的像的直线上想象出有理数的图像没有什么难度。对于任何形如 $\frac{a}{b}$ 且 a,b 为整数（正负皆可，b 不为零）的分数而言，我们都能轻而易举地在这条直线上指定一个唯一的点来代表它[4.2]。

上一句话中对 a,b 的限定条件可能容易被下意识地忽略。事实上，我们现在还没有遇到什么困难，但在我们踏出最后一步，并一头闯进一个纯概念的"数字"的深不见底的无穷深渊之后，困难很快就会出现了。

检查刚刚说过的那个限定条件，一位怀疑主义者可能会问：

"你将怎样指定 $\frac{a}{b}$ 的代表呢?"当有人提出类似的问题时,有时候被

问者会尴尬地无法回答,或者让被问者求助于"万能的主"。这就

像一个 8 岁孩子问小学老师做长除法为什么需要用减法,老师回

答:"埃格伯特,有些事情只有上帝才明白。"但在这里,这一问题可

以求助于几何,不必求助于上帝。

在机械制图中有一种简单的作图法可作出一条长度等于 $\frac{a}{b}$

(a,b 为任意整数)的线段,这种作图法可以用直尺与圆规完成。

于是,这个问题可以通过求助几何经验得到解决,我们不会继续下

降到比这更低的层次。

假设现在需要确定一点来代表数字 $\sqrt{2}(=1.414\cdots)$。我又一

次援引[4.2]。这个点仍然可借助同样的工具确定:画一个边长为

1 个单位的正方形,这个正方形的对角线的长度就是 $\sqrt{2}$ 个单位。

如果我们以类似方式寻找 2 的立方根的代表,我们的工具就不够

了,这一点可以证明。最后,如果我们希望确定代表 π(其值约为

3.141 592$\cdots$,即圆周率)的点的位置,就必须再次发明全新的方

法。**任何**足以构造平方根、立方根以及任何整数系数的代数方程

的根的方法,都不足以让我们构造 π。我可以在这里援引我们在

[11.5]和[11.6]中论述代数数和超越数时说过的话。

物质"实体"可以与数字形成一一对应,人们有时候把这一点

当作一个合理的科学假设。例如,假设某一电流的电压可以表达

为"数字",这个数表明"某一单位电压的多少倍"。与某个大小为

π 伏特的电压相关联的电流很容易理解,尽管永远也不可能对它

进行准确的测量。因此，我们同样可以想象一个电流，它与另外一个谁也无法"构造"的数字相关——"构造"，从几何的意义上来说是制造一种工具，人们可以用它真正画出一条准确代表与其相应的数字的直线线段。而且，也不难用文字描述一个这种类型的"数字"，这个数字能耗尽人类今后所有世代的全部光阴（就算 100 亿亿年好了），却还是无法把代表它的线段画出来。

这就把我们带到了道路的分岔口。如果我们说一个点可以与一个"数字"对应，却根本没有人能够将这样一个"数字"构造出来，甚至连描述如何在有限个步骤内把它构造出来都做不到，那这整件事还有意义吗？

有人说"有意义"，其他的人说"没有意义"。

在说没有意义的物理学家中，有些人自 20 世纪 30 年代初就被迫尝试用形而上学的观点来理解物理实验室中进行的最简单的测量有什么意义。这些人（其中包括那些逻辑"实证主义者"）认为任何在有限步骤（至少是在观念上的步骤）内无法执行的操作都没有意义。那些说没有意义的人和毕达哥拉斯一样，相信"数字"会以这样那样的形式超越人类，它是自然语言的终极字母系统。

在这个问题上，职业数学家分为两个阵营，各自与相对应的物理学家结盟。现代毕达哥拉斯学派把直线上所有点唯一地对应于其数字代表。他们的对手要求他们演示用确定的、有限个构造过程来分别处理在任意给定线段上所有**连续**无限（"无下一个的"）的点。

对于数学家和物理学家来说，走出这一困境的方法都是沿着同一条大路走下去,一直走到本书将在第十九、二十章中描述的不可超越的障碍为止。数学家和物理学家都假定,或者说假设,"数字"的"存在"永远超越人类构建或者测量的任何可能性,而且他们都在发展这一假定的推论:数学家用**数学分析**[6.2],物理学家用**场论**。对这两个学科,我们将在以后各章中予以足够描述,就目前来说,以下描述已经足够了。

302

数学分析是以假定连续是一个自洽的概念为基础的专业理论体系,它在一般的逻辑辩论中不会导致矛盾。所谓连续指的是具有"无穷可分性"的"无下一个"的存在。在场论中,人们假定整个连续的数学(简称数学分析)在逻辑上是成立的,在把它应用于物质世界时,它产生的是一致的结果。人们又进一步假设,连续具有现实中的像。我将在本书最后一章回头讨论这些问题。而现在,知道我们的直觉意识到的东西可能导致深刻的困难,这就足够了。

我们可以在这里顺便说一下,现在还没有人证明过,一种有问题的数理逻辑不能预测可经实验证实的现象。或许,对于 G. W. F. 黑格尔(1770—1831)和 K. 马克思(1818—1883)的追随者来说,发生恰恰与此相反的情况不仅是可以想象的,而且是必然的,但我们不需要在这里讨论这个问题。

如果一位数学家假定或者假设,直线上的每一点都"对应"着且只对应着一个"实数",则他将面临如下问题:证明这一假设是自洽的。为了进行这一工作,除了其他事情之外,他必须证明,任何假设中的两个"实数" a 与 b 的和 $a+b$ 也是一个"实数",也就是说,$a+b$ 有唯一一个"点对应",并且也对乘积 ab 和商 $\dfrac{a}{b}$ 做类似的事

303

情。他必须证明 $a+b=b+a, ab=ba$。如果他不想尝试如此困难（a 和 b 都不需要是可构造的）的工作，他也可以转而大胆假设其可构造性。那位科学家通常相信他的数学指南所做的最简单也是最困难的事情，他盲目地遵从指示，假设了**连续域**的自洽，并进一步做出预言，而这些预言往往是完全成功的。人类缺乏在可以想象的最短的线段上构造所有点的能力，而上述这些预言中没有一个略微超越了这种无能。任何哪怕在最微小的程度上借助了连续性的理论，都无法逃脱对于人类的严格的、确定的限制，即它们无法做到我们上面说的那种事情。而且，有些数学家相信，永远也不会有哪种理论有这种能力。当然，如果人类能够超越加诸其身的那个限制而达到永生，事情则又当别论。

任何数学家或科学家都可以按照自己的意愿，把他创造的宇宙拿出来大做宣传（许多人也正是这样做的），这就像任何一个房地产经纪人都可以为太平洋中心的城市份额做广告并向人销售，只要他不寄发邮件为自己做宣传就可以。但是，一旦数学家或者科学家要借助人力来兑现自己的支票，它就会被打回来，并被盖上"查无资金"的印章。怀疑者会说，任何人都不可能在一条直线线段的所有点上构成**连续统**，或者借助于实数系描述**连续运动**的概念。这些事物本质上是无穷的，是超越了构成的可能性的，它们本身是超越了人类能力的。

啊，那就是说真的有超人存在！这件事已经由数学予以证明了！是不是？

陷阱现在或许就被用上了。有些数学家、科学家、哲学家和神
学家把"无穷存在"视为对他们构想的理论的终极逻辑辩护，这一

陷阱会把这些人一网打尽。人们或许不可能(似乎真的不可能)证明任何有关无穷的理论是完备的。除此之外,就是要证明我们的数学体系在被推入无穷时是否依然一致这一问题。我们将在第二十章继续讨论这一点。

不过,连续性在描绘物质世界上的用途,继续从至少两个方面为自身作实用主义的辩护:它能够对物理现象做出足够接近的描述,远远没有超出经验测量的误差许可范围;它能够在同样的误差许可范围内准确地预测可能发生的现象。没有任何图像或理论能在最微小的细节上准确无误[12.2];如果只把理想化了的表达视为对被观察到的现象的一个足够精确的描述,它就不会误导任何人。只有当暂时可行的假定成为信条时,才会出现人们所相信的东西超出了可由经验验证的范围的风险。

14.2　科学中的离散性

连续性或者无法给出对于自然的完整的数学描述,或者虽然能够描述,但运用起来过于笨拙。例如,根据数学概率论的定律,一种气体被描述为四处随意活动并互相碰撞的粒子集合。两次碰撞之间的"平均自由程"与粒子的尺寸相比足够大,这使后者如同独立的个体一样孤立地存在;如果用适用于流体的数学连续性处理一种气体,其结果就会过于粗糙而无法使用。在气体中,所有的粒子可以通过 1,2,3,… 依次计数,一一列举。但对于连续统来说,这样的计数是不可能的[4.2]。

我们称任何一个可通过 1,2,3,… 的计数完全列举其成员的事物的集合为**离散**的[4.2]。一个离散的集合并不必然包含有限个元素。整数 1, 2, 3, …本身就是一个离散的无穷集合。自然界中的离散集（可能为有限），我们可以提到宇宙中电子的总数或者所有的恒星等。

数学在其应用中处理的事物又一次远远超过了物理，而在其他一些领域中，离散是明显的模式。因此，如果我们想在统计的意义上讨论一个给定的总体，那么我们一开始就是在处理一个离散的集合。然而，如果个体的数量足够大，我们将对其进行近似处理，用其他以连续性为基础的定律来代替准确的离散性统计定律。

作为连续性的数学的数学分析[6.2]比离散性数学发展得高级得多。一个可能原因是，从牛顿的时代一直到进入 20 世纪之后的很多年中，人们对自然界中的连续图像更为偏爱。这种偏好的根源是人们假定"空间"和"时间"都是连续的，经典物理学理论正是以此为基础建构的。但空间与时间的连续性是纯粹的假设。有些理论物理学家有时费尽心机想要摆脱这种强制性的连续，希望进入一个不那么令人厌倦的空间和时间。对于这类人来说，数学并没有提供什么有益的帮助。这里面需要的技术可能比自牛顿的时代以来科学家一直沿用的技术还要复杂。要把当前的连续性图像重新描绘成广泛的离散性图像，则必须首先解决摆在我们面前需要几十年才能完成的纯数学工作。然而，如果当前的原子结构理论继续保留，这些工作可能总有一天不得不去做。对一些本质上是离散性的情况所做的连续性方面的描述，可能最终会变得让人无法忍受。

　　我们可以这样想象一个离散集最具特色的性质，即把一条直

线上的数字 $1,2,3,\cdots$ 以等间隔标定。我们或许可以把一个离散集中所有的元素排序,让该集合中除了最后一个元素(如果有的话)以外的每一个元素都有唯一确定的下一个元素,而且让该集合中除了第一个元素(如果有的话)以外的每一个元素都有唯一确定的上一个元素。这个有序集合的某些元素对之间没有该集合中的其他元素,而集合中所有的元素都可以组成这样的元素对。

离散性是所有以原子论为基础的理论背后的数学模式。所有在实验室里或者在一般生活中进行的测量都一定会形成一个离散集。如我们通常所想,运动背后是连续性的数学。在科学史上,有时连续性是人们的时尚;而在另一段时间,离散性是潮流。20 世纪 20 年代,两者扭结在一起,纠缠难分,形成了一个成果累累的混乱局面。如果不放弃经典的逻辑,人们无法想象为我们的现实着色的第三种既非连续又非离散的基本颜料。

现在我们必须通过一个实际例子的某些细节,看看连续性是如何描述物理现象的。

14.3 永恒的变化

"给我物质和运动,我将构成一个宇宙。"这是笛卡尔十分谦虚的要求。自从相对论和量子理论异军突起,数学哲学家倾向于颠倒笛卡尔的要求,即他们承诺构成物质和运动,前提是有人为他们提供宇宙。迄今还没有人公开地提供宇宙。

对于这两者中的物质,它伴随着深奥的核物理学,人们对它似乎没有对运动理解得深刻。但情况并非总是如此。在 17 世纪,牛顿的直接后继人无疑认为，他们立足于其上的基础足够坚实，那时运动还是一个未经分析的神秘事物。当 20 世纪行将过去一半之际，物质看上去比运动更加难以捉摸。事实上，如果我们可以相信 20 世纪 40 年代的物理学的一些重要预测者，则与任何其他事物相比，物质更像是思维的一种略微不清醒的状态。我们也必须承认，在哲学数学家的探索性逻辑面前，运动融入了悖论的蛛网。但至少对于科学而言，自从牛顿和莱布尼茨发明微积分以来，运动就一直不像物质那样神秘。数学思维的这种锋锐利器，特别是其中的微分学，不但是运动的自然语言，事实上也是其他一切连续变化现象的自然语言。我们将在下一章对此进行比较详细的介绍，而现在，下面所说的已经够用了。

变化率的直觉概念不会为我们造成任何困难，只要该变化率是恒定的。在这里，速度被定义为位置的变化率，也就是被定义为速率。（在理论力学中，速度是运动在给定方向，在某种给定意义下随时间的变化率，可正可负。对于我们的讨论，这些限制并无必要。这里的速度使用字典里的第一个意义，即速率。）如果一辆汽车以每小时 60 英里的不变速度行驶，它将在 1 秒内驶过 88 英尺，$\frac{1}{2}$ 秒内驶过 44 英尺，$\frac{1}{4}$ 秒内驶过 22 英尺，以此类推。而且，只要这辆汽车的速度保持每小时 60 英里不变，每过 $\frac{1}{4}$ 秒它都将向前行驶 22 英尺。驾驶员读者们可以把这一数字贴在汽车速度表的上方。

但是如果我们假定，汽车驾驶员动用了刹车，先轻轻地踩踏，然后逐步增加压力，一直到汽车停稳。不妨让我们说，这一过程持

续了 15 秒。那么汽车在这 15 秒内的速度是怎样的呢？这个问题

毫无意义。汽车的速度在整个 15 秒内一直在变化，在任何 1 秒内

或 $\frac{1}{10}$ 秒内……或 $\frac{1}{1\,000\,000}$ 秒内……都不保持恒定。事实上，无论

在我们的想象中这一时间间隔变得多小，只要还不是零，汽车的速
度在那个时间间隔内就一直在变化。这个日常生活中的普通问题
直接把我们带到了必须发明新方法的境地。只有用一种新的方
法，我们才能准确合理地处理持续的变化率。

　　我们预想一下，有人可能会说，差不多一切数学物理的重要方
程表达的都是变化率之间的关系。如果我们向牛顿的运动定律
[13.3]（特别是前两个）投去一瞥，并回想有关两个质点之间互相
吸引之"力"的牛顿万有引力定律，我们很可能会看到造成这种情
况的一个历史原因。但牛顿运动第二定律为我们提供了一个基
础，在此之上，我们可以把涉及"力"的陈述转换为涉及"变化率"的
数学等价陈述。

　　同样，如果行星沿着近似于椭圆的轨道围绕太阳公转，太阳
和该行星之间的引力将于行星在空间勾勒自己轨道的同时持续
变化；这两个天体之间的距离持续地、周期性地在行星位于近日
点时的最小值与其位于远日点时的最大值之间持续变化。所
以，开普勒的问题[13.2]要求在其数学表达中用到不同的变
化率。

　　动力天文学为变化率的算法即**微分学**提供了最强有力的初始
推动之一。在牛顿的天体力学[13.4]理论高奏凯歌之后，物理科
学的其他领域也以同样的总策略向外发动了开疆辟土的征服运

309　动。这些攻势基本上是成功的，而且一直到 20 世纪头 10 年的前期，人们还充满信心地期待，总有一天他们将建构整个物质宇宙的力学理论。在这里，指出后来被放弃的这一希望所倚仗的基础就足够了。

　　我们习惯于认为物质的原子是由电子、中子、质子、介子以及其他假设的什么子组成的极为复杂的结构，以至于很难回到 19 世纪物理学所设想的原子图像：它们具有完美的弹性，不可分割，形状如台球。但不妨假设我们可以重新接受这样的图像。那么，什么会是更加自然的情况呢？我们是不是不会再推广牛顿定律，将之应用于宇宙中的所有原子（它们相互之间受到有心力的吸引），而可能转而应用比吸引力反比于原子或分子间距离的平方的牛顿定律更复杂的定律呢？针对分子动力学理论的某些问题，事实上确实有人提出了五次方反比律的建议。

　　在当时，这种普遍计划并非毫无道理。成功执行这一计划所带来的数学困难非常大，但并不一定是不可克服的。人们曾经用现代数学解决了一些看上去与这个问题同样复杂的问题，这些方法已经从 20 世纪 20 年代开始在物理学中应用。让人们终止对无限宇宙的力学描述的并不是数学上的障碍，而是一系列出人意料的实验发现——从 1895 年 X 射线的偶然发现到 20 世纪 30 年代晚期核裂变的发现。但是，宏大的力学计划虽然被放弃了，它所产生的数学还像过去一样有用。

14.4　古代哲学家与现代学究

　　一般的经验告诉我们，连续的变化是自然的秩序。就像过去

的赞美诗说的那样:"我之所见,俱变且衰。"①这似乎是对赫拉克 310
利特(公元前6世纪)的格言"万物皆流"的一个过分悲观的释义。

除非数学可以抓住难以捉摸的变化的真谛,否则它没有办法
理解自己最具特色的活动的本质。但怎样才能抓住变化的真谛
呢? 只需思索片刻,所有人都会确信,这个问题难度极大。不过,
这一问题在17世纪得到了解决,它是一次早就由前苏格拉底时期
的希腊哲学家开启的漫长的进化开出的花朵。

如果最后一条看上去有些高估了有关改变与变化率的微积分
的遗迹,请让我复述 D. E. 史密斯(1860—1944)的一次经历。史密
斯去世的时候,已是美国头号数学史专家。他年轻的时候去德国
拜 M. 康托尔(1829—1920)为师,后者是当时数学史的世界一流权
威。康托尔问这位雄心勃勃的年轻人想研究什么。"微积分的历
史。""那好,史密斯先生,如果我是你,我不会去研究比安提丰和布
里松早很多的时代。"这两个人都生活在公元前5世纪。这并不是
史密斯第一次听人说起这两位远古的希腊分析学家。但在康托尔
向他提出建议之前,在他的想象中,微积分开始于公元17世纪,而
不是公元前好几百年。

与自然界的连续变化抽象等同的数学问题几乎在几何学发端
之时就出现了。要完备且在逻辑上令人满意地处理求解长方形面
积的问题[12.2],我们需要对连续[4.2]有彻底的理解。连续是变
化与流动的精髓。正是这个问题让希腊人意识到了无穷可分(无

---

① 这是苏格兰诗人亨利·弗朗西斯·莱特所作的基督教赞美诗《与主同住》(A-
bide with Me)中的句子。——译者注

311　穷地连续）和连续的概念，以及这些凭直觉很清楚的概念中隐含的数学无穷的所有谜团。

我不会占用篇幅对这一问题详细解说，但我可以提醒比较年长的读者。在数学教育为迎合目前增加的平庸需求而改变其本性之前，这些年长的读者都在美国学校里学过初等几何，那时他们第一次接触到了这些基本概念。这一问题出现在一切处理比例和面积的命题的所谓"不可公度的情况"下。20 世纪头 10 年初期在英国学校里学过几何学的那些长者在学习中遵循的方式，与欧几里得在他的《几何原本》第 5 卷和第 6 卷中阐述的古希腊传统更为接近。顺便说一下，人们通常认为，该书第 5 卷是一切数学中的杰作，而不单单是希腊数学中的杰作。在英美两国的学校中，这种对连续的基本概念的严格介绍似乎已经被较容易但逻辑上较低等的内容所代替。

我可以在此一次强调清楚，人们既不可能也不希望通过第一次尝试就准确地描述数学是怎样处理连续性问题的。微积分是处理连续变化的数学。而且，如果可以暂时偏离主题来表达一些非正统意见，我可以说，我认为让工程师或者数学物理学家学习一门严苛的微积分课程是极不恰当的。我这里所谓的严苛，指的是直面实数系[4.2]中模糊的逻辑根源。

数学不过是科学家使用的几种应急手段之一，而且在许多情况下是较为不重要的一种。科学家在工作中会遇到数学家从来没有遇到过的障碍。在研究工作的每一个阶段，科学家都可以把他的计算结果与自然本身比较。向一个满怀希望的年轻科学家灌输与连续有关的微妙教义，有让一个具有创造性潜力的头脑变得贫

瘁的危险,何况就连数学家自己也不觉得有望很快对连续含义达312

成一致意见。那些对他们的科学家兄弟的粗糙数学说三道四又自

以为是的数学家或者逻辑学家,还不如更有效地把闲暇时间用在

让他们自己达成一致上。

另一方面,在掌握自 1900 年以来各大"数学哲学"一流学派的

主要信条,包括他们臭名昭著的怀疑和相互诋毁之前,没有哪个理

论物理学家或寂寂无闻的数学使用者会对一无所知又时常轻信的

公众解释,数学推理取得的结论对于人类或认识论具有何种意义。

但如果某个理论物理学家或者数学使用者真的掌握了这些,他或

许会丧失以数学的名义预言未来的语言能力。如果我们认为,他

应该停止将数学视作关于他个人信仰的"真理"的保证,这显然对

他期望过高。无论他自己还是他那一伙无助的信徒,都没有机会

认真思考或理解他们所借助的数学。

有关我自己相信的事情就说到这里,我不再继续把这些东西

强加于人了。但我还是要顺便说一句,我认为读者有权知道书的

作者在这些有争议的问题上的立场。我的这些立场贯穿本书后面

所有部分,直至全书结束。

14.5　局部的自然

在此,我重申在把数学应用于自然时最为重要的问题:数学推

理应该如何抓住连续变化的概念? 回答既直接又简单:像我们已

经熟悉的那样,把变化映射到实数系[4.2]上。

为了确定起见,让我们再次考虑速率为每秒 88 英尺的汽车经

刹车**连续**减速 15 秒后静止的情况。我们看到,在这整个 15 秒内,313

没有任何一个瞬间汽车的速度为常数。在不要求准确的情况下，让我们把这 15 秒分割成很多的相同时间间隔，不妨说 100 万，然后想象这辆汽车在任何一个 $\dfrac{15}{1\,000\,000}$ 秒内的运动。在这段微小的时间间隔内，这辆汽车的速度变化不是很大。请记住这一点：如果速率（速度）是**均匀**的，人们测量它的方法是看物体在一个单位时间内通过了多少个单位距离。我们现在以下面的方法继续探讨。

假设这辆汽车在 15 秒内行驶了 450 英尺。在这 15 秒之初，汽车的速度是每秒 88 英尺，汽车的最后速度是零。现在让我们想象，把 450 英尺分割为这样多的相等间隔，使汽车在其中任何一个间隔内的速度变化都不大。我在此有意使用重复的叙述，请与上一段落的文字相比较。

为明确起见，我们把这一段距离分为 100 万个相等的小段，每一段的长度将是 $\dfrac{450}{1\,000\,000}$ 英尺，也就是 0.0054 英寸，可以近似地说成是 $\dfrac{1}{200}$ 英寸。除非发生某种意外情况（这种情况可以预先排除，因为已经假定踩刹车的力是逐渐增大的），这辆汽车的速度在这 $\dfrac{1}{200}$ 英寸结束的时候与开始的时候没有可以察觉的差别。因此**我们假定**：通过把行驶距离分割得足够小，并假定在这段距离上行驶的对应时间同样足够小，可以把经过这一间距的速率视为均匀的，而我们用来计算这一速率的方法是，用经过这段很短的距离所需要的很短的时间（1 秒的很小一部分）去除这段很小的距离（1 英寸的很小一部分）。

最后,通过让距离越来越小,同时让与距离对应的时间越来越短,并以"时间除距离",我们可以获得汽车从开始减速直至静止的整个 15 秒内,**任何给定时刻的速度**的概念,也就是从每秒 88 英尺**减**到每秒 0 英尺期间任何瞬间的速度的概念。

我们在这个例子中使用的方法,是把数学应用于永恒的自然变化时使用的典型方法:将在任何**足够小的区域**内发生的现象转化为数学符号,然后通过无穷缩小所考虑的区域的尺寸令其达到**极限状态**(见图 22)。我们在讨论曲面的邻域[10.2,10.3]时见过一个纯几何的例子,或者更一般地说,我们是在讨论任一黎曼型空间中的邻域时见到这个例子的。

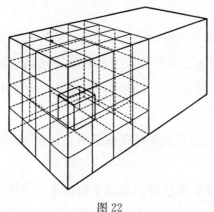

图 22

下面这个例子在下一章还会出现:假设我们试图建立一个描述水在一条河流中**每一点**的流动情况的数学方程。在靠近河岸的地方,水毫无方向性地缓缓流动;而在中流,水则沿着一定的方向流动。让我们想象一下,水流中存在一个固定不动的由相等的立方体组成的网格,构成它的丝线比蛛丝还要精细。(如果不用相等

314

315

的立方体而用相等的平行六面体或者任何其他相等的立体形构成网格，这一论证也能进行下去。)任意选择这些立方体中的一个，或者更准确地说，选择一个"特定的一般"立方体。这一立方体的中心点可以代表水流中**任意一点**。我们可以把水的什么性质转化成符号呢？可以非常近似地把水视为**不可压缩**的，水流动的时候不存在孔洞，并且流体是**不可摧毁**的。我们希望在"任意"一点上用数学方法表达这些性质。

我们还必须做一些其他的假设。假设我们已知在水流的任意一点上水的流速。这看上去是在对我们希望知道的东西做出假设，但情况并非如此。例如，我们已经做出的这个假设足以决定水流的流线。

现在我们处理"特定的一般"立方体，即我们选定的那个任意立方体，并描述它身上会发生些什么。通过选取越来越小的网格（因而那个特定的立方体也越来越小），并严格按照前面让被研究事物的尺寸越来越小的描述行事，我们达到了原来的那个立方体的中心点会发生情况的极限。这就是我们希望知道的事情。

但我们还没有叙述我们在原来的那个立方体内描述了些什么。我们何时做这件事似乎无足轻重。然而请注意，这件事必须具有两个特性：它必须适用于有关的物理数据，在这里是不可压缩和不可摧毁；它必须可以用数字加以描述。后一条是必不可少的，因为我们寻找的是一种数学表达，而差不多所有经典物理的数学最终都需要表达为数字之间的关系。

由于水是不可压缩、不可摧毁的，所以在 1 秒内**流入**立方体的水量必须等于**流出**的水量。我们需要的一切不过如此。当把情况用以上归纳出来的方式转化为数学符号时，流入量和流出量相等可以由一个方程等价表达：在 1 秒内，立方体内水量的**增量为零**。

　　这一方程涉及变化率，我们称它为一个**微分方程**，因为对变化率的研究是**微分学**的目的之一。物理科学中超过 99% 的"定律"包含在微分方程或微分方程组中。

14.6　科学家出手干预

　　对任意现象的数学研究可以主要分为两类问题。第一类是刚刚描述过的，必须稳固建立与研究中的情况对应的方程（通常是微分方程）。

　　即使我们不说这是需要天才的一步，它也是需要科学洞察力的一步，因为几乎所有数学家都能写下这种或那种方程来把物理状况符号化，哪怕高度复杂的物理状况也不在话下。但除非这些方程经得起数学学科的检验，否则又有什么用处呢？这就是牛顿与麦克斯韦超出常人的地方。他们知道应该对哪些东西进行符号化，哪些东西可以忽略不计。平庸的纯数学家通常写下的方程的确毫无瑕疵，但实际上毫无用处。

14.7　积分学

　　自然向我们提出的第二类问题是建立微分方程这个问题的逆问题。人们需要解出表达变化率之间关系的微分方程。

　　在给定方程中，一个变化的量（譬如速率）随另一个量（譬如时间）的变化是以其他量（譬如对于距离和时间的测量）表达的，有可

317

能是其他的变化率。这是对导出下一个要点的状态的足够一般的陈述。

有些量的变化率出现在给定方程中，此外还有其他的量也出现在方程中。现在的**逆问题**是，通过这一方程确定这两类量之间的关系。我们称这一过程为对给定的变化率方程的**积分**。

在微分方程勾画的物理状况和微分方程的积分解之间最重要的一个联系就出现在这里。在给定的方程中，我们表达在**一个特定点和特定时间**的物理状况；在方程的积分解中，我们要确定变量之间在**一切点上、一切时间内**的必然关系。就这样，我们从可以理解、可以描述的局部的自然走向了总体的自然，也就是我们不了解但希望运用数学去探索的自然。在这里，我们可能再次注意到它与微分几何[10.2]之间的类比。

14.8　边值问题

在用易于理解的符号对所有这些做简单的概括之前，我们必须对一个进一步的问题加以描述。一个微分方程的完整的积分解通常非常普遍，因而对于特定问题所能起到的作用非常小。要让积分解有用，人们必须用符合手头上的特定问题的条件对它加以限制。

作为例子，我们将在下一章描述表达理想流体是不可压缩和不可摧毁的这一事实的简单微分方程。这一方程用数学符号表达的仅仅是我们已知的简单事实，即任何理想流体在单位时间内流入一个小网格的立方体的量必须等于流出的量。我们可以相当普遍地"解出"这一方程，但这个通解的用处不大。然而，如果我们给方程的通解加上符合某一实际问题的充分条件，例如**在河岸处**水流的流速应该是一个常数，我们就在方程"通"解所包含的毫无规则可言的无数水流状况中孤立出了一个特定的状况，这一状况具有确定而且唯一的特性。简言之，通过加上适合于确定问题的**边界条件**，我们迫使一般方程给出了那些问题的解。

一般方程本身通常只是一个用数学符号陈述众所周知的事实。当用限制条件（或者叫作**边值**）进一步限制它时，它会给出有价值的信息（经常是出人意料的），这一点让人吃惊，但却是事实。

涉及变化率的微分方程的"通"解与预先给定的初始条件相符，这是与"**边值问题**"的理论共生的，而后者又是数学物理学的神经干。

因为这个问题确实很重要，我将简要概述与此相关的另一个问题。

一个看似简单的傅里叶方程表达了经实验证实的定理，即热在任何介质上流动的定理。这个方程自然是一个微分方程，也就是说它与变化率有关。假设我们想确定一根均匀的长棒上任意一点的温度，并且已知这根长棒的一端被放在一个温度为常数的熔炉内。为使该问题简单一些，我们只考虑整个长棒的温度都达到"稳态"的情况，即棒上任意一点的温度都既不变高也不变低。这种假定并不荒唐，要感受这一点，可以把拨火棍插入燃烧的煤里。我们可以注意到，一段时间之后，握在手里的拨火棍的一端不再变得更热。（我曾经认识一些妇女，她们认为，把一块熨斗放到火炉上，只要时间足够长，熨斗的温度就可以无限增加。）

什么是这里的"初始条件"呢？很显然，这些初始条件就是：长

319

棒在熔炉里的那一端的温度在整段时间内都是一个常数；根据牛顿冷却定律，长棒表面以已知速率向空气中辐射热能；在人们开始考虑计算的时刻以及所有随后考虑计算的时刻，长棒上任意一点的温度都不再变化。我们的问题是找出热传导的**一般**方程的解，这个解将与这些条件相吻合。

为了让问题进一步简化，我们也可以不考虑热辐射。经过简化以后的问题凸显了所有方法论方面的重点：求解考虑该物理状况的**一般**方程，然后让这个解符合描述特定问题的**特殊边界条件**。

一个大致的类比是：我们知道每个人的寿命都是有限的，由此出发，计算一个 40 岁的男人需要为一份规定数目的人寿保险付多少保险费。每个人必然会死，这一点有时候就对应着方程的通解；他不会活到 150 岁，这一**具有确实把握的事**就相当于熔炉的常数温度；死亡年龄的统计定律对应于热传导的一般方程；最后，这个男人的年龄——40 岁对应于长棒上的确定点，我们希望得知这一点的温度。尽管如此，热传导方程和死亡率方程一点也不像。

第十五章 应用数学的主要工具

15.1 变化率

由职业数学家开发的数学有许多尚未在科学中找到用途。如果我们可以根据过去的经验外推,这样一个抽象的庞然大物中的许多部分日后会在探索自然的过程中得到应用。大致说来,数学的进步和它的应用如同一个跳背游戏:在某个时刻,纯数学远远走在任何明显的应用前面;在另一个时刻,科学的进步呼唤着数学的新进展。

对于那些为了数学本身的目的而研究数学的人来说,应用数学的主要工具在它的现代发展中同样具有极为重要的意义。这个主要工具就是**微积分**,我们已经在上一章通过微分与速度的联系描述过微积分的**微分**方面,我们很快就会考虑它的**积分**方面。在这里,我们将考虑那些不害怕符号的人的需要,为他们在有关速度和变化率方面稍微多做一些更仔细的描述。

大部分教科书借助于几何,特别是切线的斜率和由曲线或曲面包围起来的面积来说明微积分。这样做有一个历史原因,即解析几何先于微积分出现,而且解析几何确实让费马想到了具有几种基本的变化率性质的令人满意的微积分。然而，牛顿更感兴趣的是变化率，因为它们出现在动力学中。他根据变化率建立了他的微积分，尽管他也承认，他的方法是"从费马画切线的方法"中得到启发的。为了避免同时处理两个困难，我将借助于我们对运动的直觉想法，而不是借助于曲线和它们的切线的几何来说明微积分的基本理念。

这是在 1694 年，莱布尼茨向数学中引入了那个最为有用的词，即**函数**（对应的拉丁文词语）。他关心的是实数的函数[4.2]。为了让我们下面要讨论的事情更容易，让我仔细说一下我们在[4.2]中就函数说了些什么。令 x, y 表示数字。如果 x, y 之间具有的相关性使当 x 无论何时获得了一个特定数值，y 都会获得至少一个数值，这时我们便称 y 是 x 的一个函数，并记之以 $y = f(x)$。上面的限定词"至少"在下面的内容中可以省略。于是，如果 $y = x^2$，则 y 是 x 的特定函数 x^2，因此 $f(x)$ 表示 x^2。如果 $x + y = 1$，则 $y = 1 - x$，所以在这里，$f(x)$ 是 $1 - x$。

按照一个不那么准确的说法，如果当 X"已知"时，Y 也"已知"，则 Y 是 X 的函数。在科学中，X, Y 主要还是用来代表某种数字，例如用以表明某条曲线或图形上的点的坐标的数字。为简单起见，我们设想函数 $f(x)$ 中的 x 代表一个上述种类的数字，也就是说，在没有进一步说明的情况下，x 代表一个**实数**[4.2]。但在上述关于 Y 作为 X 的一个函数的一般定义中，Y 或者 X 都不必是任何种类的数字。这样的非数字函数经常出现在现代数学中，例如，当我们讨论符号逻辑的时候[5.2]，那里的 X, Y 可以表示类，或者命题，或者关系。

我们必须在这里复述另一个方便的术语,它就是我们在[4.2,6.1]中描述过的**变量**。这里的一个相关例子是已在[6.1]中给出的落体。落体高出地球表面的高度(以合适单位测量,可以是英尺、厘米等)是一个变量。我们可以从这个例子中直观地看到**一个接近某极限的变量**的含义。对于随着物体下落而持续下降的高度来说,它越来越接近的极限是地球以上的零高度。最后,当物体接触地面时,高度**达到了其极限**,在这种情况下是零。并非每个趋近于一个极限的变量都会达到这个极限。

下面,从我们对作为变化率的匀速的直觉概念出发,我们对变化率的概念进行推广。这样一来,我们可以论及以 x 为其变量的函数 $f(x)$ 的变化率。

为使下面要讨论的东西看上去合理,让我们再次考虑如何计算一个匀速运动的质点[14.3]的速度。我们用某给定时间内质点所通过距离的单位长度除以那段时间所含的单位时间。于是,如果质点在 t 秒内通过了 s 英尺,其速度即为 $\frac{s}{t}$ 英尺每秒。所有这些都以假定质点**匀速**运动为前提。现在,"速度是**距离**(s)对于**时间**(t)的变化率",而且根据刚刚的计算,**当质点匀速运动时**,速度等于"s 除以 t"。

下面考虑如何进一步计算一般情况下的速度,即当速度并不一定均匀的时候的速度。在前一章中,我们大致说明了如何做到这一点[14.3],现在我们把那里的描述改为符号形式。我们假设质点在任何时间 t 内经过的距离 s 为 t 的一个函数,记为 $s = f(t)$。这意味着对于从运动开始起计数的时间 t 的任何值 T,我们都可

322

以计算质点在时间 T 内经过的距离的总长度，方法是将 T 带入 $f(t)$ 的 t 中并计算出结果。于是，如果以秒为时间单位，以英尺为距离单位，且如果 $f(t)$ 是特定函数 t^2，$T=3$，则质点在 3 秒内经过的距离是 3^2 英尺，即 9 英尺。

323　　　既然有 $s=f(t)$ 成立，那就来计算**任意**时刻 t 的速度。用图解表示这一过程，我们可以更清晰地了解论证过程。距离是沿着 OX 朝箭头所指方向测量的，质点在 t 秒内从 O 点开始经过 s 英尺。一段时间后，不妨说在 $t+\Delta t$ 秒后，质点走过的距离是 $s+\Delta s$ 英尺。在这种表达式中，我们把 Δt 读作"t 的增量"，或简称"代尔塔 t"；我们也可以类似地称呼 Δs。值得注意的是，Δt 不是 $\Delta \times t$，那是普通代数中的记法；在这里，Δt 只是对于"t 的增量"的一个简写而已（见图 23）。

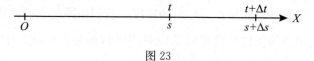

图 23

从 s 到 $s+\Delta s$ 的间距是 Δs，这一间隔是质点在时间 Δt 内走过的。如果速度在整段间距中是均匀的，则速度为 $\dfrac{\Delta s}{\Delta t}$。但这里不假定速度为均匀的，而是假定 Δt 非常小，以至于 Δs 也随之非常小，这明显会让速度在这一整段非常短的间距内非常接近于均匀。因此，在这一小段间距内，$\dfrac{\Delta s}{\Delta t}$ 是在整段间距 Δs 内每一点上的速度的近似值。我们让 Δt 越变越小，Δs 也相应地越变越小，这样就可以让 $\dfrac{\Delta s}{\Delta t}$ 越来越接近 Δs 上每一点的速度。最后，如果我们**达到了极**

限,让 Δt 无限趋近于零,Δs 也同时无限趋近于零,就得到了 $\dfrac{\Delta s}{\Delta t}$ 的

极限值,我们称其为质点**在时刻 t 上的速度**。我们这样定义速度

的理由是很明显的。

我们曾经假定这一极限存在且可求。如果这一极限存在,就

以 $\dfrac{ds}{dt}$ 表示,并称其为 **s 对于 t 的导数**。我再一次提请读者注意,在 324

这里,$\dfrac{ds}{dt}$ 并不像在代数中那样表示分数,而是如上描述的极限值的

简写。

接下来我们进行实际的计算。已知 $s=f(t)$,当 t 获得增量 Δt

时,$f(t)$ 就变成了 $f(t+\Delta t)$,与此同时,s 变成了 $s+\Delta s$。因此

$$s+\Delta s = f(t+\Delta t);$$

由此,因为 $s=f(t)$,我们可以得到

$$\Delta s = f(t+\Delta t) - f(t),$$

所以,当 Δt 无限趋近于零时,$\dfrac{\Delta s}{\Delta t}$ 的极限值即 $\dfrac{ds}{dt}$ 等于当 Δt 无限趋近

于零时

$$\frac{f(t+\Delta t) - f(t)}{\Delta t}$$

的极限值。

我们可以用一个例子告诉读者这个工作是如何进行的。令 f

(t) 等于 t^2。从头到尾进行刚刚简单描述的过程,我们得到 $s=t^2$,

并计算

$$\frac{(t+\Delta t)^2 - t^2}{\Delta t}$$

在 Δt 无限趋近于零时的极限值，即 $\dfrac{\mathrm{d}s}{\mathrm{d}t}$。接下来，在令 Δt 无限趋近于零之前，我们尽量简化这一表达式中的代数。于是可以得到

$$\frac{t^2 + 2t(\Delta t) + (\Delta t)^2 - t^2}{\Delta t} = 2t + \Delta t,$$

当 Δt 无限趋近于零时，上式的极限是 $2t$。作为练习，读者或许可以尝试计算 $s = t^3$，$s = t^4$，$s = t^5$ 等 s 对于 t 的导数。其结果分别为 $3t^2$，$4t^3$，$5t^4$，…，从中可以明显地看出求幂函数的导数的一般法则。

我不拟为"极限"给出一个数学定义，因为我相信，常识至少可以让读者看出它的大致含义。对它进行仔细的陈述需要几页纸的篇幅，而进行真正严格的处理则需要长长的一章。

上面我们在 $s = f(t)$ 的情况下找出了 $\dfrac{\mathrm{d}s}{\mathrm{d}t}$，其中借助了作为直觉概念的"速度"。这是一个隐身于整个过程后面的概念，但我们不难抓住它。很清楚的是，如果用 x 表示任意变量，且 $y = f(x)$，我们或许可以一步一步地做刚才做过的事，最后得到 y 对于 x 的导数，或者用变化率的语言说，y 对于 x 的变化率。

15.2 高阶导数

标题中的"高阶"只不过是一个专业术语，它不会引起什么理解上的困难。在这一节中不存在比上一节中更深奥的内容。我们对一个有待解释的简单问题另立标题，是因为这个问题在科学应用方面非常重要，特别是在力学和物理学的其他分支上。与定义导数的情况一样，在这里，只要我们头脑深处有对运动的直觉理解就够了。

速度可以是均匀的或者变化的。后者的一个例子是落体的速度,落体的速度是不断**增加**的。在物体进行加速运动的情况下,我们假设速度是时间的一个函数,并把加速度定义为速度对于时间的变化率。由此,如果用 v 表示某物体在时间 t 时的速度,其加速度 a 即为 v 在时间 t 时对于 t 的导数,即

326

$$a = \frac{\mathrm{d}v}{\mathrm{d}t}。$$

但 v 本身是距离(s)对时间(t)的导数,事实上我们已经看到,

$$v = \frac{\mathrm{d}s}{\mathrm{d}t}。$$

因此可以知道,

$$a = \frac{\mathrm{d}(\frac{\mathrm{d}s}{\mathrm{d}t})}{\mathrm{d}t}。$$

我们不必把加速度写成如此累赘的形式,可以简写成

$$a = \frac{\mathrm{d}^2 s}{\mathrm{d}t^2}。$$

当然,这仅仅是另一种写法的方便的简写而已。

从我们已经阐述过的事情可知,加速度是一个**变化率的变化率**,或者可以把它叫作**二阶导数**。更准确地说,加速度是距离对于时间的二阶导数。

加速度同样可以变化。如果是这样,我们就可以发现它对于时间 t 的导数,即 $\frac{\mathrm{d}a}{\mathrm{d}t}$。跟前面一样,我们把它视为一个三阶导数,并把它写成 $\frac{\mathrm{d}^3 s}{\mathrm{d}t^3}$。

我们可以继续这一过程，得到 s 对于 t 的四阶、五阶导数等。

对于应用来说，**最重要的导数是一阶与二阶导数**，即 $\dfrac{ds}{dt}$ 和 $\dfrac{d^2 s}{dt^2}$，其中

327　第一个是速度，第二个是加速度。人们还没有给距离（s）对于时间（t）的三阶、四阶导数等以特殊的名字。①

让我们再次求助于牛顿运动三定律[13.3]，这样就可以很清楚地看出导数具有重大物理意义的原因。这些定律是运动学的基石。通过仔细观察这些定律，我们可以看出力与它们导致的加速度成正比。因此，人们不可避免地通过力引入了二阶导数。

我们在这里就 s 和 t 进行的讨论全都可以用于 y 与 x，此时 y 是任意变量 x 的函数，与前一节所说的完全一样。

15.3　偏导数

偏导数也不会比开头定义的导数更加难以掌握。偏导数在科学中有着至关重要的意义。

到目前为止，我们考虑的都是只含一个变量的函数。但自然放在我们面前的函数通常含几个变量[4.2]，而且事实上存在含穷多个变量的函数。含两个变量的函数的简单例子是气体的体积，它是温度和压强的函数。我们在这里考虑含三个变量 x, y, z 的函数 $f(x, y, z)$ 就足够了，有关含任意有限个变量的函数的讨论与此相同。

当 x, y, z 变化时，$f(x, y, z)$ 会发生什么情况？为探讨这一问

---

① 在一些比较老的著作中，三阶导数被称为离差，但由于它没有重要的物理意义，人们很少使用这个名字。

题,让我们把其中的两个变量视为常数,只考虑一个变量变化的情况,并计算函数对于该变量的导数。如果把 y,z 视为常数而把 x 视为变量,就可以得到 $f(x,y,z)$ 对于 x 的偏导数,记为 $\frac{\partial f}{\partial x}$,这里的 f 代表 $f(x,y,z)$。我们知道计算这个导数的方法,因为我们已经计算过只带有一个变量的函数的导数,而在计算这一偏导数时,函数中只有 x 是变化的。以同样的方法,我们也可以计算 $\frac{\partial f}{\partial y}$ 和 $\frac{\partial f}{\partial z}$,只要在计算第一个时让 x 和 z 保持不变,在计算第二个时让 x 和 y 保持不变就可以了。

偏导数中的符号 ∂ 并非来自任何语言的字母表,而是数学家特地发明的一个数学符号,我们可以将它读作"偏"。

与上一节完全相同,我们可以继续计算更高阶的偏导数。也就是说,通过继续保持 y 与 z 不变并令 x 变化,可以计算 $\frac{\partial f}{\partial x}$ 对于 x 的偏导数。我们称这样做所得的结果为函数对于 x 的二阶偏导数,记之以 $\frac{\partial^2 f}{\partial x^2}$。我们也可以类似地算出 $\frac{\partial^2 f}{\partial y^2}$ 与 $\frac{\partial^2 f}{\partial z^2}$。

或者可以从 $\frac{\partial f}{\partial x}$ 开始,并令 x 与 z 保持恒定,令 y 变化,计算对于 y 的导数。我们把这种偏导数写成 $\frac{\partial^2 f}{\partial y \partial x}$。根据我们在前面讨论过的情况,我们完全不清楚

$$\frac{\partial^2 f}{\partial y \partial x} = \frac{\partial^2 f}{\partial x \partial y}$$

是否成立。

在等号的右边，我们在计算$\frac{\partial f}{\partial y}$对于 x 的导数时令 y 与 z 保持恒定。但上面的方程是可以成立的，前提是所有的偏导数都可以通过计算获得（"存在"是更正确的专业术语）。更准确地说，如果$\frac{\partial f}{\partial x}, \frac{\partial f}{\partial y}$和$\frac{\partial f}{\partial z}$都在点$(x, y)$的邻域上存在，且$\frac{\partial^2 f}{\partial x \partial y}$在$(x, y)$上是连续的，则$\frac{\partial^2 f}{\partial y \partial x}$在$(x, y)$点上存在，而且这两个二阶偏导数相等。对于大多数超出学术兴趣的实际物理问题来说，前面的要求可以被满足。

329

15.4　微分方程

我们称一个包含导数的方程为微分方程；如果这些导数是偏导数（∂），则称这个方程为偏微分方程。数学物理中最令人感兴趣的方程是后一种类型。其中一个非常著名的例子是拉普拉斯方程：

$$\frac{\partial^2 u}{\partial x^2} + \frac{\partial^2 u}{\partial y^2} + \frac{\partial^2 u}{\partial z^2} = 0 。$$

这个方程最早出现在牛顿的引力理论中，也出现在有关弹性、声音、光、热、电磁现象和流体运动的理论中。我们不久会指出这个方程是怎样出现在流体力学中的。至于现在，我们必须叙述的是，一旦得到这样一个方程，我们应该做些什么。

以上方程中的**未知**函数是 u。在得到这一方程之后，我们需要找出作为 x, y, z 的函数的 u。我们称这一步是**求**这个微分方程的**积分**。几乎用不着说，这个问题要比用数字解一个代数方程困难得多,即便这个代数方程是高阶的。满足方程的"最通用的"u在物理上没有多大用处,需要找到**一个能满足某一给定条件的特定的**u。换言之,我们要解决的问题和[14.8]中受热长棒的问题一样,是**边值问题**。解决这种确实会出现在科学中的问题需要非常高超的技艺。有时候,要解决导致一个边值问题的新的物理问题需要发明新的数学分支,或者至少需要创造并研究新的函数类型。一旦解决了这个问题,通常会得到有关物理问题的许多信息。在构建符合这一问题的方程时,我们并没有有意识地把这些信息放进去。

330

15.5　流体流动

我将花片刻时间回顾一下拉普拉斯方程,并简要指出它在流体力学中的重要意义。在对理想流体的运动进行数学描述时,人们可以用两种不同方法进行探讨。在使用第一种方法时,要把注意力集中在流体中的**任意**一个质点上。这里说的"任意"指的就是所谓"特定的一般"。我们需要建立这个质点的运动方程。在使用第二种方法时,要把注意力集中到流体中我们所设想的那个网络的**任意**一个网格上(如同在[14.5]中讨论的那样),观察这个网格中会发生什么事情。在第一种方法中,我们是通过与特定的质点一起流动来探讨整个流体;在第二种方法中,我们则站立在一个典型点上不动,观察我们身边流过的流体。我们最终把那个"基本网格"的尺寸缩到非常小,以至于可以忽略它的边长超过一次幂的项。(如果边长为 0.001 英寸,这个值的平方就是 0.000 001,与前者的长度 0.001 英寸比较,后者可以忽略。)我们将考虑使用第二种方法。

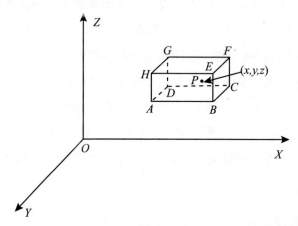

图 24

图 24 中有三个互相垂直的平面，它们的共同原点是 O 点。组成网络的三个直线系分别与这三个平面平行。图中所示为网络中的某单个网格。这一网格的中心点 P 的坐标是 (x, y, z)，也就是说，P 点到平面 YOZ 的距离是 x，到平面 XOZ 的距离是 y，到平面 XOY 的距离是 z。令 AB 的长度为 $2\Delta x$，BC 的长度为 $2\Delta y$，CF 的长度为 $2\Delta z$（Δ 的含义见[15.1]）。于是，A 的坐标为 $(x-\Delta x, y, z)$，B 的坐标为 $(x+\Delta x, y, z)$；类似地，我们也可以写出其余顶点的坐标。我们的问题是，用数学的方法表达一个"理想流体"不可压缩、不可摧毁这一事实。或者，以[14.5]所示的不那么神秘的语言来说，在 1 个单位时间内流入网格的流体量等于同一时间内从网格中流出的流体量。假设流动是**连续**的，这样流体内便不存在孔洞或者气泡。

流体内任意一点的流动速度可以用分别平行于 OX, OY, OZ

的三个速度分量合成得到。在 1 秒内流入网格的流体总量可以通过从这三个方向流入的流量相加得到。在流体内任意一点上的流速是在那一点上的坐标的一个函数。我们不妨说，在任意一点(x, y, z)上的三个速度分量分别是 U, V, W，此处 U 代表 $U(x, y, z)$，以此类推。于是在整个 $ADGH$ 面上的流速是 $U(x-\Delta x, y, z)$，而与其相对的那一个面上流出的流速是 $U(x+\Delta x, y, z)$。取一级近似（随着网格变得越来越小，这种近似的准确程度越来越高），易于证明，这两个速度分别是

$$U-\Delta x\,\frac{\partial U}{\partial x},\ U+\Delta x\,\frac{\partial U}{\partial x}。$$

由此，如果 D 是流体的密度（假定流体的密度是一个常数），在单位时间内从第一个面进入的流体总质量为

$$D\Big(U-\Delta x\,\frac{\partial U}{\partial x}\Big)\Delta y\Delta z,$$

从与此相对的面上流出的总质量为

$$D\Big(U+\Delta x\,\frac{\partial U}{\partial x}\Big)\Delta y\Delta z。$$

第一个面上的流入量比第二个面上的流出量多出的量为

$$-2D\,\frac{\partial U}{\partial x}\Delta x\Delta y\Delta z。$$

如果考虑在 OY, OZ 方向上的流量，我们可以用完全相同的方法得到

$$-2D\,\frac{\partial V}{\partial y}\Delta x\Delta y\Delta z\ \text{和}\ -2D\,\frac{\partial W}{\partial z}\Delta x\Delta y\Delta z。$$

所有这三个流入超出流出的量的和就是流入超出流出的总量。但

流体是"理想"的，因此这一超出量应该为零。从等于零的和式中约去$-2D\Delta x\Delta y\Delta z$，我们得到

$$\frac{\partial U}{\partial x}+\frac{\partial V}{\partial y}+\frac{\partial W}{\partial z}=0。$$

从这个联系着 U, V 和 W 的偏微分方程中，我们需要找出满足边界条件并联系着 x, y 和 z 的关系。这个方程包含三个"未知"函数 U, V, W；如果只含有一个未知函数，数学上的情况会简单得多。拉格朗日首先有了一个想法（拉普拉斯在他之后也想到了），他假设 U, V, W 分别是相对于同一个函数（不妨称其为 u）中的 x, y, x 的偏导数，于是

$$U=\frac{\partial u}{\partial x}, V=\frac{\partial u}{\partial y}, W=\frac{\partial u}{\partial z}。$$

（通常人们习惯取这一形式的负值，但这对我们此处的讨论并无影响。）做出了这样的改变以后，我们就得到了三维的拉普拉斯方程：

$$\frac{\partial^2 u}{\partial x^2}+\frac{\partial^2 u}{\partial y^2}+\frac{\partial^2 u}{\partial z^2}=0。$$

回顾这一连串的论证，我们看到，这个方程表达了（我们所假设的）流体不可压缩和不可摧毁的事实。我们称函数 u 为一个**速度势**。如果这一势函数如我们所假定的那样存在，则称这一运动为**无旋**的，意思就是在流动中没有旋涡。最后一条只是说说而已，并没有说这种情况是明显的，因为事实并不明显。

现在，我们知道流体是理想的，它的运动是无旋的，还有所给的边界条件，如在某些表面上速度是均匀的。但是，我们从这些事实中可能推不出太多东西。实际上，我们似乎只是把人尽皆知的

事实改用符号表示而已。但是,更令人吃惊的是,由于我们对流体流动和其他物理问题做的平凡无奇的假定与观察到的事实足够相符,适用于所有科学的和实际的目的,我们从这些假定出发,可以通过数学的技巧推导出绝非平凡无奇的结果。麦克斯韦在电磁学上的工作[12.1]就是一个例子。我试图在这里说明,如何把物理学中的平凡小事转化为数学符号。

334

有一点似乎很清楚,如果我们想从数学中得到普遍的结果,一开始的假设必须简单。我们一开始施加的限制越多,推导能够覆盖的范围就越窄。毕竟,真正重要的数学物理方程就是把最简单的经验假设转化为符号,这一点并不让人吃惊。求解方程,令其满足事先给定的边界条件,这一工作很少是简单的,它是熟练数学家的任务。一朝一夕的学习是不够的。如果你想终生做这种工作,就需要从十六七岁开始,不能晚于十九岁。

15.6 积 分

所谓微积分通常指的是**微分学**和**积分学**的结合。我们刚刚描述的微分学考虑的是变化率或者导数,积分学则分为两个方面:第一个方面是**变化率的逆问题**,也就是说,给出一个导数,至少求出一个能给出这一导数的函数;第二个方面处理的是**对于某种特定种类的极限求和计算**,我们很快就要讲到这个问题,而且由于这个原因,积分学有时被称为**求和算法**(尽管这个术语也被用于我不拟在此描述的**有限差算法**)。积分学的第二个方面至少可以追溯到阿基米德,尽管它的这一方面差不多消失在了历史的长河中。直到 17 世纪,牛顿和莱布尼茨才发展了我们**现在的**微积分。

335　　粗略地说，积分学的一个主要用途是求解以微分学的语言表达的自然问题。这两种算法是互补的，如果没有这两门学问，我们几乎不可能做出对自然永恒变化的一个还算令人满意的描述。尽管从纯粹的学术角度出发，积分学远远难于微分学，但凭直觉抓住积分学的目标却容易得多。这或许可以解释为什么积分学比微分学早出现那么长时间。无论是阿基米德还是他在牛顿和莱布尼茨那个伟大时代之前的后继人，都不具备足够的代数和分析知识去理解与积分的实际应用不可分割的技术困难，更不要说克服这些困难了。这些困难与这里的论述无关，造成这些困难的简单想法与我们有关。我们或许可以这样说，只有非常熟练的分析学家才能提出让某位更聪明的分析学家无法解答的微分学问题。但任何一个花几小时知道了一些积分学符号的菜鸟，都能够硬生生编造出一些所有健在的数学家都无法解答的积分学问题。而且，只要我们敢于预言，只怕一百年后的数学家也无法解答这些问题。如果我不是担心自己足够倒霉而选了某个大二学生凑巧能够解答的问题，我就会在这里写一个这样的问题了。无论如何，我相信，任何职业数学家都会认可我这种评论的精神态度。如果情况不是这样的话，我愿意接受挑战，承诺炮制一个简单的问题，但它可以让所有怀疑者闭上嘴巴。不用说大家也知道，那会是一个绝妙的问题，但毫无用处。

　　问题不在于用手工或者用现代计算机来算出一系列近似值。通过计算，我们可能会得到一个看上去很合理的数字，但它可能是假象或者是没有意义的。数学家在注意到一些反常积分时可能会得到警示，但计算器或者不识对错的机器可能会把它们吞下，然后

给出好几米长的数字结果,但这些结果全都没有意义。而且,目前
还没有人能够建造出足够聪明的机器,可以自行决定它们所给出
的数列是否收敛或者渐近于(在通常的专业意义上)人们所寻找的
未知值。

　　让我们给机器和倔强的计算器一个恰如其分的评价吧。机器
可以计算潮汐表、死亡率表、导弹的弹道以及类似的事情,比做同
样工作的人类做得都更迅速。但问问机器,在按照牛顿定律相互
吸引的三体问题中,三体碰撞是否可能。机器的回答将是一份高
深莫测的数字表格。对于一个非线性微分方程来说,机器也可以
一位数接一位数地算出它的"解",这也是真的。除非能够证明或
者明显看出这些计算不是发散的因而无意义,否则它们毫无价值。
只有这样的计算中的数学部分才能告诉我们,人们并不仅仅是在
浪费自己的劳动。

　　我们需要理解的主要概念是**定积分**。"定"是这个专业定义的
一部分。**不定积分**是**求导的逆运算**(将在后面解释)。简单地说,
定积分就是我们刚刚说过的那种极限求和。数学的奇迹是,这两
种积分居然可以用一种简单又优美的方式用**微积分基本定理**联系
在一起,这一点我们很快就会说到。当用图解法加以说明时,定积
分的概念在直觉上是明显的。这一图解工作我马上就要进行。

　　一个经常在科学与技术中出现的实际问题是,求出特定的直
线或者曲线包围的区域的面积。以下是一个有关的重要问题:求
$ABB'A'$ 的面积,其中 AA', AB, BB' 是有限的直线线段,AA' 与
BB' 垂直于 AB,$A'B'$ 是一条在 A' 与 B' 之间不存在间断(粗略地说
就是中断或突然的跃度)的特定连续曲线(见图 25)。

336

337

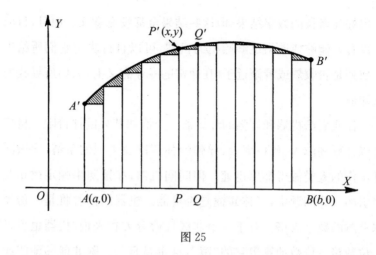

图 25

在某种程度上，一个小孩可以准确地告诉我们阿基米德是怎样解决这一问题的。事实上，只要可以拿到剪刀，10 岁的儿童几乎立刻就能得到这种算法的要点。在一个孩子或者阿基米德的指引下，我们把面积 $ABB'A'$ 剪成合适数量的等宽长条，把长条顶端那些奇形怪状的曲线部分以最可能短的捷径方式（即垂直于长条的边）剪下来，这就得到了一批各式各样的长方形。每个长方形的面积都可以通过法则"长乘以宽"算出。把所有长方形的面积加起来，我们就有了所求面积 $ABB'A'$ 的一个近似值。长条越细，精确度就越高。

求区域 $ABB'A'$ 的准确面积这个问题被简化成了这样的问题：首先，把 AB 分为 n 个相等的小段，再找到一个适用于所有长方形的面积求和公式；然后，**在 n 无限增大**的情况下，或者如我们所说的，当 n 趋于无穷或者**接近无穷大**的时候，求面积之和的极限。

n 越大，丢弃那些阴影覆盖的小面积所造成的误差就越小。
在直觉上很明显且可以证明的是，当 n 趋于无穷时，丢弃的小块面
积也达到了极限，即零。因此，在**达到极限**的时候，所有长方形面
积的和就是我们所求的面积。

如果我们知道（根据第七章讨论的解析几何）$A'B'$ 所在的曲线
（$A'B'$ 是该曲线的一段弧）的方程，第一步就不难。不妨让我们说，
这条曲线的方程是 $y=f(x)$，并令 (x,y) 为弧 $A'B'$ 上任意一点的
坐标。令 A 点的坐标为 $(a,0)$，B 点的坐标为 $(b,0)$。则 BA 的长
度为 $b-a$，因此这一长度的 n 分之一为 $\dfrac{b-a}{n}$。如果把 BA 分为 n
等分，则 $\dfrac{b-a}{n}$ 是图中每一长条的宽。

现在让我们看看一个典型的长条 $PQQ'P'$。它的宽是 $\dfrac{b-a}{n}$，
它的 PP' 边为 $f(x)$，因为 $y=f(x)$ 是曲线的方程，而且 $OP=x$；它
的 QQ' 边是 $f\left(x+\dfrac{b-a}{n}\right)$，因为 $OQ=OP+\dfrac{b-a}{n}$。为了近似地求
得这一长条的面积，我们把 PP' 作为顶部阴影覆盖面积被舍弃后
的长方形的高。这样，长条的面积的近似值就是 $PP'\times PQ$，即 f
$(x)\times\dfrac{b-a}{n}$；下一个长条的近似面积为

$$f\left(x+\frac{b-a}{n}\right)\times\frac{b-a}{n};$$

再下一个的近似面积为

$$f\left[x+2\left(\frac{b-a}{n}\right)\right]\times\frac{b-a}{n};$$

以此类推。**第一个长条**的面积可以近似为 $f(a) \times \dfrac{b-a}{n}$，因为 AA'

为 $f(a)$ 个单位长度，而最后一个长条的面积可以近似为

$$f\left[a+(n-1)\left(\frac{b-a}{n}\right)\right] \times \frac{b-a}{n}。$$

因此，当 AB 被切割为 n 个相等的小段时，$ABB'A'$ 的**总面积**的近似值，就等于所有形如

$$f\left[a+s\left(\frac{b-a}{n}\right)\right] \times \frac{b-a}{n}$$

的表达式的**和**。把 $s=0,1,2,\cdots,n-1$ 时的所有这些表达式**全部相加**，我们就得到这个和。这就几乎完成了第一步。为完成这个过程，我们要执行以上所说的加法的代数运算。这一步通过将 AB 切割成 n 个相等的小段，就给出了所求面积的**近似值**。我们从中得到一个与 n 有关的公式。第二步是看一看当 n 无限增加时，这个公式最后会变成什么样子。

　　第二步并不一定像它看上去那么困难。我们经常可以得到类似于 $\dfrac{a}{n}, \dfrac{a}{n^2}$ 等的表达式，需要求它在 n "趋于无穷"时的极限。我们凭直觉认为它们的极限为零，因为"分母越大，分数值就越小"。例如，我们可以考虑数列 $\dfrac{1}{10}, \dfrac{1}{100}, \dfrac{1}{1000}, \dfrac{1}{10\ 000}, \cdots$ 的极限。

　　这大概就到了一个孩子所能达到的最远处了，或者说，差不多到了阿基米德实际完成的地方了，但还有几个非常简单的问题。孩子们当然不会用我们使用的如此野蛮的符号，而是会用简洁明了的语言，准确地描述我们用符号表达的极限过程。

　　我现在按照常用的数学符号方法重写以上描述。我们重复叙述一下:我们考虑的曲线的方程是 $y=f(x)$;A 和 B 的坐标分别是 $(a,0)$ 和 $(b,0)$,因此,可以让 AA' 随着 $y=f(x)$ 中 x 的取值变化(x 的整个变化区域为**下限** a 到**上限** b)而变化,使其扫过整个区域 $ABB'A'$ 的面积,也就是扫过整个面积;最后,通过极限**求和**计算 $ABB'A'$ 的面积。于是,我们可以形象地把这一面积写成

$$\int_a^b f(x)\mathrm{d}x。$$

当 n 无限增加时,**取极限的** $\mathrm{d}x$ 表示典型的长方形的宽,$f(x)$ 是这个长方形的高;$\int$ 代表老式的 S,表示**求和**;表示**下限**的 a 放在**下方**,表示**上限**的 b 放在**上方**。这是人类发明的最富表现力的数学符号表示法。

　　我们称符号 $\int_a^b f(x)\mathrm{d}x$ 为**函数 $f(x)$ 在 x 从 a 变化到 b 时的定积分**。

　　我们刚刚叙述了数学最基本的思想之一,而且是在自然中应用数学时无可替代的工具之一,所以,如果读者能够再次仔细查看到底发生了什么,甚至采取更聪明的方法——读一本介绍微积分的好书并真正掌握计算积分的方法,他们会因此受益无穷。任何一个十六七岁的男孩或者女孩在学校里学习六个月都足以掌握它。如果你获得了阅读这种特定符号的能力(用不着比这种能力要求高得多的使用能力),其结果就好像你同时获得了 12 种不同语言的阅读能力。一旦微积分在你眼中变成了一份熟悉的手稿,许多你一直感到神秘莫测的伟大科学文献就会变得如同白天的阳

光般清晰明了,读者也不必再被迫接受那些对原文的二手转述了,要知道,这样的转述经常是晦涩难明的。拥有对现代理论物理的审慎的洞察力,这对任何物理科学的哲学家而言都是必不可少的。只有那些能够阅读并理解微积分的流畅符号方法的人,才有可能获得这种洞察力。

15.7　微积分基本定理

上面的标题是我们接下来要描述的定理的名字。这个定理把微分学和积分学联系了起来,也把表示定积分的极限求和所需要的计算通过一条捷径联系了起来。我只能在这里陈述这个定理,如果读者需要查阅证明,可以参考任一本有关微积分的教科书。

我们可以按照以下方法进行

$$\int_a^b f(x)\mathrm{d}x$$

的计算。我们假设 $f(x)$ 对于从 a 到 b 的所有 x 值都是有限且连续的。

(1) 关于 x 的函数 $F(x)$ 对 x 的导数等于 $f(x)$,求这个函数 $F(x)$。也就是说,求能令

$$\frac{\mathrm{d}F(x)}{\mathrm{d}x} = f(x)$$

的函数 $F(x)$。

(2) 计算当 $x=a$ 和 $x=b$ 时 $F(x)$ 的值。然后,

$$\int_a^b f(x)\mathrm{d}x = F(b) - F(a)。$$

这就是去掉了某些精细加工之后的整个过程。难点在于第一

步。然而，人们从 17 世纪起就开始对微积分进行持续研究，时至今日，对于那些具有科学价值的定积分，数学家或者可以准确地求出所要求的 $F(x)$［当 $f(x)$ 已知时］，或者可以以任何精确度给出 $F(a)$ 和 $F(b)$ 的近似值（像我们在［15.6］的第二步中做的那样）。

第十六章　微积分的发展

16.1　最大或最小

还有另一种在科学中极为有用的算法方法：**变分法**。这一方法起源于 17 世纪的最大值与最小值问题，在今天，它的纯数学方面内容非常广泛，因而一个数学家可能需要其职业生涯的很大一部分时间才能掌握它。

在许多问题中，知道一些变化的数量（例如对于距离、能量或者行为的测量）会在什么样的条件下取得最大值**或者**最小值是很重要的。从图解上我们可以看出，这些**最大值**或者**最小值**会在点 $A, B, C, \cdots, I, J$ 上取得（见图 26）。

为方便起见，我们用"极值"这个词来概括"最大值"与"最小值"。

对于我们现在所进行的说明来说，这种描述已经足够严密了。但如同所有描述性解释一样，这种释义也忽略了某些图表无法体现的例外情况。不过，这些例外在科学应用中通常不太重要，在极值理论的基本形式在物理学中的应用取得巨大的成功之前的很长一段时间，人们甚至都没有注意到它们。这并不意味着忽略对于数学的精加工不会出现什么问题，或者说至少在科学上不会出现什么问题。问题是会出现的。哪怕到了如此邻近我们的 1935 年，人们还对我们不久要讨论的费马原理的准确物理意义展开过一场激烈的辩论。人们已证明，对于光学中的某些反常现象，这个原理的一个通常形式不适用，会产生误导。如果出现这样的情况，那堪称奇迹；但出现的概率终究存在，在科学讨论中必须考虑到这样的事实。我们在这里只尝试对进入科学的极值问题给出一个粗略的简单说明。

343

当变化率为正值的时候，一个变量的值在增加；当变化率为负值时，变量的值在减少；当变量取得一个极值时，变化率既不会增加也不会减少，即处于**驻点**。听到这些话，我们会像牛顿一样凭直觉认为这是常识。所以，当函数处于极值点时，变化率为零。这就意味着，在图 26 中，当函数取得极大值或者极小值的时候，它的对应曲线的切线是水平的。

借助于我们在 [15.1] 中就变化率进行的讨论，我们可以得到确认极值的如下方法，或者更普遍地说，得到确认**驻点**的函数值的如下方法。我们把一个既非最大值也非最小值的驻点值记作 S。如果变量 y 是变量 x 的函数，不妨称其为 $y = f(x)$。要求令 y 值伫立不动的 x 值，可以令 y 对于 x 的导数等于零，从而组成一个关于 x 的方程并解这个方程。因为这个导数是 y 对于 x 的变化率，而当 y 取得驻点值时，这一变化率应该像我们刚刚看到的那样等于零（见图 26 与图 27）。

344

因为在物理科学中，**最小值**具有首要的重要性，我们将单独关注它们，但同时应该明白，一个更为完整的说明将以极值作为

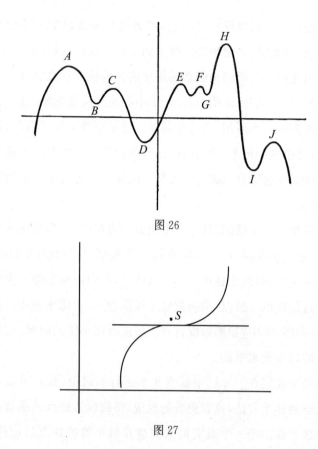

图 26

图 27

基础。

　　最小值在科学上最早的成功应用是 1662 年公布的费马的"最短时间原理"，我们可以由这一应用想象出最小值在物理学上的重要性。费马由一条单一的原理入手，推导了一些在他的年代已知的光学定律。这些定律包括反射和折射的定律，例如入射角等于反射角（见图 28）。费马证明，一条光线通过任意介质从一个固定点到达另一个点实际所采取的路径，将使光线穿越该路径所需的时间比沿着任何其他连结这两点的路径所需的时间更短。（在反射的情况下，这一路径必须经过镜子。）

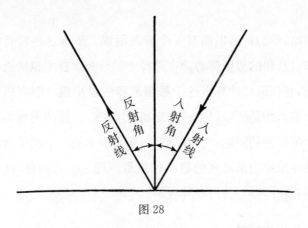

图 28

这一原理是许多原理中典型的一个。在许多情况下，数学物理的一个复杂分支可以归结为一个对于相关的"最小值"（或者更准确地说，驻值）的原理。从这一点出发，人们通过纯数学推导出了这一课题的基本方程。例如，在力学、光学、相对论和电磁学的许多部分中都是这种情况。

费马的原理指出了一个非常确定的数学问题，它是整个情况以及类似情况的关键。如果介质的密度以一种足够复杂的状况逐点变化的话，当一束光线穿越具有可变密度的物质介质时，它就有可能按照我们的意愿，沿着一条扭曲的路径前进。沿着这样一条路径，光的速度将逐点发生变化。如果光的速度在整条路径上保持不变，且如果这条路径是一条直线，则不难计算光线穿越这条路径的时间。但在密度变化的介质中，这种简单的情况便不复存在。我们按照[14.5,15.1]中计算变化的速度或者说计算变化的速率时所用的方法进行计算，即把路径分解成等长的小段，并找出光线在穿越这些小段时所花费的相应小段时间的近似值。

346

然而，我们在这里面对一个新的困难。所有这些短暂的时间的**加和**以及**和的极限**都必须在路径上的分割点越来越接近的情况下进行，并在最后计算出这一**极限求和**的**最小值**。刚刚描述过的那种极限求和是已经讨论过的**定积分**[15.6]。新的困难是与最小化一个定积分的问题一同登场的。来自力学的一个例子将说明在所有外在原理中最出名的**最小作用量**原理。凑巧的是，这也将说明流形几何[10.2]的另一种应用。

16.2 最小作用量

力学中的**动量**就是牛顿第二定律[13.3]中的"运动"，它是"质量与速度的乘积"。设想一个力学体系从一个状态（可以粗略地说成是其位置）或者**形态**变化为另一种状态。我们假定这一过程中没有能量散失。为了确定起见，我们可以把这一体系视为一簇服从普通牛顿力学的质点。这簇质点中的每一个都可以在动力学上确定，方法是指定其作为时间 t 的函数的位置坐标 x, y, z，以及也是时间 t 的函数的动量坐标 u, v, w。后者是质点的动量在分别平行于三条坐标轴方向上的分量，x, y, z 就是在这三条坐标轴上测量的。因此，这一质点有 **6** 个坐标，可以用六元数 (x, y, z, u, v, w) 来表示，这一组六元数给出了它在任何时间的位置与动量。

设想在质点簇中刚好有 n 个质点，每个质点都有 6 个坐标，于是整个簇就有 $6n$ 个坐标。因此，如果把一个质点簇考虑为一个单个的整体,我们就可以认为,在 $6n$ 维"空间"(可与[10.1]比较)中存在着一个代表这个质点簇的"点"。在这个质点簇从一个形态转化为另一个形态的过程中,它在这一空间中的"代表点"将会描出一条曲线。如果难以想象这一点,可以想象二维的情况,其他的一切留给纯几何语言去处理。

当质点簇的代表点随着时间变化从"空间"中的位置 A 移动到另一个位置 B 时,它在空间中画出的曲线是怎样的呢?对此的回答类似于对费马的光学问题的回答。不过,在这里,应该取**最小**值的不是**时间**,而是**作用量**。跟以前一样,我们把路径分为等长的小段,并对每一段上的作用量取近似值,同时进行极限求和;也就是说,我们把作用量沿着路径**积分**。作用量是用"动量乘以距离"测量的。这是一个合理的概念,因为投掷一块砖头能够砸碎多少块等距摆放的窗玻璃,取决于砖头的质量和速度,而砖头的总"作用量"可以通过打碎的窗玻璃的数量来判断。任何正常的男孩从5 岁起就知道这一点。

通过图解来看,刚刚描述过的"最小作用量原理"可以用以下方式代表:如果 A,B 代表"位形空间"——对应于质点簇的 $6n$ 维流形——中的任意两点,ALB 代表作用量最小的那条路径。则 ALB 代表了质点簇**实际**经过的路径,而沿着任何其他可以想象的路径譬如 APB,作用量都不会最小,因此质点簇不会沿着这一路径通过(见图 29)。

这一原理是 P. L. M. 德·莫佩尔蒂(1698—1759)在 1747 年陈述的。对于它在给予作用量上的吝啬,莫佩尔蒂用神圣经济学而不是过度节俭来解释:主就是这样创造宇宙的,宇宙中的任何东

347

348

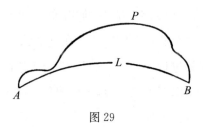

图 29

西都不该浪费，即使"作用量"也不例外。

如果运动受到限制而只能在相关空间内沿测地线进行，作用量就不必是**最小**的了，我们立刻就可以看到这一点。下面的例子可以说明，在对"最小作用量"原理或者任何其他数学化了的科学原理进行广泛的哲学或者神学推广时，都必须谨慎。这一点在这里尤为合适，因为它与弯曲空间相关。相对论的"空间"是"弯曲"的。这个例子主要是由雅可比引入的，他是现代动力学的建筑师之一。

假设地球是一个平滑的球体。想象一个光滑小球放在这个理想地球的 A 点上，并由引力固定在该点上。根据牛顿的引力定律[13.2]，这个小球只能在光滑的地球上沿着测地线自由移动。测地线[3.3]是大圆的弧。流星在周围的大气中四下纷飞，有一颗击中了停在 A 点上的小球。在引力与流星的冲量的共同作用下，这只小球从 A 点移动到了地球上的另一个点 B 点上。我们假设流星的冲量足够小，无法让小球完全脱离地球。在小球受到的打击恰当的情况下，从 A 到 B 的路径是大圆的一条弧。莫佩尔蒂会说，小球从 A 向 B 的运动将沿着连结 A 与 B 的**最短**的大圆圆弧进行。除非 A 与 B 是地球的一条直径的两端，这时从 A 向 B 与从 B 向 A 的距离相等，其中的任何一条路径都会是与力学一致的最短路径。但这只对流星的一种可能冲击有效。如果流星凑巧从另一面击中了小球，则从 A 向 B 的路径是**最长**的。

在"最小"作用量原理上表现出来的自然的神灵经济学我们就到此为止。对于所有建立在数学科学的比喻上的科学领域以外的推测也到此为止。

16.3 变分法

变分法是令定积分的数值最小（更准确地说，是找到其极值）的数学的学术名称。在选择用以说明"最小作用量"的质点簇问题中，我们有了这种算法的一个例子。在那里（见图 29），我们不得不找到路径 ALB，沿着这条路径，系统在从由 A 代表的一种形态到由 B 代表的另一种形态的过程中的总作用量小于沿任何其他路径的总作用量。把这个说法与[16.1]中的另一个说法——在某一极值上的变化率为零结合，就可以看到以下观点的合理性：如果路径 ALB 略有变形，总作用量的变差必须为零。我们有计算变差的方法。让变差等于零所得到的结果在一切合理的物理问题中都会自动地产生这一问题的微分方程[15.4]，有时候这是得到这些方程的最简单的方式。但一定会首先有一个"最小原理"在上面起作用。曾经有人试图把变差的技巧推广到人类生态学上，例如 G. K. 齐普夫（当代[1902—1950]）1949 年的"最小努力原理"，依靠偷懒，无须数学，就能解决每天的问题。[①]

---

① 此原理最早由法国哲学家纪尧姆·费雷罗在 1894 年提出，齐普夫对其进行了研究，并于 1949 年发表。——译者注

16.4　哈密顿的预言

　　为结束这一有关变分原理的简短概述,我将复述科学史中最辉煌的预测之一,即哈密顿 1832 年做出的预测。通过巧妙地应用他在光学上的变分原理,哈密顿预测了一个人们完全没有猜想过的光学现象,而且在证实这一预测的实验做出以前就定量预测了它的结果。以下陈述基于哈密顿本人对他有关**圆锥折射**的发现所做的说明。

　　在他有关光学的一篇论文中,哈密顿把光学这种科学考虑为一个 8 维流形的几何[8.3]。在这 8 个坐标中,6 个是两个变量点在三维普通欧几里得空间中的普通笛卡尔坐标,第 7 个是一个颜色指标,而第 8 个是哈密顿称为**特征函数**的东西。有关最后一个,哈密顿是这样说的:"前 7 个坐标根据与它的依赖方式而参与光学系统的所有性质。"通过与莫佩尔蒂原理类比,哈密顿称他的函数为两个变量点之间的**作用量**。然后,通过特征函数对应于它所依赖的位置上的任何微小变化而产生的变化,他得到了"一个基本公式"。他以理所应当的热情把这个公式陈述为数学光学中一切问题的等价物,认为它"考虑到了面镜、透镜、晶体和大气之间一切可以想象得到的组合"。

　　通过按照变分法的技术过程所造成的特征函数的改变,哈密顿便能够得到与光学中任何可能的问题相应的微分方程。**通过同样的手段,他也在力学上取得了类似的进展。**

　　哈密顿方法在光学上的一个优点是,它不依赖于有关光的本性的假定。因此,他的原理不会经历一切科学理论迟早都会经历的衰退。

对他的说法的关键支持是哈密顿对于锥形折射的预言。事实上，人们早就观察到，某些晶体具有双重折射的性质，即一束光线不但会在通过晶体时发生折射，而且可以分裂为两束光线，这两束光线都会发生折射。但人们观察到的折射光线从来没有多于两束，也从来没有人想过，会有锥形折射这样的现象出现。哈密顿证明，在他选定的某些情况下会有这样的现象发生，而且出现的光束不仅是两束、三束、四束、…，而是**无穷束**，或者说，由**一束**入射光束引起的折射光束会在**晶体内**形成一个**圆锥**形折射。在其他情况下，晶体内部的一束光束会形成一个出射圆锥。这些实际上是他自己的用语。

人们寻找这些圆锥，而且在精细的实验中的确发现了这些圆锥。他所预测的圆锥角也符合实验观察到的数据。

16.5 复变量

在 19 世纪，分析的发展具有与以前不同的特色，这就是复变函数论的惊人发展。因为现在它已经是物理科学和有些技术领域如空气动力学中的科技人员的普通工具，我将对这一课题一带而过。今天，在较好的工业大学的数学教程中，它是相对常见的内容；但在 20 世纪头 10 年的前期，它还是专为学习纯数学的研究生保留的沉闷课程。

我们已经在[4.3]中注意到，如果保留普通代数中的所有公设，则没有任何数字比复数[4.2]更能普遍地满足这些公设。这强烈地暗示了复变函数为何能涉及分析中如此多的领域。复变函数论到 1830 年已经开始全面发展了。事实上,在那个时候,柯西已经在分析的这一分支上做出了他最为重大的贡献,他是复变函数论的创始人。

后来,也是在 19 世纪,魏尔斯特拉斯和黎曼分别发现了关注这一课题的另外两个途径。

352　　魏尔斯特拉斯对分析进行了算术化。他的普遍工具是**幂级数**。他从形如 $a_0 + a_1 z + a_2 z^2 + \cdots + a_n z^n + \cdots$ 的收敛无穷级数的角度看待函数,用这种级数在对函数合适的区间内定义其变量 z 的值,并称这样的函数为**分析**函数。这种表达模式适用于通过连续近似进行的计算。

另一方面,我们可以说,黎曼几何化或者说拓扑化了复变函数的分析。例如,通过一种联系覆盖在平面上的薄片或者说薄膜之间的极为精巧的模式,他为某些极为重要的复变函数的性质,特别是那些对应于变量的一个值而有多个不同值的函数,提供了直观的图像。这一发展对于**位置几何学**也就是现在通常称为**拓扑学**的学科有着重大的贡献,拓扑学是研究曲面、立体等事物在一个连续变换群下保持不变的性质的学科。对此我们在[8.5—8.8]中已经有了一定的了解。

16.6　保角映射

在这里,我们只能专注于许多细节中重要又有用的一个。复变量的分析函数[16.5]最经常出现在科学与工程应用中。在这里我必须借助于[15.3]中讨论过的偏微分。让我们把复变量 $x + iy$ $(i = \sqrt{-1})$ 写成 z,此处 x, y 是实数。如果函数 $f(z)$ 分别有着自己的实部与虚部,例如 $f(z)=u+\mathrm{i}v$(此处 u,v 是 x 与 y 的可求导的实函数),则可以证明,如果 u 与 v 满足柯西-黎曼方程

$$\frac{\partial u}{\partial x}=\frac{\partial v}{\partial y},\frac{\partial u}{\partial y}=-\frac{\partial v}{\partial x},$$

则 $f(z)$ 是魏尔斯特拉斯意义上的 z 的分析函数[16.5]。

例如,如果 $f(z)=z^2=(x+\mathrm{i}y)^2$,则

$$u=x^2-y^2,v=2xy,$$

且

$$\frac{\partial u}{\partial x}=2x,\frac{\partial v}{\partial y}=2x,\frac{\partial u}{\partial y}=-2y,\frac{\partial v}{\partial x}=2y,$$

于是 z^2 是 z 的分析函数。这当然不是"显而易见"的。

将以上方程求导,第一个对于 x,第二个对于 y,我们可以得到

$$\frac{\partial^2 u}{\partial x^2}=\frac{\partial v}{\partial x\partial y},\frac{\partial^2 u}{\partial y^2}=-\frac{\partial v}{\partial y\partial x}。$$

但根据我们的假设,

$$\frac{\partial v}{\partial x\partial y}=\frac{\partial v}{\partial y\partial x},$$

由此,通过相加可得

$$\frac{\partial^2 u}{\partial x^2}+\frac{\partial^2 u}{\partial y^2}=0。$$

以同样的方式,也可以得到

$$\frac{\partial^2 v}{\partial x^2}+\frac{\partial^2 v}{\partial y^2}=0。$$

由此,每对 u 与 v 都是二维拉普拉斯方程[15.5]的一个解。这些简单的事实加上一点点几何,就形成了分析函数理论的一个主要用处——**保角映射**的基础。如果一个给定平面内的两条线(直线

353

曲线不论)以某角度相交,在保角变换中,这两条线的象将以同样
的角度相交,尽管距离通常会发生变化。即便这一暗示并不充分,
我也必须在此结束这个题目了。

16.7　特殊函数

　　出于数学应用的需要,我们必须创造一批特殊函数,这些函数
中最简单的是圆函数或者中学数学中所说的三角函数。这又是一
个非常庞大的领域,不能只是走马观花。我们将在下一章讨论三
角函数。但它们的特殊性质下隐藏着的**周期性**理念非常简单,我
们可以在这里对它的一级共性加以描述。

　　让我们考虑任意周期现象,譬如说一块手表的分针尖端划过
12 点的标记。这种情况很有规律,每间隔 1 小时就会发生一次。
我们说,尖端的位置是**时间的周期函数**,其**周期**为 1 小时。科学中
到处可见周期现象。波动是一个例子。不说别的,仅仅由于这个
原因,自傅里叶的时代(甚至还更早)起,分析学家就一直在广泛研
究周期函数。

　　如果用代数方法表达上述周期现象,我们可以将其写为
$f(t+1)=f(t)$,读作"$t+1$ 的函数等于 t 的函数"。我们可以把这
里的"函数"视为以时间 t 表达的位置。这里需要注意的是,当我
们用线性表达 $t+1$ 代替变量 t 时,$f(t)$ 的数值不变,只与 t 有关。
于是,函数的**值在变量的一个特定的线性变换下不变**。

　　数学家们并没有到此为止。庞加莱在 19 世纪 80 年代走得比
这要远得多,他考虑了函数在**它们的变量的线性变换群**[依照第九
章解释过的意义]下的不变性。他所得到的结果开辟了分析的一

个新王国。作为这一切的一个副产品，庞加莱证明了可以如何用他创造的一些函数来清楚表达一般 n 次代数方程的根，并由此成功地求解了一般 n 次代数方程（可与 [9.7] 对照）。

355

最后，从 19 世纪 80 年代到 20 世纪头 10 年的早期，具有有限个周期的函数备受人们关注。它们本身就足以成为一个数学家一生的研究课题。

16.8 普遍化

或许最令人吃惊的普遍化起源于 V. 沃尔泰拉（1860—1940）及其学派在 19 世纪 80 年代与 90 年代的工作。一言以蔽之，沃尔泰拉研究的是带有**不可数无穷个变量**的函数，而不可数无穷 [4.2] 的数量就和一条直线上的点的数量一样多。例如，我们不必把一条曲线看作其上任何点的坐标之间的关系，而是把**曲线本身**考虑为一个可变的事物，然后去看当一条曲线逐渐变为另一条曲线时会发生些什么。然而，从另一种角度来看，这条曲线是线上所有点的集合，而这一集合是不可数 [4.2] 无穷的。

这一点，以及由此产生的东西，似乎就是解决所有物理问题的真正数学；以这种数学为方法，必须在预测未来的时候考虑所有已知事物的过往历史。例如，一根钢筋经过磁化与去磁之后多少会表现出永久性的改变，这种改变必须包含在随之而来的数学分析中。在这里以及其他领域（不妨以经济学为例），主要自 1912 年发展起来的积分方程理论及其现代扩展就为我们提供了很有希望的线索。然而我们必须注意到，J. 冯·诺依曼（1903—[1957]）在 20 世纪 40 年代发明了一种有关博弈的数学理论（在不同的路线上继续前进），这一理论的支持者绕过了这种对于数学经济的研究方法。积分方程这一课题起源于阿贝尔和 R. 墨菲（19 世纪上半叶[1806—1843]）。墨菲是一位神职人员，他与哈密顿一样，走上了同样灾难性的道路。顺便说一下，我相信，数学家应该警惕的陷阱并非性，而是酒。[①]

粗略地说，积分方程和经典物理学中的方程之间的主要差别就在于此：在经典力学与物理学中，进入方程（微分方程）的是变化率；在积分方程中出现的则是这些变化率的**逆**，或者说**积分**（无穷加和）。从两者的给定关系出发，人们需要做的，是把纠结在一起的函数重新分开。为让事情进一步复杂化（但非常矛盾的是，这同时简化了事情），1906 年，H. 勒贝格(1875—1941)对积分本身进行了革命。

在看到第一次喷涌而出的新发现时，一些分析学家激动地预言，积分方程及其推广将取代统治了物理学长达两个多世纪的微分方程的地位。人们做出这些预言的一个原因是，解出一个积分方程等价于解决了一个边界值问题[14.8]。但为积分方程取得有用的解而面临的困难很快就让这种早产的热情熄灭了。尽管如此，积分方程依旧是数学物理学家制式装备的一部分，同时也是水平较高的工科院校中课程设置的一部分。

---

① 哈密顿死于饮酒过量导致的痛风；墨菲则因酗酒导致健康受损，最后死于肺结核。——译者注

第十七章　波与振动

17.1　周期性

从光的电磁理论到地震中高层建筑物的振荡的计算,波与振动在物理学及其应用中占据了统治地位。

直到 1905 年的狭义相对论降生之前,许多周期现象,诸如在研究光时所观察到的现象,都被人们描绘为存在于以太之中的实际波动。随着以太学说逐步从物理现实中淡出,认为光是在某种物质介质中的振动的想法很快就过时了。但对于某一类头脑来说,继续把光现象以这种过时了的方式加以形象化还是有帮助的。机械模式在现代量子力学于 1925 年问世之后已经不受人欣赏了,但由于惯性思维的力量,用这些模式思考问题还与把一切问题转化成数学抽象的方式并驾齐驱。这两种方法都能以纯符号的方式表达自然现象,但这并不说明,其中的一种就比另一种更为"现实"。关键的问题是思考者是谁。

例如,法拉第并不是一位数学家,也很难说哈密顿是一位物理学家。但法拉第通过某种推理过程在电学与磁学方面做出了具有根本意义的发现。尽管我们无法给这种方法冠以正宗符号的名义，但在他的力线与其他类似物理表达中体现了数学的本质。这种看法至少是两位伟大的数学物理学家的观点，其中一个是麦克斯韦，另一个是瑞利勋爵（1842—1919）。而另一方面，几乎不怎么关注物理现象的哈密顿则用数学分析发现了锥形折射现象［16.4］。

358

在数学家眼里，波通常只是用来描述作为微分方程的解的某些函数的周期特性的一个方便的术语。如果把一个周期函数画成图形，图形的模式不断重复其中一个子模式的花样，即如图 30 中从 O 到 P 这一段子模式。这里面的周期性一目了然。整个曲线可以用来表示波涛汹涌的大海的一个断面，换言之，就是几个"波"的叠加。但"波"在数学上的意义并非如此。下面描述的是它的数学意义，可以很容易地从图形中看出。

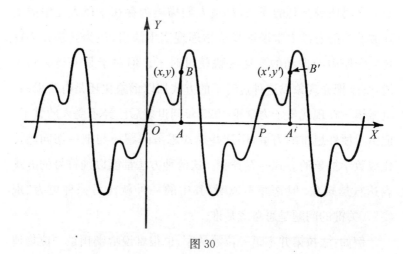

图 30

OP 的长度计量的是图形的**周期**，即画在纸上的函数的周期。在 X 轴上任取一点 A，从 A 作 X 轴的垂线 AB 与曲线相交于 B。

在 X 轴上截取线段 $AA'=OP$,并在 A' 点做在 A 点上做过的同样的事情。此时 $A'B'=AB$。也就是说,A 与 A',B 与 B' 间的距离都是一个周期的长度,两条垂线长度相等,符号相同。从 A' 起,我们重复这一过程,并得到同样的结论,接着又在整个曲线上不断重复这一过程。

下面我们用符号法重新陈述这一过程。令 $y=f(x)$ 为曲线的方程,p 为其周期 OP 的长度,以沿 OX 的距离所用的同样的单位计数。如果 (x,y) 是曲线上一点 B 的坐标,$OA=x$,$AB=y$,则 $AB=f(x)$。同样,

$$OA'=OA+OP=x+p=x',$$

$A'B'=y'=y$,$y'=f(x')$,因为 (x',y') 在曲线上。因此我们得到 $y'=f(x+p)$,$y=f(x)$,$y=y'$,于是

$$f(x+p)=f(x)。$$

以同样的方式可以证明

$$f(x+2p)=f(x+p),$$

所以

$$f(x+2p)=f(x)。$$

一般地说,如果 n 是任意整数,无论是正整数、零或负整数,我们都可以证明

$$f(x+np)=f(x)。$$

如果 n 是负数,我们便向 O 点的左方进行同样的证明。所有这些可以总结为:$f(x)$ 是 x 以 p 为基本周期的周期函数。所谓**基本周期**即是令上述曲线"重复"出现的**最小增量**。下文我将把它简称为"周期"。这是**周期性**的概念,或者说是**周期函数**的概念。这

个概念很重要，通过波状曲线显示的图解表达并不重要。

一个看上去呈波浪形的图形并不一定具有水波或者在其他介质里的波所具有的含义。为看清这一点，让我们考虑一份心电图。这是由电子仪器记录下来的心脏跳动的图形，记录病人激动时或者心脏功能严重失调的图形看上去确实就像波涛汹涌的大海的一个截面。但心脏的跳动跟一般意义上的"波"一点关系都没有。实际上，心电图代表的是心脏跳动的能量的周期涨落。

周期现象在日常生活中如此普遍，以至于我们很少注意它们。在极端的情况下，它会用一场灾难让我们意识到生活中的那种单调的重复。比如那位英国绅士在一天早餐前刎颈自尽，原因是他无法忍受他突然得到的知识，即剃须其实是时间的一个周期函数。在大体相同的时间间隔下，我们以大体相同的方式反复进行同样的事情。我们的呼吸和心跳都是周期性的，甚至连死亡也摆脱不了周期性。我们得到保证，我们还会复活，印度人还必须忍受一种更加令人压抑的周期性。

自然也同样是周期性的奴隶。季节、行星的位置、潮汐、黑暗与光明、日光与月光，所有这些以及数十上百的其他现象，无不是周期性的或近似于周期性的。在有些现象中，周期性表现得非常明显而又易于辨认。而在另外一些现象中，人们只有经过很长一段时间后才意识到周期性的存在，然后把几个相互叠加的周期性分析清楚，周期性便会清楚地展现在我们面前。举例来说，太阳黑子就是这种情况。许多勤奋的计算者苦斗多年，想揭示气候和地震循环发生的周期性。如果人们能够以还算过得去的准确度发现加利福尼亚或者日本发生地震的一个周期，或许就能避免大量生命与财产损失。至于气象，人们终于承诺进行一些不限于空谈的工作。在本书行文之际，一台超大型计算机正建造之中。据该机器的设计者称，这台机器将准确地告诉我们天气，但我说不准能提前多久预告。不妨让我们拭目以待。

检测周期性并在可能的时候将其分解为较为简单的周期性的数学分支有一个足够新奇的名字：调和分析。它因起源于声学与振动弦理论而得名。一个音是由其"基音"和一系列"泛音"结合而形成的，泛音赋予这个音与众不同的"音质"。泛音的周期是基音的周期的因数（有理分数）。

另一类叫作**阻尼振动**的波现象与我们描述过的具有严格周期的波动一样常见。读者无疑很熟悉这种振动的一个完美的例子——《爱丽丝漫游奇境记》中记录的"老鼠的故事"，这个故事以老鼠呈正弦波形的尾巴的形式被印刷出来。L. 卡罗尔（1832—1898）有意使用了一个双关语（甚至是两个），因为在老鼠进入泪水池塘游泳以后，它的尾巴的振动必定受到了某种形式的阻尼。[①]

一个更为寻常的例子是音叉的振动。空气阻力和其他因素很快就让振动明显减幅。如果把一根猪鬃固定在音叉的一臂上，并把一块用烟熏过的玻璃片放在猪鬃下面以匀速划过，猪鬃的尖端将在玻璃片上留下一条阻尼振动的曲线（见图31）。一个垂死者的心跳与此有些类似，但要复杂得多。

361

---

① "阻尼"英文为"damping"或"damped"，其动词原形"damp"有"潮湿"之意。——译者注

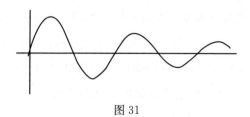

图 31

17.2　周期性的字母

　　傅里叶定理一被人发现，就被用于从数学上分析周期现象。傅里叶定理不仅是整个人类知识系统中最不可思议的结果之一，也是热学、光学、声学、电学和其他物理学领域必不可少的数学工具。傅里叶是在创立他的热传导的数学理论时提出这一定理的。要准确地说明这个问题，指出对定理的精加工在所难免，但我现在不作此想。我将在下面描述这个定理说的是什么。我们首先要回想一下三角中的正弦和余弦的定义。这并不比从钟表上读出时间更难。

　　可以顺便说一下，人们时常认为，三角学是当数据足够时计算三角形的边或角的数学，我们或许想要对三角学最重要的应用做一次巡礼。对于人类文明的当前阶段来说，这一切与我们下面要说的简单事物相比几乎都是微不足道的。因为正弦和余弦是它们的变量的周期函数，它们对于现代科技十分重要。这些函数是所有周期性变化的天然字母表（见图 32）。

　　如同在笛卡尔几何[7.2]中一样，我们设置两条互相垂直的轴，令其交于 O 点，且保留传统上的做法：让向右的距离为正，向左的距离为负；让向上的距离为正，向下的距离为负。选择任何合适

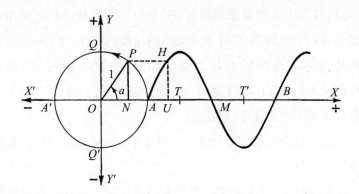

图 32

的单位长度,然后以 O 点为圆心,以这一单位长度为半径画一个圆。我们称这个圆为**单位圆**。令这个圆与 OX 的交点为 A。沿 OX 以单位圆的周长为长截取线段 AB。因为单位圆的半径为 1,且圆的周长为半径的 2π 倍,所以 AB 的长度为 2π 单位。令 P 点从 A 开始按箭头所指方向(逆时针方向)沿单位圆描画。以 a 表示角 AOP。当 P 像时钟的指针那样,从 A 开始先后到达 Q, A', Q', A, Q 等,在完成一个整圆之后并不停止而继续前进时,P 扫过了从零到 90 度,到 180 度,到 270 度,到 360 度,到 450 度等所有角度。如果 P 以与此相反的方向(顺时针方向)沿单位圆描画,则 P 点将从 A 到 Q',到 A',到 Q,到 A,到 Q',…,根据定义,我们说这些角度是原来扫过的那些角度的**负角**。

令 P 为圆周上的**任意**一点。从 P 点作 AA' 的垂线 PN 并与 AA' 交于 N 点,角 $NOP =$ 角 $AOP = a$(a 是这角中的角度单位数量)。因为 AB 的长度等于圆的周长,我们可以以如下方式用 AB 上的长度**代表** 0~360 度角:与 180 度角对应的是 AM,M 是 AB

的中点，因为从 A 出发绕圆而行，A' 是周长的半程；与 90 度角对应的是 AT，T 是以 A 与 M 点为端点的线段的中点；与 270 度角对应的是 AT'，T' 是以 M 与 B 为端点的线段的中点；而与 360 度角对应的是 AB。当 P 继续沿同一方向旋转时，我们得到了从 A 开始对应于大于 360 度角的距离。

假设 a 是 360 度的 n 分之一。对应于 a 的是 AU，AU 的长度是 AB 的 n 分之一。

注意，我们这里说的东西都没有经过证明。所有这些只不过是设定了一个完全任意规定的，但实际上完全可行的**对于角度大小的图示代表法**。人们或许可以发明许多其他的方法，但这方法是正在使用当中的，因为它很简单。

现在让我们来看看图形。因为这个圆是一个单位圆，OP 长 1 个单位。我们**称 NP 的长为角 a 的正弦**，写作 $\sin a$；**称 ON 的长为角 a 的余弦**，写作 $\cos a$。

如果 NP 在 XOX' 之上，则 $\sin a$ 的值是正的；如果 NP 在 XOX' 之下，则 $\sin a$ 的值是**负**的；如果 ON 在 YOY' 的**右**方，则 $\cos a$ 的值是**正**的；如果 ON 在 YOY' 的左方，则 $\cos a$ 的值是**负**的。这些都由 $\sin a$ 和 $\cos a$ 的定义，以及在笛卡尔解析几何中有关符号的惯例而来，我们在开始时就假设过。

我们现在希望用图解法描绘函数 $\sin a$ 在 a 从 0 度变到 360 度的过程中是如何"变化"的。为此，我们在对应于角度 a 的点 U 作 OX 的垂线 UH，UH 的长度等于 NP（$NP = \sin a$），并与 NP 取**同样的方向**（同在 XOX' 之上或同在 XOX' 之下）。想象用这种方式描绘从 0 度到 360 度的所有角度的正弦。然后，所有这些垂线的端点就会形成一条连续曲线,如图 32 所示,从 A 到 B 表现的就是一个周期内的正弦曲线。

也可以这样画出余弦的曲线。我们把这一工作留给读者完成,他们可以看到,余弦曲线的形状与正弦曲线完全一样,实际上可以通过把正弦曲线向左平移一段距离 AT(AT 是 AB 的四分之一)得到余弦曲线。整个正弦曲线是一个完整周期的那部分曲线(图中从 A 到 B 的那一段)向两个方向的无限重复。因为,如我们所见,大于 360 度的角度的正弦曲线只不过是对从 0 度到 360 度角的正弦曲线的重复而已。而且,我们已经定义的**负**角的正弦函数也持续向**左**方给出同样的曲线。

最后要说的是,完整的正弦曲线就是它从 A 到 B 的图形向左右两个方向的无限重复。

这一曲线与一系列水波的相似性是非常明显的。但我们必须再次强调,这并**不是任何物质波**的形象;这只是**周期变化性**的纯图解表示,与 a 连续变化时函数 sin a 发生的周期性变化完全一样。当变量(此处的 a)连续增加或减少时,**函数的值**也周期性地重复出现。

如果要完整地叙述正弦和余弦的定义,我们必须就测量角度大小时所用的单位说上几句。我们要说的是度数,但度数是人为的一个角度测量单位,与角度描述中"圆"的意义并无密切关系。我们使用度数或许是因为最早的苏美尔牧师天文学家把一年的时间估计为 360 天,并把他们的粗略估计传给了巴比伦的数学家和天文学家先驱。众所周知,360 这种计数源自巴比伦人,他们从何得来这种方法则无人知晓。无论它的来历如何,360 是一个原始

365

的畸形物，不应该保留它在数学上的地位。当十进制计数法被发明之后，如果还想保留任何人为的计数系统的话，那就应该把它毫无区别地归入过时的古董一类，或者放进诺亚的巴比伦方舟的尾流之中。

计量角度大小的自然单位是弧度。1 弧度是**任意圆的圆周上长度**等于该圆**半径**的弧所对的圆心角的大小。回头参考正弦的图形，我们可以看到，AB 代表了 2π 弧度，此处的 π 与通常一样，是任意圆的周长与它的直径之间的比率。

我们以弧度计量角 a，同时总结从有关等式

$$\sin(a+2\pi)=\sin a, \cos(a+2\pi)=\cos a$$

的讨论中得到的所有东西。通过这两个等式可以看出，**正弦与余弦是周期函数**，它们的**周期是 2π**。

最后一项评论将在下一部分中有所应用。如我们所见，$y=\sin x$ 的图像是波形的正弦曲线。我们可以通过 $y=\sin x$ 的曲线得到 $y=2\sin x$ 的图像，方法是把前面曲线中每一个 y 都拉长到原来的两倍。在图 33 中，如果（1）是 $y=\sin x$ 的图像，则（2）将是 $y=2\sin x$ 的图像。要画出 $y=\sin 2x$ 的图像，应注意，$2x$ 取得值域的速度是 x 的两倍。因此，（3）代表的是 $y=\sin 2x$ 的图像。类似的想法让我们可以通过 $y=\sin x$ 的图像草绘 $y=a\sin bx$ 的图像，此处 a 与 b 可以是任意实数。用同样的方法，可以通过 $y=\cos x$ 的图像草绘 $y=a\cos bx$ 的图像。

现在假设我们要把任意数量的这类曲线相加。这项工作可用如下方法完成：在一个包括所有曲线的完整周期的最小的 x 区间内，对于同样的 x，把所有曲线中的 y 值相加。在进行这样的加法

时,我们必须像在代数中那样,注意所有加数的符号;要记住,所有在 XOX' 轴之上的 y 具有正值,所有在 XOX' 轴之下的 y 具有负值。图 33 中的曲线(4)是(2)与(3)两个曲线的和,它的方程是

$$y = 2 \sin x + \sin 2x。$$

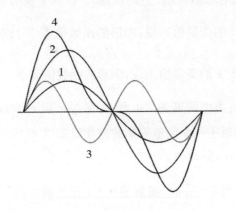

图 33

反过来,如果要画出这个方程的曲线,应该首先画出 $y = 2 \sin x$ 和 $y = \sin 2x$ 的曲线,然后在图上把它们加起来。任何正弦或者余弦的加法都可以采取这种方法。这一方法也适用于正弦与余弦的相加。

17.3 傅里叶定理

在某些限制条件下,傅里叶定理说的是,任何周期性的图形,都可以通过加和足够多个以下形式的图形来绘制:

$$y = a_1 \sin x, \; y = a_2 \sin 2x, \; y = a_3 \sin 3x, \cdots,$$

$$y = b_0, \; y = b_1 \cos x, \; y = b_2 \cos 2x, \; y = b_3 \cos 3x, \cdots。$$

此处 a_1，a_2，a_3，$\cdots$，b_0，b_1，b_2，b_3，$\cdots$ 为数字，它们的值只取决于问题中所考虑的特定周期性图像。在图形的方程已经给定，或在更为普遍的情况下，当由图形所代表的函数已有定义的情况下，这些数字是可以计算的。例如，在图 34 中无限延伸的断裂曲线可以这样描述：它是周期性的，它的周期是 1；对于所有其变量大于 0 且小于等于 $\frac{1}{2}$ 的变量值来说，图形的函数值等于 1；对于所有大于 $\frac{1}{2}$ 但小于等于 1 的变量值来说，图形的函数值等于 -1。对于 0 左方的情况也有类似的描述。由此，如果 $y=f(x)$ 是这一断裂的图形的方程，则对于一个完整周期的前半段来说 $f(x)=1$，对于它的后半段来说 $f(x)=-1$。

请注意，当 $x=\frac{1}{2}$ 时，函数值从 $+1$ 突然跳跃到 -1。我们称这样一个在非零距离上发生的跳跃为函数的**不连续点**，在本部分开始时提到的对于图形的限制条件之一就是，在任何确定区间上，图形只能包括有限个不连续点。

368　　周期曲线分解成的基本组成部分（即简单的正弦或余弦曲线）的数量，或者通过加和组成周期图形的基本组成部分的数量不一定是有限的。但在任何给定的情况下，足够多的有限组成部分将为最后形成的曲线提供所需的精确度。

从物理意义上说，这个定理相当于：**任何周期性的扰动都可以分解为多个简单的谐波扰动之和**，即由正弦波和余弦波代表的谐波扰动之和。把诸如上述那种断裂的直线图形分解成连续的波形曲线似乎是难以想象的。但当我们想到，随着序列往下进行，波形

曲线 $y=a_1 \sin x$，$y=a_2 \sin 2x$，…的周期越来越短，a_1，a_2，…也可能相应地变小时，这个定理也就没有那么不可思议了。

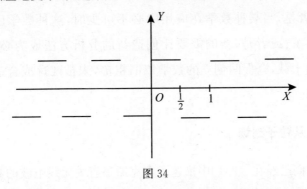

图 34

傅里叶定理是应用数学工具中最富洞察力的工具之一。在应用中，和式中的一个成分往往比其他成分大得多，同时也具有更为重要的物理意义，这对应于产生合成效果的周期性扰动中的"基音"。作为一级近似，人们只需要考虑这一成分，与基音相加的其他成分提供了更高的近似度。知道了基音之后，我们就可以在可确定的精度范围内预言所研究的现象的循环，例如对太阳黑子的周期性的预测。最早的有效的计算机器，就包含为了把一个周期性函数分解为其简单成分而设计的所谓"调和分析器"。限制这些分析器的一个因素，是精确切割小齿轮时的实际困难。

某些非常普遍的边值问题[14.8]可以通过把给定函数展开为傅里叶级数的方法解决。也就是说，把函数的图形用上述方法分解。

最后，傅里叶定理只是我们称为**正交函数**的更为庞大的理论的一部分，不过它是其中的首要部分。这些函数的理论通过科学进入数学，让我们看到了数学中相对少见的一个例子，即受到科学应用的直接要求而产生的数学理论，能够自然而然地融入由纯数学编织的分析结构中。通常发生的情况往往与此相反：或者是，当某种数学在应用中必不可少时，这种数学已经发展就位了；或者是，新的需要让创造新的分析方法成为必需，但时经数十载，仓促间创立的数学依旧粗糙，未被雕琢成合适的数学形态。

17.4　从粒子到场

我们已经在[12.1]中描述了麦克斯韦有关无线电波的数学预言和赫兹于1888年做出的实验验证。正如我们所见，从这一预言和对它的验证出发，整个无线电通信与收音机工业发展起来，其商业应用始于G.马可尼（1874—1937）于1899年发射了横贯英吉利海峡的无线电信号。

370

当然，即便麦克斯韦未能根据他的电磁数学理论（及其与光之间的联系）做出预言，无线电波仍**可能**被发现，但发现过程**将会是**另外一个样子。我们现在进一步深化在[12.1]中进行的概述，勾画出麦克斯韦的数学预言的轮廓。

从法拉第的实验研究入手，麦克斯韦用数学语言改写了那位非数学家的伟大天才的"力线"和其他物理构想。对于法拉第的工作在自己的工作中所起的作用，麦克斯韦心甘情愿地给予了明确的肯定。事实上，在某些人看来，麦克斯韦这个本性谦虚的人，在这件事情上似乎过于谦虚了。在所有科学天赋中，把物理学的想象转化为意味深长的数学符号的能力是最为罕见的。牛顿和麦克斯韦（人们有时候称麦克斯韦为19世纪的牛顿）享有这种最高等级的天赋；法拉第完全不具备这种天赋，尽管麦克斯韦本人说法拉第的想法中带有数学本质的铸型。因为这种转化实际上需要纯专业型的高级数学技巧，就是那种天生的职业纯数学家凭本能具有而经过训练进一步深化的技巧。没有丝毫证据表明，法拉第具有这种天赋但由于缺乏训练而使天赋蛰伏，或者他具有取得这种技巧的能力。另一方面，麦克斯韦是一位天生的数学家，如果他愿意的话，他或许会成为 19 世纪伟大的纯数学家之一。他还是一位天生的拓扑学家，并对物理现象有着异乎常人的洞察力。这种组合与牛顿所具有的完全一样，而且麦克斯韦在 19 世纪及之后的科学重要性也可以与牛顿在 18 世纪的科学重要性相比。

今天看来，麦克斯韦对于电磁学的最大贡献是他有关**场**的数学理论。这种理论在他著名的方程中得到了总结，是我即将陈述的理论的一个特例。正如麦克斯韦所说：

371

> 在电学研究中，我们或许可以使用某些公式，在这些公式中涉及的量是某些物体间的距离和这些物体的带电情况或在其中流动的电流；或者我们可以使用涉及其他量的公式，这些公式中的每一个量在一切空间中都是连续的。
>
> 在第一种方法中应用的数学过程是在线上、表面上或者整个有限空间（立体）上进行的积分[15.6]，在第二种方法中应用的数学过程则是偏微分方程[15.3—15.5]和在一切空间范围内的积分。

然后，麦克斯韦接着说，法拉第的方法本质上属于第二种：

　　他[法拉第]从来不认为,在物体之间除了距离以外没有任何其他东西存在,物体间的作用是按照那种距离的某种函数发生的[即如牛顿的万有引力定律那种函数]。在他的设想中,整个空间是一个力场,其中的力线以普通的曲线的形式存在,而那些与任何物体有关的力线从这个物体出发向四面八方伸展,其方向因其他物体的存在而有所改变。

就这样,法拉第和麦克斯韦摈弃了牛顿学说中的"超距作用"的概念,并由此诱使具有机械思想的人构想出充满整个空间的"以太",并让它成为一切"力场"的焦点与居所。"以太论者"接着却又将他们好不容易才赢得的地位丢给了相对论者,后者摈弃了以太,更偏爱扭曲的时空。人们设计了大量实验,用以检测假设的以太浸透了地球这一假想。在每一种情况下,结果都是否定的。这些实验测量中最为精妙的一次是 A. A. 迈克耳孙(1852—1931)和 E. W. 莫雷(19 世纪下半叶[1838—1923])于 1887 年进行的。也是在 1887 年,里奇和列维-奇维塔详细阐述了对于广义相对论来说不可或缺的张量分析[10.3],这的确是一个有趣的历史巧合。但是对于相对论来说,以太或许还是实际存在的,只是观察不到而已。

　　让麦克斯韦做出"电磁波以光速传播"这一预言的方程,经过一长串推理之后才形成。这些方程是对人们观察到的事实的推演,是对它们的最后分析,因此是其成熟形式。它们第一次发表于 1864 年;24 年后,赫兹宣布了他的实验研究成果,证实了麦克斯韦的预言。我们在此只叙述这些方程,我们在[15.3]中已经解释过

∂的意义。

我们要说的理念是这样的:κ 是电容率,μ 是磁导率,c 是光在真空中的传播速度;E_x,E_y,E_z 是电场强度 E 在点 (x,y,z) 上平行于坐标轴方向上的分量;H_x,H_y,H_z 是磁场强度 H 的分量。在各向同性的、无自由电荷的均匀介质中的方程是

$$\frac{\partial E_x}{\partial x} + \frac{\partial E_y}{\partial y} + \frac{\partial E_z}{\partial z} = 0, \quad \frac{\partial H_x}{\partial x} + \frac{\partial H_y}{\partial y} + \frac{\partial H_z}{\partial z} = 0;$$

$$\frac{\partial H_z}{\partial y} - \frac{\partial H_y}{\partial z} = \frac{\kappa}{c} E_x, \quad \frac{\partial E_z}{\partial y} - \frac{\partial E_y}{\partial z} = -\frac{\mu}{c} H_x,$$

$$\frac{\partial H_x}{\partial z} - \frac{\partial H_z}{\partial x} = \frac{\kappa}{c} E_y, \quad \frac{\partial E_x}{\partial z} - \frac{\partial E_z}{\partial x} = -\frac{\mu}{c} H_y,$$

$$\frac{\partial H_y}{\partial x} - \frac{\partial H_x}{\partial y} = \frac{\kappa}{c} E_z, \quad \frac{\partial E_y}{\partial x} - \frac{\partial E_x}{\partial y} = -\frac{\mu}{c} H_z。$$

看到这些方程的时候,任何有才智的数学家都会用简单的技术步骤消去 H 或者 E。这样做的结果是,他将得到完全预料不到的发现,即每一个 H 和 E 都满足数学物理的**波动方程**。在这个方程中,c 正好处于说明 H 与 E 的速度的位置上。波动方程本身表达了这样一层意思,即任何满足这个方程的事物都在空间中以波的形式——前面解释过的一种周期性扰动——传播。E 与 H 的波动方程证明,作为一种波,电磁扰动在真空中以光速传播。和光一样,其振动(上下的波动)都垂直于波的传播方向。

正是由于这一理论,以及人类的其他科技成果,你才会在家庭的温暖中享受着无穷无尽的广告轰炸。此后出现的,将是早在1930 年人们就已经预测过的无线电制导的自导航空鱼雷。我们已经有了各种形式的鱼雷。如果它们能够说话,它们或许会笨拙

373

地模仿 J.J. 潘兴(1860—1948)将军在第一次世界大战期间率领美国远征军登陆法国时精心排练的一句牛皮话："拉法耶特,吾等来也!"只不过,要把"拉法耶特"换成"麦克斯韦"。

第十八章 选择与概率

18.1 概 率

本章的标题是从一本书上照搬过来的，这种标题在二手书店里忽悠了不少潜在的买主。打开这本褐色的小书，期待看到一个爱情与探险故事的普通读者会吃惊地发现一页接一页的代数公式。通常，《选择与机会》①这本书会被急匆匆地放回书架，特别是在瞥一眼封面发现该书的作者是一位神职人员之后。但是，偶尔也有好奇的人会试着读读最前面的一两页，接着便怀着对令人着迷的故事的憧憬，（支付 15 美分之后）把这本激动人心的惊险故事夹在左胳膊下面走出书店。

选择的理论是**组合分析**这一庞大范畴中的一个分部，它所回答的问题诸如"如果总共有 80 个美国人、90 个英格兰人和 2000 个爱斯基摩人可供选择，从中选取 30 个美国人、20 个英格兰人和 50 个爱斯基摩人组成一个百人委员会，总共有多少种选择？"我们在这里面对的是一个从 80 - 90 - 2000 个个体中选择 30 - 20 - 50

---

① "机会"原文"chance"，在数学中表示"概率"。——译者注

个个体的问题，我们想知道可以做出多少种选择。选择方式的数量实在太大了，我不打算在此把它写下来。

概率则又向前迈出了一步。假设在 80 个美国人中刚好有 10 个人秃顶，90 个英格兰人中有 7 个人生有黑头发，2000 个爱斯基摩人中有 1023 个生有红头发。试问在一个由随机选择的 30 个美国人、20 个英格兰人和 50 个爱斯基摩人组成的委员会中，刚好有 9 个美国人秃顶、1 个英格兰人生有黑头发和所有爱斯基摩人都生有红头发的概率有多大？

这两类问题互补。在解答第二个问题之前，我们必须知道，从所有已有的人中选择指定的秃头-黑头发-红头发委员会有多少种方式。假设这样的方式共有 F 种，同时假设有 T 种方式选择一个 30 - 20 - 50 人的委员会（就如同在第一个问题中的情况）。于是，我们要求的概率就是 $\dfrac{F}{T}$，即我们**想要的情况的数量（F）和所有可能情况的数量（T）之间的比率**。

现在提出一个更简单的问题：一次投掷两个骰子，得到一个 3 和一个 2 的概率有多大？有利情况，即我们想要的情况是正好有两个数字（如果骰子 A 掷出了 2，则骰子 B 必须是 3；或者，骰子 A 可以是 3，但这时骰子 B 必须是 2）。但这两个骰子掷出的方式总共有 6×6＝36 种，因为骰子 A 可以出现 1，2，3，4，5，6；而无论骰子 A 掷出什么数字，骰子 B 也可能出现刚好 6 种数字。于是，掷出刚好一个 3 和一个 2 的可能性就是 36 中选 2，或者说 $\dfrac{2}{36}=\dfrac{1}{18}$。这就意味着，长远地说，我们指定的情况会非常接近于 18 次中有一次。当然,每个赌徒都知道,这种"长远"可能意味着很长很长的时间。我们可以把这一点更好地表达为:在投掷很多次两个骰子之后,同时得到 2 与 3 的次数大约占总次数的 $\frac{1}{18}$。

最后一点可以作为一个定义或者作为令人沮丧的经验之谈。我们凭直觉就认识到掷出 2 和 3 的概率为 $\frac{1}{18}$ 意味着什么,但还是很难确定究竟应该通过逻辑还是通过经验来证明这种直觉是正确的。要这样做事实上是不可能的。然而,还是让我们以概率的数学理论的伟大开创者与应用者拉普拉斯为榜样,把分数 $\frac{F}{T}$ 作为某个事件的概率的定义吧。这里的 F 是事件情况发生的数目,T 是所有"等可能"情况的总数。应该承认,这种说法非常含糊,几乎是胡说八道。它经不起严格的分析。然而,正如拉普拉斯(实际上)所说,概率的数学理论只不过是被转化成算术的常识;这个定义不是常识,又是什么?

我们可以用如下方法把这个定义弄得更合理一点。一次投掷一枚硬币,正面朝上落下来的概率是 $\frac{1}{2}$。我们在观察了**大量**投掷结果之后得到了这个结论。假设我们记录了非常多的投掷结果,然后每过 10 次统计一次结果为正面的数字,并像下面这样排列:

$$10,20,30,40,50,60,70,\cdots$$
$$4,\ 9,\ 16,22,26,29,37,\cdots$$

我们把得到正面的次数放在总数的下面,一直到列表中指出的阶段。由此我们可以得到一系列"频率分数":

376

$$\frac{4}{10}, \frac{9}{20}, \frac{16}{30}, \frac{22}{40}, \frac{26}{50}, \frac{29}{60}, \frac{37}{70}, \cdots。$$

把这些分数变成小数之后我们会发现，它们全都接近 0.5，而且随着序列继续，结果越来越接近 0.5。

实际经验告诉我们，投掷的次数越多，得到正面的比率就越接近一半。可以由此假定，经过足够多次的投掷之后，得到正面的次数与总投掷次数之间的比率将像我们希望的那样趋近于 $\frac{1}{2}$。

所有情况都与此类似。如果"频率分数"具有某个极限值，就称这个极限①为所讨论的事件的概率。但我们显然无法说出这样的极限是否真的存在。我们不妨跟随拉普拉斯，根据常识，假定这一极限存在。

应该申明，这并不是概率的唯一定义。很多人从逻辑或哲学的角度反对这个定义，这里不必多加说明。自从大约 1920 年以来，用一种更为精细的定义来避开这些困难的尝试取得了重要进展。但是，若认为对于概率的后验定义的现代反攻已经接近全面胜利，未免过于乐观了。对数学分析的基础提出的质疑曾经让这个数学分支建立在无可争议的基础之上，但我们可以很准确地说，要让反对意见用这种重新讨论的方式取得与数学分析同样的成果，这一任务只能交由我们的后继人完成。我们所采用的"频率"的定义的一个优点是它对于直觉的借重。我们能够感觉到这个定

① 这里的"极限"只在已说明了的直觉意义上使用。严格地说，就像在微积分中定义的那样，这里的"极限"并没有真正的极限的意义，尽管这样的"极限"经常充满矛盾地用来简化概率论中的计算。

义指的是什么,不管在受到严厉批判之后它是存活,还是会完全死掉。

选择委员会成员的问题和掷骰子的问题让我们想到,选择和概率的理论只是数学上的新奇玩意儿。这种看法与事实相去甚远。其实,人们一直称"概率"为当前科学最重要的概念,"特别是",如同罗素所言,"没有人对于它意味着什么有一丝一毫的概念"。我们很快就会描述概率的大量应用中的几个例子,这些例子说明概率在科学上具有重要意义。至于现在,看一眼这一理论的起源还是饶有趣味的。

概率论的真正开始应该回溯到 1654 年,当时帕斯卡和费马简短的通信为这一理论奠定了基本原理。大部分数学分支有着受人尊敬的父母,而概率论的祖先(不是费马和帕斯卡)却完全可以说是声名狼藉。或许就是因为这一点,这个理论才弥足珍贵。在一场未完成的赌局中,两位赌徒对于赌注应该如何分配产生了争论。如果需要一定数量的点数才能赢得这场赌局,而在放弃对赌时每个赌徒的得分都是已知的,那么如何分配赌注才是合理的? 很明显,这牵涉到计算每个参赌者赢得赌局的可能性。这个问题完全超出了这两个困惑的赌徒的理解范围。他们向好心的帕斯卡请教,帕斯卡又与讲求实务的费马分享了这个问题。几个星期之内,这两位数学家便为概率论奠定了基础。所以,每当你为你的人寿保险付上一笔保险费的时候,你或许应该为那两位赌徒的灵魂安息而小声祈祷。当然,如果你为保险费而抱怨的话,你也大可诅咒那些数学家。你所付出的保险费用是以你在当年死亡的可能性为基础计算的。你赌的是你会死,而保险公司赌的是你不会死。如

378

果你赌赢了，你就输了。这就是一个古老格言的现代版本：欲拯救
自己的生命，须以失去生命为代价。

在他与魔鬼的著名一赌中，帕斯卡甚至走得更远。在六合彩
中获胜的期望是获奖金额（以美元计）乘以获奖的概率。帕斯卡认
为，即使每一个普通原罪者赢取永恒祝福的概率确实非常低，但奖
金的价值太大了，它让原罪者冒险一试，以求改变他的生活方式，
过上正当的、清醒的、神圣的生活。

尽管概率属于离散型数学的范畴，但进行实际运算必须借助
于连续性。这并非理论上的必须，而是为了实用的便利。例如，以
下类型的问题似乎在统计工作中重复出现，包括统计力学。今有
379 b 个盒子和恰好 t 件各不相同的物品，且 t 大于等于 b，试问，把 t
件物品按每盒 1 件放入 b 个盒子中，有多少种不同的方法？基本
推理立即就可以给出答案。

想象把 b 个盒子排成一排。t 个物品中的任一个都可以放入
第一个盒子，这就让 $t-1$ 个物品中的任一个都可以放入第二个盒
子，然后是 $t-2$ 个物品中的任意一个都可以放入第三个盒子，以
此类推⋯⋯最后，$t-b+1$ 个物品中的任意一个都可以放入第 b 个
盒子。但是，如果有 M 种方式做一件事以及 N 种方法做第二件
事，那么，既做第一件事又做第二件事的方法共有 $M \times N$ 种。重复
这一过程，我们可以得到填充盒子的所求方法总数是

$$t \times (t-1) \times (t-2) \times \cdots \times (t-b+1)。$$

在统计力学这样的实际例子中，t 可以是一个非常大的数目，
而 b 是 t 很大的一部分。如果 t 只不过是 100 万而 b 是 50 万，我
们就得把所有的数字，1 000 000，999 999，⋯，500 001 逐个相乘。

全人类每天工作 8 小时,大概也得好几年才能做完这道乘法题,得到的结果却一点实用价值也没有。我们需要利用 t, b 得到一个以 t 和 b 表达的可用的近似公式,这个公式应该包含一个用来估计近似值的误差量的项。找到这种公式的工作需要通过分析,所以,我们又一次借助微积分及其现代发展来解决问题。

18.2　馅饼、飞蝇和混凝土

对于许多生活困顿的人来说,"统计"意味着被切分的馅饼和美元形式的图表,用来表示每年在油酥点心、香烟、化妆品和所谓"国防"上消耗的国家财富。这只是统计的一种,这种统计不会告诉我们很多东西。以概率论为基础的数学统计比这种东西深刻得多,它分析和解释大量复杂数据,并在某些情况下进行预测。于是我们可能会问,对大量样品中的一个随机样本进行详细分析,据此得出的推断在多大程度上是可能的或者是可信的呢?随机样本从"总体"中抽取而来,我们感兴趣的是关于"总体"的结论。如果这里的"总体"是人类,我们或许可以研究一个譬如由 1000 人组成的随机样本,查明瘦人是否可能比胖人更贪吃。

在这里,我们又一次与我们试图理解概率时遭遇的困难不期而遇。我们如何确定,抽样真的是"随机"的而且能够代表整个总体呢? 统计学家不必为这些疑惑伤脑筋,因为他们的发现通常还要交由经验来检测。

美国历史上有一个有趣的例子能够说明这一点。选民的随机抽样让杜威先生在 1948 年的总统竞选中笑傲江湖,而杜鲁门先生则折戟沉沙。个中原因或许是抽样带有偏见,它忽略了那些真正为了贫苦生活而努力工作的被遗忘了的选民。

而且,还存在着超感官的感知问题,在这方面,不加评论地使用概率和抽样也会导致令人吃惊的结论,例如某匹具有灵智的马能够在 250 英里之外接收信息。即使不是超感官,这起码也是超寻常的感官,因此或许是通向伟大的未知之地的途径。

"随机"在多大程度上是随机的?统计又在多大程度上不带偏见?当它指出了某些新事物的时候,直接求助于事实可以解决问题,但情况并非总是如此简单。

例如,某次统计研究运用了多种强大的数学手段,得出了一个出人意料的结论:接种抗天花疫苗纯属浪费时间和金钱。当然,这种应用数学总是会让社会上很大一部分人感到很好玩,不管它会在多大程度上激怒医学界人士。就我自己来说,我这一生接受的数学理论实在够多的了,足以对这么一剂数学药剂免疫;因此,如果我考虑在北美大陆上一处不那么干净的地方度假,我还是会接种天花疫苗。

这或许是我个人的一种偏见,但我认为,对于不加选择的智力测验中出现的不那么合意的结果,许多更有发言权的教育界领袖和大部分受到愚蠢引导的教师应该对它们具有类似的免疫力。如果他们也学习了这么多高等数学,包括概率论(智力测验的实用技术以其为基础),他们就不会对这些结果如此热情了。这一点同样适用于数学在物质世界的大多数应用。只有对某个数学公式下隐藏的**所有**假定相当熟悉且带着批判的眼光看待时,我们才能学会在这个公式呈上一个令人印象深刻的数字时不那么当真。按照惯例,数学家不那么轻信,而他们服务的那些人几乎毫无例外都有轻信的毛病。

　　我们可以在这里顺便提到统计方法在生物科学中的一个十分有趣的应用。在研究遗传时,人们根据某种统计方法,指定了超显微基因(即假定的可遗传特性的携带者或单元)在染色体中的相对位置。通过为果蝇的许多代后裔分类,并记录各种各样的特性的出现频率(包括红眼睛、不育、毛发上带有规则斑点等),人们就有可能勾画出基因分布图,这些图谱会揭示果蝇之所以具有它们现在必然具有的特性的许多原因。这些图谱是单纯的图解表达,通过它们,人们能够在合理的范围内预测果蝇的遗传能力,这可以与化学中的有机化合物类比。借助于现代电子光学技术,人们已经观察到了这些预测中的基因。

382

　　如果在人体上做这样的实验,无疑会引起一场喧嚣,其剧烈程度会超过哥白尼理论将人类从宇宙的中心驱逐时引发的地震。但现在一切都很平静。果蝇并没有通过决议对它们欢快的娱乐表示痛悔。人类尽管很好色,却繁殖得太慢,在这款纵欲游戏的现在阶段还不适于成为实验对象。然而,并不能排除这样的可能性,即从现在起 100 年到 200 年后,我们的子孙中的优良品种将表现出(某位患梅毒的独裁者、疯狂的种族救星所说的)数学统计理论说明会出现的特征。到了那个时候,概率将不会出现在人们眼前,因为任何人都没有选择的权利。男人(更不要说女人了)将按照命令,与任何他受命与之交配的对象交配,或许还会享受这种行为。热烈支持成批繁殖人类的墨索里尼与希特勒可能会转世重生。当然,以"防御"形式出现的核战争可能会让人类丧失生育能力,或者把人类的基因转变为那些只知道把食物送进嘴里的次人怪物的基因。这可能正是我们人类在这么多世纪中一直祈求的从苦难中解脱的幸福结局。一些军方宣传家向我们保证，这种情况永远不会发生；一些非军方遗传学家对于发生这种情况的可能性持肯定态度。当你面前还有机会的时候，做出你的选择吧。

383　　统计方法的实际影响在技术与社会科学领域随处可见。例如，在大地测量中以及对机械或者大规模制造的产品的所有广泛测试中，通过观察的误差理论，测量被简化为把被测物品最为可能的值孤立出来的过程。在建筑堤坝时，人们需要在修建堤坝的地点随机提取岩石的样品——也可能不进行这项工作，20 世纪 30 年代就有这样的例子：一个加利福尼亚社区因此而出现了惨剧，这是为独断专行的政治实用主义付出的代价。这样的一次疏忽让某个县损失了大约 600 万美元。用于堤坝的混凝土也通过随机取样进行检测。

　　对大批量的数据进行技术分析是训练有素、工资很高的人的任务，他们精通其中涉及的统计的数学理论。否则，得到的结果很可能是一批图形——有分成四片的馅饼、精巧的小军舰，还有站成越来越细的行列的身穿杂乱制服的粗壮士兵：这些放在一份多彩的星期日增刊上无疑是有趣的，但不大可能从中总结出可靠的推理。因此，要么养一批专家进行分析，要么让纳税人的 600 万美元随着溢洪道倾泻而去。

18.3　统计学和力学

　　我已经在[12.2]中略微提及了对我们这个星系的稳定性进行的一次数学探索。适于从事这类事业的数学属于我们称为统计力学的学问。想对这个复杂的主题多加关注在此处是完全不可能的，但由于它是应用了概率论的一个主要物理学领域，我将叙述它的一个细节。

普通的力学把对于动力学系统的研究简化为求解满足初始条件的微分方程[14.8]。这种力学的宏大目标是，把对自然的描述简化为作用于宇宙中所有物质微粒对之间的有心力（例如，就像牛顿的万有引力，尽管不必然遵循平方反比定律[13.3]）。我们已经知道，这种计划的包容性还不够大。从纯专业的角度来说，它导致了巨大的困难。

人们通过统计力学创造了一种处理由质点簇组成的复杂体系的折中方案，其代表人物为 J. W. 吉布斯(1839—1903)。这种处理方法假定，普通力学的定律对于单个粒子是有效的。更普遍地，这一理论可以应用于任何包含大量成员的体系，其中每一个成员都可以运动。例如，一个由分子组成的固体，或者一定体积的气体。为避免求解一个体系中产生的"实际上无穷"数量的微分方程[15.4]，人们用统计的方法研究所有体系的集合。看上去这似乎是要让所有体系都出现麻烦，但幸运的是，结果并非如此。

为简单起见，首先考虑沿一条曲线运动的单一质点 m。在时间 t，它在曲线上的位置 $\overline{P}$ 可以通过从 $\overline{P}_0$ 到 $\overline{P}$ 的长度来确定，此处 $\overline{P}_0$ 是 $t=0$ 时该点所在的位置。这一长度可以用 q 表示，它是给出质点**位置**的**坐标**；我们假定 q 是 t 的函数。q 对于 t 的导数是质点在时间 t 时的速度[15.1]；这一导数乘以 m 就是**动量**，可用 p 表示。于是，质点的运动可由 (q, p) 确定，其中 q 和 p 都是 t 的函

384

数(见图 35)。

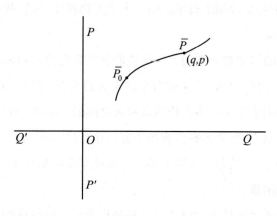

图 35

当 t 变化时，q,p 也发生了变化。现在把(q,p)描画为在解析几何[7.2]中的一个平面上的一点的坐标。对应于连续变化的 t 值，沿轴 QOQ' 计量 q 值的大小，沿轴 POP' 计量 p 值大小。在 t 变化时，(q,p) 描绘出一条曲线。这个静态图像——这条曲线——显然代表着质点的**运动**。

(q,p) 所有值的集合是一个二维流形[8.3]。这个流形中的一条曲线是一个代表了一个质点的运动的一维流形。

所有这些都可以大力推广。我不打算描绘最普遍的情况，说说怎样从一个质点推广到两个质点，然后推广到三个质点，……直至 n 个质点的情况就足够了。

如果现有的不是一个质点，而是 n 个质点，我们可以用一个 $2n$ 维流形[8.3]来代表这一系统。这个流形中的一个典型的点的坐标是$(q_1、\cdots、q_n，p_1、\cdots、p_n)$，此处 $q_i，p_i$ 分别为第 i 个质点的

(q, p)。我们以专业术语系统的**相空间**描述这一流形。就这样，在一给定时刻，该系统的动态状态即由相空间中的一点代表。系统的**相**由代表点的 $2n$ 个坐标刻画。由于我们已经假定，系统中的每个成员（此处为质点）都遵守牛顿力学定律[13.3]，因此，当系统随时间从一种状态变为另一种状态时，系统的代表点 (q, p) 必须按照这些定律的规定，穿过相空间中的一条线。由此可以推出，表示系统变化的相空间中的曲线的方向，对于曲线的每一个点是确定的。

下一步，我们把注意力集中在相空间上。正如讨论多维流形[8.3]时一样，如果我们希望将发生的情况形象化，就需要想象一个二维平面的情况，其余的一切可用几何的语言处理。让我们考虑在 $2n$ 维相空间内包围代表点的一个 $2n$ 维小体积元 dV①。我们将检查在以下条件下 dV 中出现的情况。

设想有很多独立体系（N 个），其中每一个都与第一个等同，但处于不同的相。然后，我们有 N 个分别在相空间内不同的小体积元中的点。换言之，我们有了纯粹想象的"气体"或者"流体"的概念，它们的"分子"就是代表点。所以，我们很自然地用类比来说明在某给定区域内的"流动"，并理解了在时间 t 时典型体积元 dV 内的"密度"D 的意义。这种密度将是时间 t 和被 dV 包围的典型点的坐标的函数，而在时间 t，代表点位于 dV 内的体系的数量是 DdV（可比较[15.5]中的内容）。

现在假定，代表点在相空间内的分布可以近似地视为连续的。

---

① 有关 dV 中 d 的意义，请参阅[15.1]。

事实上，我们在把 D 设想为流体的"密度"时已经默认了这一假定。所以，我们可以把所有 DdV 加起来并取 dV 趋近于零时的极限。简言之，可以对之进行积分 [14.7, 15.6]。所得结果自然只是正确结果的近似值，因为严格地说，这类积分只有在点的分布确实连续（而不仅仅是"近似的"）时才有意义。

所有 DdV 的和是代表点的总数。因此，根据 [15.6]，$\int DdV = N$ 可写作 $\int \dfrac{D}{N} dV = 1$ 的形式。我们可以把 $\dfrac{D}{N}$ 写成 W，它是我们随机选择的某个特定体系的代表点存在于体积元 dV 内的概率。因此 $\int WdV = 1$。如果我们想到，概率为 1 代表着一定会出现的事件，且多个互不相容事件的概率是它们分别发生的概率的和，这一点看上去就是合理的。在某一给定时刻，一个代表点**只能位于一个基本体积元中**。

牛顿动力学的普遍方程和几何类比让我们想到了许多可以进行的有趣工作。例如，可以证明，当某一特定点在相空间内运动时，在其直接邻域内的相密度的变化率为零。因此，代表点模仿了一种不可压缩的流体的运动。读者可将此与 [15.5] 中的内容进行比较。

我们在前面简述统计方法与力学结合的初步情况时略去了许多东西。从这里开始，我们加入了条件，用以联系理想抽象与实际体系，例如那些在化学反应中实际发生的过程。这一方法在热力学（研究热现象的学科）上特别有用，热力学中的现象对概率的依赖或许更为明显。

当我们用概率论证明具有任何初始分布的一批数量极大的质点在长期不受扰动的情况下倾向于均匀地重新分布时,概率又一次进入了当前的理论。仔细斟酌一下,这一点完全不那么明显。从这一点以及类似的论据出发,某些数学物理学家得到了一个令人震惊或者说令人心安的结论:宇宙有一天会达到"热寂"状态,在这种状态下,所有物质的温度都将维持在同一水平,宇宙成为一个无限大的温热死寂粘稠体。

388

然而,正如19世纪的许多科学预言一样,随着人们对于物质宇宙的认识不断进步,这一预言也没有逃脱被修正的命运。事实上,20世纪20年代的物理学家认为,我们刚刚进行的那个极为奇特的积分可能与自然并不相符。我们假定代表点在相空间**连续**运动。很显然,这与量子理论的要求不符。只要运动在部分情况下不连续或者说离散,那个积分和它的所有推论就无法被认可。①但这种事情需要物理学家来决定。我们已经在[14.1]中说过,没有证据表明不正确的数学一定会导致不正确的结论。当然,正确的数学也不一定会导致正确的物理推论。很多时候,正确的数学没有导致正确的物理推论,部分原因是在把自然现象归纳为数学时简化过度。

动力学理论和统计理论之间的一个重大分歧发生在有关**可逆性**的问题上。[16.4]已经指出,哈密顿在"静止"原理下对经典动力学进行了总结。这一原理的数学表述与时间 t 相关。引人注目

---

① 积分的现代理论,比如说勒贝格的理论[16.8],**恰恰**可以处理这种物理状况,但这些理论至今还无法为实验物理学家提供**可用**的公式。

的事实是，如果用 t 的相反数 $-t$ 代替 t，任何其运动方程暗含静止
原理的体系的**初始**状态就会完全从其**最终**状态恢复。大体上说，
如果宇宙是一个可完全用动力学描绘的事物，它就可以像时间正
向运行时那样逆时间运行，而不至于违反动力学定理。在统计理
论中不存在这种可逆性。

可逆性的一个重要例子发生在热力学中，热力学第二定律的
一个推论就是前面提及的热寂。除了可逆宇宙与不可逆宇宙之
外，人们没有什么其他选择的余地。一个不知不觉间从古代巴比
伦神话中复活的建议是，宇宙可能具有周期性，所有的事情都会循
环发生周而复始；这就完全跟《圣经》里的狗回头去吃自己呕吐物
的情况一样。[①] 周期性宇宙具有很大的优点，它能够综合其他假
说中人们最不希望发生的事情，不给人留下做出令人不快的预想
的余地。这种"永恒轮回"的理论由柏拉图提出，后来由尼采和其
他许多人一起复活，他们似乎忽略了以下逻辑细节：如果宇宙真的
具有周期性，我们一定无法知道这一规律。但人们现在还没有用
逻辑或经验或神学的方法证明，逻辑对于管理人类事务是必要的
或者是充分的。

18.4 可能性是可能的吗？

提出上面这个表面上毫无意义的问题的不是我，而是帕斯卡。
在与费马一起对概率的数学理论进行了精彩的奠基之后，这位笃

---

① 见《旧约·箴言》26:11,和合本译文为"愚昧人行愚妄事,行了又行,就如狗转
过来吃它所吐的"。——译者注

信上帝的人静下心来想了想,对自己所做的事情是否有意义产生了怀疑。

帕斯卡的问题为哲学辩论团体提供了无穷无尽的机会。针对问题本身就可以展开永无休止的讨论。这真的是一个问题吗？或者这不过是一个伪问题？看上去,它提出了一个悖论,这个悖论与另一些悖论属于同一类型。这类悖论自 19 世纪 90 年代以来就让数学家感到忧虑,而且困扰着科学哲学家,特别是那些关注量子物理中概率的哲学意义的科学哲学家。

无论可能性是否可能,概率无疑已经成了物理学的一个主要概念。20 世纪 20 年代,概率在我们眼睛上蒙上了不确定的阴影,我们对科学上的老生常谈(如"实验"或者"观察"等)的意义的整体看法随之发生了根本性的变化。我们说,一个"可观测"物理对象,即经实验室测度的任何事物,并不具有被观测事物的特定状态的一个值,而只具有那种状态的平均值。

本章早些时描述过的所有概率论的应用都与专门性计算相去不远。在这些应用中,概率所起的作用不外乎一个试图让自己主人的厕所不那么令人厌烦的仆人。直到 20 世纪 20 年代晚期,概率论都只不过是达到目的的一种手段。经典统计可以走得这么远,原因在于它只讲求奉献,不批判自己,也没有批判自己的主人。如果说数学曾经有一位后代成了科学的恭顺仆人,这位后代非概率论莫属。

但革命的精神感染了这位谦卑的仆人以及他高傲的主人。概率论不再满足于只是作为实现目的的手段和忠仆,他宣称自己既是目的,也是达到目的手段。概率论转而成了他的主人的主人。

而这当中最大的笑话就是，这个诞生于赌桌上、先前饱受白眼的仆人，居然摇身一变，成了时髦科学的独裁者及其解释者，向不知所措的道德家宣讲科学的教义。这些道德家则恳请物理学说些宽慰的话，向他们保证：人类终究是其意志的清醒的引导者，而不是在不受掌控的概率之风吹拂下飘浮不定的稻草。因为在忧郁的人道主义者看来，量子力学在这种掌控中塞进了一粒尘埃，当然还远不是一束光。他们就像最终真的出了问题的疑病症患者，惊慌失措地感受到了自己的痛苦。他们面临死亡，或者以为自己面临死亡。这二者对于他们来说或许没有区别，因为他们证明了，他们具有认为自己可以在任何事情内外任意穿梭的能力。

海森堡与狄拉克是现代量子理论的奠基人，前者在 1927 年确立了"不确定性原理"，这一原理很快便成了理论物理的老生常谈；那些人道主义者的所有不幸，都是拜这个所谓"不确定性原理"所赐。过去的物理学认为，对于任何给定的电子，人们能够同时测量其动量和位置，这一点是自明的。但对这种双重测量所要求的操作进行分析之后，人们发现了令人难以置信的不确定性：对位置或动量中的一个测量得越精确，对另外一个的测量就越不可能精确。于是，在新的理论中，统计的那种模糊不定的预测便取代了过去对于自然的机械解释中的清晰明了的预测。

在通常情况下，某种现象规模越大，留给不确定性的余地就越小。但这对于那些坚定追求永恒真理的人来说完全算不上什么宽慰。当物理现象小到原子水平的时候，"几乎任何事情"都可能发生，我们无法由一套已知的初始条件准确地预测几种可能性中究竟哪一种会发生。但是人类（至少是人的肉身）只不过是"原子的偶然集合",即统计力学中的一个"系统"。对于永恒真理的信奉者来说,与海森堡带来的困扰相比,浮士德的命运已经是对他们的永恒祝福了。

390

从这里开始,赞成或者反对以物理学为基础的"自由意志"的争论无疑是读者所熟悉的。如果不熟悉的话,这些读者也能很容易地找到这些争论的相关内容,因此我很乐于不在此赘述。只要大家记得这句话就足够了:当女王打盹或者感到困惑的时候,科学的仆人也具有统治王国的能力。

第十九章 "扰动诸天风云"

19.1 走向无穷

现在,仆人再次恭请女王陛下君临天下。在仆人有些不加区分地展示女王陛下的工作的一个小样品时,女王陛下很有礼貌地未加干涉,只是等待一个合适的时机出手,回到她应该在的地方,特别是在数学分析及分析中的无穷[4.2]那里。

长期以来,无穷就对人类思想具有非凡的吸引力。神学、哲学、数学和科学都在各自发展的某些阶段屈服于无穷无尽、无可计数和无边无际的诱惑。"唯有无穷的思想方能理解无穷的奥秘",一位智者如是说;"康托尔有关数学无穷的教义是自古希腊人以来唯一的天才数学",这是另一位智者的睿智评论;而第三位智者的想法则与前两者迥异,他认为:"无穷本身就是自我矛盾的,康托尔的数学无穷的理论是站不住脚的。"

在这里,我们抵达了人类知识的前沿阵地,自 1930 年以来,知识的进展戛然而止。G. 康托尔在 19 世纪 90 年代完成其工作,之后数学就朝着无穷理论不断前进。有些人认为,数学或许必须连退许多步,放弃它多年来征服的疆土;其他人则预言,数学将沿着它一路走来的道路继续平稳地向前发展。然而,有些道路确实已经被堵塞了,这一点我们将在本书的终章中看到。

一个简单事实似乎是,在数学征服无穷这个问题上,没有谁能够准确地说出数学现在立于何处,也没有谁能够明智地预测其未来。各路权威不分伯仲,他们的意见大相径庭。但在一件事情上人们似乎并无异议,那就是:数学分析的一致性尚待证明。当然,前提是,这是可以证明的,即便是仆人水准的证明也可以,因为仆人水准的数学分析也被证明是极为有用的工具。

在告诫读者要谨慎接受下述内容之后,我可以继续本书的进程,对那些数学家借以攀登天路的云梯做一简单描述。借用外尔的一句话,数学家现在做的事情就是:"扰动诸天风云。"

19.2 无穷是怎样进入数学的

无穷很早就进入了数学。用不着追溯得太远,让我们看一眼在公元前 3 世纪,积分问题是怎样出现在阿基米德面前的吧。在计算一条曲线下的面积[15.6]时,当 n 趋近于无穷大,对 n 个等宽长方形的面积和取极限的时候,就出现了对于无穷的需求。

随着微积分在 17 世纪出现,以及它在能想象到的一切形体的面积、表面积和体积上的应用,这类无穷求和或者说**积分**的问题的操作就变成了制式流程和不容置疑的积分学技巧[15.7]。数学物理离不开积分。例如,考虑计算可变力移动一个物体通过一段给定路径时所做的功这个简单问题。这里,计算功的公式是带有合适单位的力与距离的乘积。在更高的层次上,变分原理[16.2,16.3]也与积分有关。

　　甚至在微分学[14.5]问题上，我们也在刚刚起步之际便与无穷不期而遇，并遭遇了几何直觉与严格数学之间令人震撼的分歧。我们只要叙述微分在几何上的一种应用就足够了。要在一条指定曲线的指定点上画一条切线，需要找出切线的斜率；在微积分的专业意义[15.1]上说，这一问题等价于进行一次特定的微分，或者求取某个特定的导数。现在考虑这一点。从**直觉**意义上说很**明显**的是，我们总可以在一条连续曲线的给定点上画出这条曲线的一条切线。我们上了直觉的当，实际上**存在一些根本没有切线的连续曲线**。

　　我很高兴地承认这颠覆了常识，因为 1861 年魏尔斯特拉斯把这样一条曲线摆在许多数学家面前时，他们也大为震惊。魏尔斯特拉斯的曲线是用解析的方式写出的。其他一些同样具有无切线这一诡异特点的曲线可以用语言描述，也可以在想象中使用学童打发无聊时间时用的那种涂鸦方法画出来。魏尔斯特拉斯的曲线比那些曲线更难以理解。卡斯纳和 J. R. 纽曼（当代［1907—1966］）1940 年出版的《数学与想象》一书便给出了这类曲线的几个有趣的样品。

　　请允许我在此做一点自传式的说明。我清楚地记得，当年在学校里，在令人昏昏欲睡的拉丁语法课上或圣经课上，我们一群孩子偷偷摸摸地涂鸦让自己思路活跃。那些涂鸦与最终产生无切线曲线和皮亚诺 1890 年的填充空间曲线①属于同一类型，那两类曲线都是连续的。我们这些孩子中只有一个人（不是我）觉得，他正

---

① 现称皮亚诺曲线，是一条连续且遍历平面空间中所有点的曲线。——译者注

在做的事情或许正是严肃的数学。令人遗憾的是,他后来牺牲了
自己,参加了竞争激烈的印度公务员考试,因此并未投身他生来便
具有天赋的科学事业。他赢得了一个很受人尊崇的职位,薪金优
渥。但印度从大英帝国手中赢得独立后取消了公务员制度。那个
男孩毫无章法的涂鸦曾经伴随着布拉德尼的《阿诺德拉丁散文》和
使徒故事耗过了数不清的时间,现在还依然让印度数学家抱有兴
趣。然而,那位可怜的涂鸦者辛勤一生而获得的高薪化作泡影,他
只能依靠大为缩水的养老金维持生计。和其他许多人一样,在人
生的十字路口,他选择了错误的道路。直到他陷入贫困,在被迫享
受的清闲中重拾适合他的工作时,他才发现折磨他一生的胃溃疡
的病因。对年轻的数学家来说,这整件事的寓意(我本人厌恶寓
意)是:不要去做老师告诉你对你有好处的事情。这段历史让我偶
然想到了在一个为旅游业者服务的简陋小咖啡馆里张贴的文字:
"别问我们什么消息。我们要是知道,就不会在这里了。"

396

　　现在让我们回头就有关求和的问题说上几句。要解决大量的
数学与物理问题,就要面对数不尽的和式。在这里我们给出三个
例子,其中每个和式中的各项都是离散的。在这三个级数中的每
一个中,当 n 项之和中的 n 的正整数值变得无穷大,或者说"趋近
于无穷"时,无穷便进入了级数中。这三个级数是:

$$1-\frac{1}{2}+\frac{1}{3}-\frac{1}{4}+\cdots;$$

$$1+x^2+x^4+x^6+\cdots;$$

$$1+\frac{1}{2}+\frac{1}{3}+\frac{1}{4}+\cdots.$$

这些级数简单得有些不可思议，但用它们当例子足够了。省略号的意思是：这些级数还会照前面揭示的规律继续，**永不终止**。现在，我们可以证明，当我们持续对依次出现的分数进行加法和减法一直到无穷时，第一个级数收敛至一个确定的有限数字。如果 x 是一个实数[4.2]，第二个级数仅当这些 x 的值在 -1 与 $+1$ 之间时才是**收敛**的；对于一切其他的 x 值，这个级数都是**发散**的。也就是说，在经过足够多项的加和之后，和会超过任一个事前指定的数字。第三个级数也是发散的，尽管看上去并非如此。这个级数的足够多的项之和可以超过 10^{27}，这看上去难以置信，但却是事实。另一个令人吃惊的事情是，第一个级数**并不**等于

$$(1+\frac{1}{3}+\frac{1}{5}+\cdots)-(\frac{1}{2}+\frac{1}{4}+\frac{1}{6}+\cdots)。$$

两个括号中的级数都是发散的，这意味着，从第一个级数中减去第二个级数没有意义。

　　如果一个物理问题，例如计算温度，给出一个**发散**级数作为答案，那么这个答案是否具有物理意义这一点还不清楚吗？地狱也不应该是无限热的。出现这种荒谬的情况时，我们就必须回头，修正我们的数学方法，重新计算，或者干脆放弃。

　　阿贝尔和柯西在 19 世纪早期的几十年中做出的杰出贡献之一，就是提出了第一批判别级数收敛性的方法。从那时起，收敛性的理论就像雷雨云那样一直在膨胀。

　　魏尔斯特拉斯、戴德金、康托尔三人在 1859—1897 年对数学无穷本身进行了详尽检查。通过前面的四五个例子，我们可以评价三人的这一项目之宏伟。向无穷发起攻势的另一个推动力是无

理数问题。如果$\sqrt{2}$**不是任何两个整数的比率**,那么它是什么?

戴德金对于无理数发起的攻势是欧多克索斯攻势的现代版。如果这两大攻势中的任何一个折损于现代怀疑主义者的反攻,两大攻势必定同时夭亡。尽管看上去自相矛盾,但最后一个结论并不是 20 世纪出现的新奇事物。作为牛顿的老师和他剑桥大学卢卡斯数学教授席位的前任,I. 巴罗(1630—1677)在两千多年后尖锐地批评过欧多克索斯。20 世纪,魏尔斯特拉斯、戴德金、康托尔三人精研的无穷的数学理论的怀疑者跳了出来,重复了巴罗反对伟大的希腊人的逻辑时的意见。如果说别人没有听进去巴罗的意见,布劳威尔及其学派则听进去了。

398

让我们来看看这个备受争议的问题的一两个核心概念吧。数学分析[4.2]——微积分,以及从牛顿与莱布尼茨的时代开始,以微积分为基础产生的每一个繁茂的分支——是从数学的无穷那里得到意义与生命的。如果没有了无穷这一坚实的基础,数学分析在前进中迈出的每一步都踏在充满危险的土地上。

19.3 计数无穷

首先来考虑计数的意思。我们一眼就可以看出,两个字母集合 x, y, z 和 X, Y, Z 中含有的字母**数量相同**,都是 3 个。如果这两个集合中的事物可以**一一对应**,即如果把两个集合中的事物成对**组合**而两个集合中都无剩余,则称这两个集合包含**同样数量**的事物。例如,我们可以将 x 与 X 配对,把 y 与 Y 配对,把 z 与 Z 配对。如果两个类中的事物可以形成一一配对的对应,则称这两个类是**相似**的。

观察这样一个简单的事实：x,y,z,w 和 X,Y,Z 这两个类并**不相似**。无论我们如何尝试，都无法为 x,y,z,w 中的某个事物找到一个对应物。原因很明显：第一个类包含 4 个事物，第二个只包含 3 个，而 4 大于 3。千百年来，每一个人都能看到这一点，而且说来奇怪，每个人都看得清清楚楚。下面的事实则需要天才方能看清，G. 康托尔就是这样的现代英雄人物。

让我们考虑**所有**正有理整数

$$1,2,3,4,5,6,7,8,\cdots,$$

并在每一个数的下面写下是它的 2 倍的数，于是我们得到

$$1, \quad 2, \quad 3, \quad 4, \quad 5, \quad 6, \quad 7, \quad 8, \quad \cdots,$$
$$2, \quad 4, \quad 6, \quad 8, \quad 10, 12, 14, 16, \cdots。$$

第二行$(2,4,6,\cdots)$有多少个数？和第一行的数一样多，因为第二行的每个数都是第一行相应数乘以 2 得到的。**所有**自然数 $1,2,3,4,\cdots$的类与它的一部分相似，即与所有偶数的类 $2,4,6,8,\cdots$相似。**所有偶数的数量和所有自然数的数量一样多。**

这说明了有限类与无穷类之间的一个根本差别。**一个无穷类与它自身的一部分相似，一个有限类与它自身的任何一部分都不相似。**这里的"部分"指的是**真部分**，即一些而非全部。

实际上，伽利略在 1638 年为康托尔的工作打下了基础。伽利略是数学的无穷理论的历史奠基人。考虑到这一理论的划时代意义，我在此转录伽利略在他的关于"两种新科学"的伟大对话体著作中，借两个人物之口说出的半揶揄半讽刺的争论。如果能够把伽利略从他的藏身之所唤出，询问他是否真的明白他所说的话，或者只是在用自己吹毛求疵的琐细逻辑让一个呆傻的亚里士多德派

399

学者感到困惑,将会十分有趣。① 睿智的萨尔维阿托斯(简称萨尔维)和不那么睿智的辛普里丘(简称辛普,宗教裁判所怀疑伽利略用此人来影射当政教皇)之间的谈话如下:

> 萨尔维:……一个不可分割之物加到另一个不可分割之 400
> 物上不能给出一个可以分割之物;因为如果可以的话,那么就
> 连不可分割之物也可以分割了……②
>
> 辛普:这里已经产生了一个我认为无法解释的疑问……
> 我的观点是,像这样设定一个无穷大于另一个无穷,是一种永
> 远无法让人理解的幻想。

为了让无穷的概念连辛普里丘都能清楚,萨尔维阿托斯在进行下面的谈话前耐心地解释了平方整数的概念。

> 萨尔维:进一步提问,如果我问,有多少平方数呢? 你可
> 以正确地回答我,它们的数量与它们正常的根一样多。由于
> 每一个平方数都有根,同样每一个根都有它的平方数,所以平

---

① 这里的引文来自伽利略·伽利莱的著作(*Discorsi e dimonstrazione matematiche intorno a due nuove sciencze*,累达出版社,1638 年)在 1665 年的第一个英译本。1665 年英译本的标题是《伽利略·伽利莱:数学发现及其证明》,它比此后的各个译本都犀利得多。遗憾的是,由于伦敦大火以及其他原因,该版本极难一见。应该重印这一版本。连国会图书馆都没有这一版本。

② 这里作者略去了原作的解释部分,读者可能难以理解这句话的道理,故在此补上原作的一个例证:如果两个点可以组成一条可分割的线,那么由奇数个点组成的可分线段,就会因为平分线段而导致不可分割的点被分割,因此不可分割之物累加起来也是不可分割的。——译者注

方数不会比根多出一个，根也不会比平方数多出一个。

这就是问题的核心：一个无穷类（此处即是所有自然数的类）的一部分和这个无穷类的一个子类（此处即是所有整平方类的类）之间是一一对应关系。萨尔维阿托斯继续这一论证，迫使辛普里丘认了输。

　　辛普：这个例子可以说明什么？

　　萨尔维：我看不出还能得出什么其他的结论，只能说，所有的数是无穷的；平方数也是无穷的；既不能说平方数的数量小于所有数，也不能说它们比所有数多。结论是，相等、较多、较少这些属性只在有限量中有意义，在无穷中没有地位。……

用现代术语来说，两个可以彼此建立对应关系的类**等价**或**相似**，这一点我们已经说过了。在伽利略的例子中，所有整平方数的类与所有正整数的类等价。

我可以在此引用 C. S. 斯利克特（1864—1944）的有趣见解。他的主业是工程师，我们看看他对伽利略有关无穷的见解有何想法。"在伽利略的所有格言中，我会把哪一个放在首位呢？我做出的以下决定会让你们吃惊"——他的选择是：所有平方整数的类与所有正整数的类等价。如果我们考虑到，这句格言所说的事情最后导致了当今的数学和哲学，这个选择还会令人吃惊吗？

至于另外一个例子，让我们看看下面的事实：一条直线上的任意两条线段上包含同样多（"不可数无穷"或"不可计数无穷"[4.2]）的点。（为简单起见，我不得不略去许多数学家会要求包括进去的细节，但下面的文字会说明它的意思。）假设线段 AB 和线段 CD 的长度不同。把它们如图 36 中

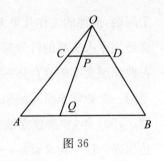

图 36

那样平行放置，并令 AC, BD 相交于 O 点。在 AB 上任取一点 Q，连接 OQ。令 OQ 与 CD 相交于 P 点。这种作图方法使 AB 上所有点组成的类与 CD 上所有点组成的类形成了一一对应。

这种结果不可避免吗？如果我们**假设**，直线上的点并非密集地分布在各处，而是像蜘蛛网上的露珠那样成串排列，而且所有线段上都只包含**有限**个点，那么情况又会如何？在 20 世纪最初的几十年，美国数学家曾经用公设法广泛研究了这类有限的离散型几何。无论科学家或者其他人说到空间时带有何种含义，认为空间具有颗粒状结构且不连续的说法实在令人反感，在习惯上无法接受。尽管如此，在物理学中，M. 普朗克（1858—1947）在 1900 年把能量量子化，令其略微分开，达到了足以偏离自己的连续性的程度，从而避免了数学和物理学的荒唐现象。现在，数学家更偏爱的想法不是让空间量子化，而是彻底检查他们的推理方法。

402

19.4 什么"是"一个数？

分析[4.2]是建立在数字的基础上的，我在这里插入对于一个问题的回答：什么是基数，也就是说什么是 $2, 3, 4$，或者其他表示"多少"的数呢？F. L. G. 弗雷格（1848—1925）在 1888 年回答了这

个问题，但他的工作几乎无人关注，或许是因为他文章中的许多内容是用令人头疼的符号写成的，看上去和巴比伦楔形文字和中国古典原型文字的复合体一样复杂。这是一个最典型的例子，说明了当一个数学家所写的东西他的同行无法看懂时会发生些什么事情。1901 年，罗素独立地得出了同样的定义，并用普通的英语表达出来。这一定义就是：**一个类的数字是所有那些与它相似的类的类。**

这个定义确实很不好理解。其中的内涵十分深刻，值得认真思索，直至能凭直觉抓住它所包含的意义。除了宝贵的抽象思维，其中的神秘主义观点似乎也很重要且很明显。

我们注意到，"类"这个词实际上在定义中出现了三次。在前面的章节中我多次提及类或者集合，而且同意把类这个概念作为凭直觉可理解的东西。但直觉不够敏锐，无法满足要深究数学基础的工作者的需要，这些不肯妥协的批评家要求得到更具穿透力的工具。他们的要求尚未得到满足，他们能找到的最佳武器仍是 G. 康托尔在 1895 年尝试做出的定义："**通过一个类，我们可以理解由直觉或者思想确定的区别明显的物体组成的单一完整集合。**"在这里，我们只要知道，集合（或者类）的概念，是康托尔的集合论中未曾去掉的一个障碍，这就足够了。中世纪的逻辑学家和神学家也曾在类似的障碍面前踌躇不前。

"所有那些类的类"，这一短语是上述关于一个类的数字的定义的核心。它究竟有多大意义呢？罗素曾在 1902 年提出了这样的难题："所有那些不是自身成员的类的类，是这个类自身的成员吗？"对这个问题，无论答案为"是"或"否"都会导致矛盾，这一点读者可以自行理解。弗雷格几乎毕生都在尝试把算术建立在不容置疑的基础之上,他在此依靠的是有关类的直觉逻辑(或称文字表达方式)。他的第二部杰作 1903 年出版,他在该书结尾的致谢中这样说:"一个科学家不会碰到比这更令人讨厌的事了,即当自己的工作结束时,这一工作的基础坍塌了。伯特兰·罗素先生的一封信便让我处于这样一种境地,而那时我的这本书只差付印了。"在他的信中,罗素向痛苦但十分坦诚的弗雷格传递了有关上述悖论的信息。

另一个不同类型的悖论是理发师悖论,它也披着某种数学的外衣。这个悖论说的是某个村庄里的一位理发师给所有自己不刮胡子的人刮胡子,而且只给这些人刮胡子。这位理发师是否为自己刮胡子呢? 夫妻俩就此进行的争论可能往往以离婚告终。

还有另外几个悖论,其中与算术关系密切的一个是以其发明者 C. 布拉里-福蒂(1861—1931)的名字命名的。布拉里-福蒂是在 1897 年注意到这个问题的。事后来看,当说出这一悖论所传递的想法之后,它看上去如此简单,很奇怪为什么这么长时间都没有人注意到这一情况。但康托尔本人注意到了,这让他很不舒服。这一悖论与康托尔的超穷序数有关。在康托尔有关无穷的理论中,基数和序数存在着根本区别。对于有限数字和有限类来说,这一差别在本质上是微不足道的。我们可以为一个有限类指定一个标号,如 1,2,或者 3,…,这个标号在不考虑类中元素顺序的情况下给类提供了明显的特征,是这个类的特有标记,即给定类的序数。它也是任何其他类的序数,这些类的元素可以与给定类中的元素形成一一对应关系。当按照一给定顺序为一个有限类的元素计数时，就把其中第一个元素记为 1，下一个元素记为 2，以此类推，直到最后一个元素，最后一个标记也是这个类中的基数。但对于无穷类来说，康托尔证明，这种基数与序数间的重合不再有效。对于不包括我本人的某些人来说，他们在"想象"一个无穷有序类方面似乎不存在问题，这样一个类可以用"所有"正整数 1，2，3，…组成的类为例。在这之外存在着"无穷数"ω（欧米茄），在 ω 之外还有 $\omega+1$，$\omega+2$ 等，直至 $\omega\cdot2$[①]；在所有这些之外又有 ω^2，ω^2+1，等等，"无穷无尽"。这些从第一步之后看上去都是（在纸上）自然而然地发生的。让我们想象，所有的奇数都写完了，那么非奇数 2 就是按照顺序紧接着的下一个数字，这看上去也很自然。康托尔使用的数字是 ω，$\omega+1$，…，他用这些数作为他的超穷数的良序：一个类具有良序的条件是它的元素具有顺序，且每一个元素后面都有唯一的下一个元素。康托尔认为，他已经为**所有**序数的级数制定了良序。布拉里-福蒂指出，所有序数的良序级数定义了一个新的序数，这一序数不在这个级数之内。这是一个灾难性的悖论。

我经常使用一条直线段上的所有点"对应于"实数这一概念。我们无法用 1，2，3，…，这些数字一一数出这些点。这些点定义的"无穷"是不可数的[4.2]，相反，可以用任意一个其元素可用 1，2，3，…数出来的类来定义可数无穷。一个迄今悬而未决的问题是，能否证明存在这样一个类，它的元素数量多于整数 1，2，3，…的数量，却又少于一条直线段上的所有点的数量。换言之，这两种无穷是否穷举了所有可能性？当然，这个问题可以得到更准

405

---

① 即 $\omega+\omega$。——译者注

确的陈述,但我们的描述已经足以说明它在说些什么了。

19.5 戴德金分割

戴德金是怎样驯服无理数的? 我们假定[4.2]可以用所有实数组成的线上的一点来代表$\sqrt{2}$,该点位于 1 与 2 之间的某处。并且假定,通过越来越接近真实数值的近似,我们可以收缩这个捉摸不定的数字所处的区间。但要在陷阱中单独俘获这个数字而不包括一批不希望有的数字,这便需要高超的技巧。

戴德金通过他著名的"分割"说明他拥有这样的技巧。这种分割可以用于实数轴上任一点。我们只需要考虑那种把所有有理数划分为两种类型的类的分割:每一个类至少含有一个数字,"上组"类中的每一个数字都大于"下组"类中的任一个数字。而且,**上组类中的数字中没有最小数**,而**下组类中没有最大数**。

我们现在可以想象位于实数线[4.2]上的"上组"类和"下组"类。由于在各个类中出现的无最大数和无最小数的限制性条款,这两个类必须努力组合在一起,事实上它们也确实进行了这样的努力。但它们无法组合,因为上组类中的任何数字都大于下组类中的每个数字。它们努力结合的地方就是戴德金的**分割**,该分割定义了一个无理数。

为确定作为割线的$\sqrt{2}$的位置,我们把所有**平方值大于 2** 的正有理数[4.2]放入**上组类**,而把所有**平方值小于 2** 的正有理数放入**下组类**。只需要稍加形象化,我们就会发现那个捉摸不定的$\sqrt{2}$确实被困在两个类之间,而且是独自在陷阱中。希腊人通过如下归谬法证明了它的无理性：如果 $\sqrt{2}$ 是有理数，就可以用 $\dfrac{a}{b}$ 的形式来表达，此处 a 与 b 是没有大于 1 的公约数的整数。把 $\sqrt{2}=\dfrac{a}{b}$ 的两边平方，我们得到 $2=\dfrac{a^2}{b^2}$，因此 $2b^2=a^2$。所以 a 必须是偶数，可以写作 $a=2c$。于是 $b^2=2c^2$，因此 b 也必须是偶数。也就是说，a,b 有一个公约数 2。这与原来的假设矛盾。

戴德金分割是现代数学分析的根基。这棵越来越多产的大树的另一个根是庞大的集合理论。大体上说，除了其他的讨论对象，该理论主要是把曲线、曲面等的性质**作为点的集合或者类**来加以讨论的。集合论中一个悬而未决的问题是：**在任何形式的集合中，它们的元素都可以是具有良序**的吗？例如，再次考虑（见 [4.2]）一条直线段上的所有点。在这条线上的任意两点之间，我们总能找到这条线上的另外一个点。那么，怎样才能把这不可数无穷个点个别化，并根据任何可想到的命名法则来为它们命名呢？我们不知道。策梅洛在 1904 年提出了一个非常著名的公设：任何集合都可以被良序。但他的证明未被接受，因为该证明建立在一个可疑的假设上面。这个假设断言，如果我们有任意一个类的集合，其中每一个类都至少包含一个事物，而且这些类中任何两个类都不包含同一个事物，则"必有一个"类，其中只包含存在于集合中所有类中的一个事物。如果真是这样，那么，为什么类的一个**无穷**集合这一假设会是真实的呢？就像在本章中简述的所有概念一样，这个假设不断受到挑战。它远没有看上去的那么单纯。

在下一章，也就是本书最后一章，我将指出更深层的困难。

第二十章　基　石

20.1　数学的存在

在我们目前看到的几乎每一件事中,现代数学的两大主题占据着主要地位:公设法[2.2]和以实数系为基础的数学分析[4.2]。自布尔 1854 年的《思维规律》发表以来,特别是自怀特海和罗素于 1910—1914 年试图证明所有数学都是符号逻辑范畴内的活动以来,现代逻辑[5.2]得到了长足发展,成了支撑这两大主题的基石。

这项工作中的很大一部分是在 1930 年以前进行的,因为很明显,人们必须给 19 世纪庞大的纯数学和应用数学体系铺设一个可靠的基础。对于外行来说,在不清楚基础能否承担上层建筑的压力之前就在它上面建筑庞大的知识体系,这种行为看上去非常奇怪。但 19 世纪的数学就是如此。当基础显露出不稳固的情况,而大厦的这部分或那部分开始摇摇欲坠,这时数学家便对此进行紧急补救,但他们并没有停止继续构建上层建筑,一直到严重的问题暴露出来时,他们才有所收敛。事情就这样发展到了 20 世纪开始后的许多年。谁有资格批评这些建筑师呢? 当然不是那些站在一边无所事事、未曾添上一砖一瓦的人，他们直到今天还在那里袖手旁观。

数学家的这种工作方式没有什么可指责的。任何具有创新精神的艺术家都知道，在一件作品基本完工之前，批评可以说是毁灭性的。只有当一件作品即将在公众面前亮相时，批评家一显身手的时刻方才到来，因为这时候的批评不会破坏艺术家的构想。正如我的一位艺术家朋友所说，一幅画要由两位画家来完成：第一位动笔作画，另一位在画完成时向第一位开火。

数学批评家也曾是数学家，几乎没有例外。一个著名的例外是克罗因主教 G. 贝克莱（1685—1753），他严厉批评了牛顿信奉者中极为固执的一派人。他的批评显示出他精通他所谈论的事情。一般来说，这些争论藏在表层下面，不大容易被数学家圈外的人察觉，因为这是数学家自己的工作。

顺便提一句，我们要记住，贝克莱明确的批评意见一直到 19 世纪下半叶才得到回应，那时的魏尔斯特拉斯从分析中驱逐了牛顿信仰者信奉的"无穷小量"或者说"无限小的量"，也就是贝克莱曾经激烈批评的对象。

具有算术天赋的克罗内克的一则逸事，预示了现代人对某些数学推理方法的反对。林德曼在 1882 年成功地证明了 π 是超越数[11.6]，当人人都在为此事向林德曼表示祝贺的时候，克罗内克说："无理数**根本就不存在**啊，这样一来，你优美的证明又有什么价值呢？"克罗内克这里顺便否定了 π 的"存在"。在这方面，他的意见还没有他的一些后继人那么极端。

这则逸事在这里有何重要性呢？其重要性有几点，让数学家感到不安的一点正是这个有关数学存在意义的问题。我们知道，或者一直认为自己知道，只要你足够勤奋且足够愚蠢，就可以不停地计算 $\pi = 3.141\,592\,6\cdots$，直到**无穷多位小数**。无穷多位？这话并不准确，因为这种事情谁能做得到？那么，π 在何种意义（如果有的话）上是作为一个无限不循环小数存在的呢？我相信我没有把这个问题表达得像一个愚蠢的谬论，因为它根本就不是谬论。

克罗内克坚持认为，**对于我们所谈论并且认为自己在对其进行推理的那些数学事物，除非我们拿出一种确定的手段来构建它们，否则就是在胡言乱语，完全没有什么推理可言。**克罗内克一下子否定了数学分析学家对无穷做出的所有伟大工作的有效性。对于克罗内克来说，这些工作比毫无意义更加糟糕，它们是毫无用处的。

包括许多物理学家在内，有一批人认为克罗内克是正确的。与他们观点不同的大多数人无法装模作样地用优越感让他们闭嘴。在整个辩论过程中，双方都有强大的人物出现。傲慢在数学中没有容身之处，无论这种傲慢是智力方面的还是其他方面的。

数学确实朝着这个方向取得了进展。之所以取得这些进展，是因为人们在重要的问题上一步一步地对克罗内克的反对意见给出令人满意的解释，并实际展示出可用于数学论证的事物的有限建构。我可以举一个例子，比如在布劳威尔之后，人们对代数基本定理[5.7]做出了很有指导意义的证明。尽管高斯在证明一个多项式为连续的函数时忽略了关键步骤，但这个证明尝试至今还经常被数学史学家引用，被视为对该定理的第一份严格证明。如今这份证明不会为人所接受。当然，要完全满足建构无穷的一切要

409

求是不可能的。在这里，我们不得不满足于展示这样一种过程，如果执行这一过程，我们会以预先给定的精确度得到我们要求得到的东西。

我们已经提到了 $\pi(=3.141\ 592\ 6\cdots)$ 和布劳威尔，我还可以给出一个他支持克罗内克的"反存在"的例子。假设某人声称，在 π 的小数数列的某个地方会出现 123456789 这一串数字。这种断言是正确的吗？这种断言是错误的吗？这两种可能性布劳威尔都不接受，因为没有已知的方法来确认这一点。这种怀疑论激怒了一个数学家流派，这个流派中大多数人都是受人尊重的古典主义学者。与另外一些保守主义者一样，他们似乎相信柏拉图的理念，尽管他们会愤怒地拒绝接受神秘主义的污名。但为了继续叙述这个例子，让我们假设有一些不知疲倦的计算者最后真的算到了 123456789。然后人们又可以接着问：这个数字串还会出现吗？如果会的话，会在什么地方出现？出现的频率如何？假设用 $n_1, n_2 \cdots$ 来标记这些数字串接下来会出现的地方，级数 $\dfrac{1}{n_1}+\dfrac{1}{n_2}+\cdots$ 是收敛的吗？还是发散的？在有人找出 $n_1, n_2, \cdots$ 之前，这个有关级数的问题是无法解答的。声称这一数列是收敛的，这一断言既非正确也非错误。在克罗内克之后，布劳威尔在 1907 年和 1912 年两次要求建构某些数学"实体"，据称它们的"存在"已有证明，但证明者并未给出任何在**有限**次可执行的操作中展示它们的方法。只不过从直觉上说，非构造性的和构造性的这两种存在性证明在数学论证中应该具有不同权重，这样的假定看上去才是合理的。

布劳威尔反对某些数学推理的传统模式，为单独讨论其反对意见的本质，我在此指出，直到 20 世纪都在沿用的这些推理，一部分是基于亚里士多德的经典逻辑，尤其是他的排中律[2.2]，有些人直接称其为排乱（excluded muddle）。就像欧几里得在初等几何中的一些公设一样，这一定律或许是对感官经验的抽象。在亚里士多德这个特定例子中，这一定律很可能参照了某些事物（如卵石堆等）的有限集合。有什么理由去推断有限层面的经验可以一贯地外推至无限层面，而且不产生矛盾呢？须知，有限层次的情况不是为无限层次的情况而设计的。布劳威尔提出，有些数学推理产生悖论的根源在于把某种由可导出有限情况的逻辑[2.2]不加批判地推广至无穷领域。在他提出这一点之前，没有任何人质疑过亚里士多德逻辑的普遍适用性。与许多创新者一样，布劳威尔从同代人那里得到的欢迎超过了他的预期。他可以说是甩掉了他的拳击手套，毫不留情地用赤裸的双拳和尖刻的语言痛击他的对手与诋毁者，包括冠军保持者希尔伯特，直到他们承认自己失败或者黯然退出为止。

411

我必须在此提醒读者，以上只是非常粗略地描述了极为隐蔽的困难。根据一个数学思想家流派的意见，这一部分困难（即使不是全部的困难）不过是纯粹的胡言乱语。我所能做的，无非是把这些深刻的问题展现在读者面前，然后转而展现其他问题，并同样简略地描述那些问题。

在所有这些讨论中，仅仅使用语言一种手段是不可靠的。这也影响了有关这些争论的许多专业文献。有些数学家感到，如果无法把想法用适当的符号恰当地表达出来，要处理这些想法未免过于冒险。哲学的历史为我们提供了足够的警示。

20.2   大幻象

在[7.2]中，我们已经看到笛卡尔和他的后继人怎样把几何简化成了数字之间的关系。我们或许也已经看到，魏尔斯特拉斯是怎样把与一条直线线段上的所有点对应的实数[4.2]的连续统想象为实数数列的。例如，$\sqrt{2}$是一个数列的极限，这个数列的前面几项可以用小数表示为 $1, 1.4, 1.41, 1.412, \cdots$。此外，确定算法（如连分法等）可以用任何事先给定的精确度**清楚地**表达$\sqrt{2}$，这是小数表达法无法做到的。但细节在这里全都不重要。唯一具有深刻意义的事情是希尔伯特在 1898 年指出的事实，当时他已经完成了他最伟大的工作的一部分。30 多岁的他刚刚取得了一系列辉煌胜利，那么，他认为 1898 年对于今后几代数学家而言最重要的问题之一（如果不是**那个**最重要的问题的话）是什么呢？很简单，就是证明普通算术的一致性。从欧几里得的时代起，人们就理解了数学的这一基本范畴。如果这项工作得以完成，其他的工作大概就会随之完成。因为解析几何已经被简化成了数字，连续统的情况与此类似，数学分析也不例外。当这项工作超越了算术，与各种不同等级的无穷可能有或者说很可能有的艰苦缠斗就会被人们暂时忽略。因为有一点似乎很明显，即除非人们首先澄清普通算术的问题并把它置于坚实的基础上，否则后续的进展即便有可能实现，也会很困难。

人们后来发现，希尔伯特证明普通算术的一致性的计划远比他预想的更艰难。因为仅仅一个由弗雷格和罗素给出的数的概念——数作为与给定的类相似的类的类，就深藏着悖论。这些悖论让希尔伯特最初的计划变成了另外一个更宽阔、更基础的计划——重新构造数学推理,以此消除悖论或者至少避免悖论。由此产生了他计划中更雄心勃勃的第二个部分:证明数学分析的一致性。但是,要做到这一点,我们必须寻根问底,考察数学和逻辑学的基石,认真地重新评价两千多年来人们默认和公开接受的逻辑推理[2.2]。而且,经典逻辑对于数学早就不适用了。希尔伯特试着对分析进行了一次一致性证明,这是他伟大职业生涯中最重要的一次努力。

与所有优秀数学家一样,希尔伯特不信任纯文字的论证。因此,他从大约 1925 年起向数学家建议,让他们暂时忘记利用符号进行的精细游戏的"意义",把注意力集中于**游戏本身及游戏所允许的行为**。数学家们**实际上在做什么**?他们在纸上"画一些毫无意义的记号"[3.3],并根据某种心照不宣的或者明确规定的游戏规则移动这些记号。希尔伯特和他的学生们试图完全弄清楚同时准确地阐明这些规则。这有些像人们两千年来一直蒙着眼睛下棋,凭直觉走子而不顾几项简单的游戏规则,就好像国际象棋中的后或者我们的这位科学女王陛下一样,在走子的时候享有某种程度的自由。当我们孤立地去看数学游戏中允许的走子规则时,会发现这些规则实在不多,而且极为简单,甚至可以说简单得令人不敢相信。例如,对于命题[5.2]p, q,方案或者步骤

$$p$$
$$p \Rightarrow q$$
$$q$$

所表达的意思是:如果断定 p 为真,且 p 蕴涵 q,则在此语境下,也

可断定 q 为真。所以，只要同时存在着 p 和 $p \Rightarrow q$，我们即可随之得出 q。这似乎没有什么了不起的，但如果把它应用到如下数学论证中，其中 p 与 q 是复杂的复合命题，它们与几条和上面的简单游戏规则一样容易的可允许步骤一道供我们操作，这时候我们的看法就会发生变化。通过进一步完善和仔细研究这种数学证明的**纯形式方法**，希尔伯特希望证明，在经典数学的传统过程中，例如算术的和分析的那些过程中，**永远也不会**出现诸如"A 等于 B"且"A 不等于 B"这类矛盾。

414

希尔伯特的证明理论会成为数学公设法的一个高潮。对于这种方法，希尔伯特至少贡献了一份有关几何基础的杰作，他是发展这种方法的最大胆的先驱之一。但是，获得对宇宙的终极解答，以及哲学、历史、逻辑或者科学中各种无所不包的理论的那一天，似乎已经确定随着 18 世纪而终结了。20 世纪的耕耘者满足于一次专门突击一小块理论，他们不去尝试那些可能无法实现的尽善尽美，而把取得这种虚无缥缈的成就的机会留给了他们乐观的后继人。在这方面，希尔伯特不具备同代人的这种精神，但他计划写的杰作可能会在今后一百年持续存在且备受赞誉；当然，前提是没有另一个比他更敏锐的逻辑学家驳倒他的论证。希尔伯特在他要写的第二部杰作的前言中说，他的"证明理论"以惨败告终——这是他的原话。我们现在简单了解一下他这样说的原因。

20.3 从希尔伯特到哥德尔

我在此只提改变了数学推理的整个观念的主要结果。人们称这一结果是自亚里士多德[2.2]以来逻辑学取得的最重大的进步。

我将引用外尔的文字。与布劳威尔一样,外尔也是现代数学哲学的先驱之一,因此,他 1946 年对形势的估计具有特殊的价值。

如果希尔伯特能够成功地把这一计划进行到底,很有可能所有数学家最终都会接受他的方法。他开始采取的步骤颇具启发意义,让人觉得希望不小。但接着,K. 哥德尔(1906—[1978])在 1931 年给了这一计划重重一击,它至今未恢复过来。哥德尔以某种方式列举了希尔伯特的符号方法中的符号、公式和公式序列,从而把对于一致性的断言转化成了一个算术命题。他可以证明,运用希尔伯特的符号方法,人们既无法证明,也无法证伪这一命题。这只能说明两件事:或者,给出一致性证明的推理方法一定包含一些论据,这些论据在体系中没有正式的对等物,即我们未能成功地、完整地正式建构数学归纳的过程;或者,人们必须彻底放弃对一致性进行一个严格的"有极限论"的证明的希望。当 G. 根岑(当代[1909—1945])在 1936 年成功地证明了算术的一致性时,他声称某类揭示了康托尔的"第二类序数"的推理是明显的。由此,他的确侵入了这些极限。[所以,他所谓的这一证明没有达到克罗内克有关宇宙的无穷的要求。]

我们可以从这段历史中清楚地看出一件事情:对于逻辑和数学的终极基础,我们比以往任何时候都更加感到困惑。像今天世界上的所有人和事物一样,我们自身面临着"危机"。在差不多 50 年的时间里,我们一直面临着这种危机。表面上看,这似乎并没有影响我们的日常工作,实际却对一些人的数学生涯产生了不小的影响。坦白地说，我就是这些人中的一个：它让我把兴趣转投到那些我认为相对"安全"的领域上，而且让我在从事研究工作时保持冷静，不那么轻易地下结论。对于其他数学家来说，如果他们不漠视自己的科学努力的意义——确切地说，是这些努力在全世界人类的全部关怀和知识、苦痛和创造性存在的背景下的意义——他们或许会与我有同样的感觉。①

20.4 致我们的后辈

叙述完 19 世纪与 20 世纪纯数学与应用数学的辉煌成就，以

416 怀疑的语气结束本书似乎很令人厌恶。我们不能无视具有创造力的数学家的情感。他们对数学中何为有效的感觉是不容忽视的。对于他们热爱的数学的过去与未来，他们几乎无一例外地认为，在过去的时代，不是**所有**数学巨人都会在**所有**时间内都受到蒙蔽，而且我们可以确信，他们之后会出现更有智慧的人。

我们并非在诞生之初就拥有智慧，当我们告别这个世界时，智慧也不会消亡。因为当我们带着遗憾的目光回望时，我们看到，新的数学变得更成熟，比旧有数学更接近人类需要与人类能力，而它的曙光已经照亮了其他人的眼睛。

---

① 引自《数学与逻辑》(《美国数学月刊》，第 53 卷，第 1—13 页，1946 年)。大部分纯数学家和逻辑学家总是习惯于认为 K. 哥德尔生来就属于他们各自的小圈子，因此可能会让他们中的一些人吃惊的是，哥德尔曾在布尔诺大学学过三年物理。1949 年，他发表了一篇论文，题为《爱因斯坦的场方程的新型宇宙论解法一例》，此文涉及的领域与纯数理逻辑相去甚远。

索 引

（索引中的页码为英文原书页码，即本书页边码）

读者联谊表

（电子文档备索）

姓名：　　　年龄：　　　　性别：　　宗教：　　党派：

学历：　　　专业：　　　　职业：　　　　所在地：

邮箱＿＿＿＿＿＿＿＿＿＿手机＿＿＿＿＿＿QQ＿＿＿＿

所购书名：＿＿＿＿＿＿＿＿＿在哪家店购买：＿＿＿＿＿＿

本书内容：满意　一般　不满意　本书美观：满意　一般　不满意

价格：贵　不贵　阅读体验：较好　一般　不好

有哪些差错：

有哪些需要改进之处：

建议我们出版哪类书籍：

平时购书途径：实体店　网店　其他（请具体写明）

每年大约购书金额：　　　藏书量：　　　每月阅读多少小时：

您对纸质书与电子书的区别及前景的认识：

是否愿意从事编校或翻译工作：　　　　愿意专职还是兼职：

是否愿意与启蒙编译所交流：　　　　是否愿意撰写书评：

如愿意合作，请将详细自我介绍发邮箱，一周无回复请不要再等待。

读者联谊表填写后电邮给我们，可六五折购书，快递费自理。

本表不作其他用途，涉及隐私处可简可略。

电子邮箱：qmbys@qq.com　　联系人：齐蒙

启蒙编译所简介

　　启蒙编译所是一家从事人文学术书籍的翻译、编校与策划的专业出版服务机构，前身是由著名学术编辑、资深出版人创办的彼岸学术出版工作室。拥有一支功底扎实、作风严谨、训练有素的翻译与编校队伍，出品了许多高水准的学术文化读物，打造了启蒙文库、企业家文库等品牌，受到读者好评。启蒙编译所与北京、上海、台北及欧美一流出版社和版权机构建立了长期、深度的合作关系。经过全体同仁艰辛的努力，启蒙编译所取得了长足的进步，得到了社会各界的肯定，荣获凤凰网、新京报、经济观察报等媒体授予的十大好书、致敬译者、年度出版人等荣誉，初步确立了人文学术出版的品牌形象。

　　启蒙编译所期待各界读者的批评指导意见；期待诸位以各种方式在翻译、编校等方面支持我们的工作；期待有志于学术翻译与编辑工作的年轻人加入我们的事业。

联系邮箱：qmbys@qq.com

豆瓣小站：https://site.douban.com/246051/